装饰工程施工技术

（第3版）

主　编　要永在
副主编　刘碧蓝

北京理工大学出版社
BEIJING INSTITUTE OF TECHNOLOGY PRESS

内 容 提 要

本书按照高等院校人才培养目标以及专业教学改革的需要，依据装饰工程施工最新标准规范进行编写。全书除绪论外共分为八章，主要内容包括建筑装饰施工概论、地面装饰施工技术、墙柱面装饰施工技术、吊顶装饰施工技术、隔墙与隔断装饰施工技术、幕墙工程装饰施工技术、门窗工程装饰施工技术、细部装饰工程施工技术等。

本书可作为高等院校土木工程类相关专业的教材，也可供建筑装饰工程施工现场相关技术和管理人员工作时参考使用。

图书在版编目(CIP)数据

装饰工程施工技术／要永在主编.—3版.—北京：北京理工大学出版社，2018.8

ISBN 978-7-5682-6072-5

Ⅰ.①装… Ⅱ.①要… Ⅲ.①建筑装饰－工程施工－施工技术 Ⅳ.①TU767

中国版本图书馆CIP数据核字（2018）第184891号

出版发行／北京理工大学出版社有限责任公司

社　　址／北京市海淀区中关村南大街5号

邮　　编／100081

电　　话／（010）68914775（总编室）

（010）82562903（教材售后服务热线）

（010）68948351（其他图书服务热线）

网　　址／http://www.bitpress.com.cn

经　　销／全国各地新华书店

印　　刷／北京紫瑞利印刷有限公司

开　　本／787毫米×1092毫米　1/16

印　　张／13.5

字　　数／324千字

版　　次／2018年8月第3版　2018年8月第1次印刷

定　　价／55.00元

责任编辑／钟　博

文案编辑／钟　博

责任校对／周瑞红

责任印制／边心超

图书出现印装质量问题，请拨打售后服务热线，本社负责调换

第3版前言

本书第3版根据高等教育培养目标和教学要求，针对高等院校建筑装饰工程技术等相关专业的教学需要进行编写。本书编写时对基本理论的讲授以应用为目的，教学内容以必需、够用为度，力求体现应用型教育注重职业能力培养的特点。

本书主要阐述了建筑装饰施工概论、地面装饰施工技术、墙柱面装饰施工技术、吊顶装饰施工技术、隔墙与隔断装饰施工技术、幕墙工程装饰施工技术、门窗工程装饰施工技术、细部装饰工程施工技术等内容。

为方便教师的教学和学生的学习，本版修订严格按照《建筑装饰装修工程质量验收规范》（GB 50210—2018）、《建筑生石灰》（JC/T 479—2013）、《木结构工程施工质量验收规范》（GB 50206—2012）及建筑装饰工程最新标准规范进行，切实做到应用新规范，贯彻新规范。此外，本书还吸收了在当前建筑装饰行业中应用的新材料、新工艺、新技术，是一本能够自学自用的实用工具书。

本书由要永在担任主编，由刘碧蓝担任副主编；其中绪论、第一章、第二章、第四章、第五章、第六章由要永在编写，第三章、第七章、第八章由刘碧蓝编写。

本书在修订过程中参阅了大量的文献，在此向这些文献的作者致以诚挚的谢意！由于编写时间仓促，加之编者的经验和水平有限，书中难免有不妥和疏漏之处，恳请读者和专家批评指正。

编　者

第2版前言

随着我国国民经济和建筑行业稳步而高速地发展。装饰工程已逐渐成为独立的新兴学科和行业，并且有较大规模。在美化生活环境、改善物质功能和满足精神功能的需求方面发挥着巨大作用。

装饰工程施工是指在建筑物主体结构之外，为满足使用功能的需要进行的装设与修饰，是为了满足人们的视觉要求和对建筑主体的保护需要、以美化建筑物和建筑空间为主要目的而进行的艺术处理与加工。

装饰工程施工是一项十分复杂的生产活动，它涉及面广，与建筑材料、化工、轻工、冶金、电子、纺织等众多领域密切相关。同时装饰工程还受到历史背景、民族、文化、建筑思潮、科学水平等诸多因素的影响。装饰工程施工的任务是通过装饰施工人员的劳动，实现设计师的设计意图。设计师将成熟的设计构思反映到图纸上，装饰施工则是根据设计图纸所表达的意图，采用不同的装饰材料，通过一定的施工工艺、机具设备等手段使设计意图得以实现的过程。

本书包含“学习目标”“教学重点”“技能目标”“本章小节”“复习思考题”等模块，具有概括、实用、清晰、全面、系统、易懂等特点。全书结合装饰工程施工的具体实例进行阐述，主要包括装饰工程施工概论，楼地面装施工技术，墙、柱面装饰施工技术、吊顶装饰施工技术，隔墙与隔断装饰施工技术，幕墙工程施工技术，门窗工程施工技术，细部装饰工程施工技术，建筑装饰施工机具等内容。本书由罗意云、杨光担任主编，由洪帅担任副主编。编者在编写过程中参阅了国内同行的多部著作，一些高等院校的老师也对编写工作提出了很多宝贵的意见，在此表示衷心的感谢！

本书可作为高等院校建筑学、工程管理等专业的教学用书，也可供装饰工程施工技术及管理人员参考使用。限于编者的专业水平和实践经验，书中疏漏或不妥之处在所难免，恳请广大读者批评指正！

编　者

第1版前言

装饰工程施工是指在建筑物主体结构之外，为满足使用功能的需要而进行的装设与修饰，是为了满足人们的视觉要求和对建筑主体结构的保护作用、以美化建筑物和建筑空间为主要目的而进行的艺术处理与加工。装饰工程施工的任务是通过装饰施工人员的劳动，实现设计师的设计意图。设计师将成熟的设计构思反映到图纸上，装饰施工则是根据设计图纸所表达的意图，采用不同的装饰材料，通过一定的施工工艺、机具设备等手段使设计意图得以实现的过程。

装饰工程施工是一项十分复杂的生产活动，它涉及面广，与建筑材料、化工、轻工、冶金、电子、纺织等众多领域密切相关。同时装饰工程还受到历史背景、民族、文化、建筑思潮、科学水平等诸多因素的影响。随着我国国民经济和建筑行业稳步而高速地发展，装饰工程已逐渐成为独立的新兴学科和行业，并具有较大规模，在美化生活环境、改善物质功能和满足精神需求方面发挥着巨大作用。

“装饰工程施工技术”是高等院校建筑装饰工程技术专业的重要专业课之一，其主要研究装饰工程施工技术与组织的一般规律，施工工艺原理以及装饰工程施工新材料、新工艺的发展等内容。通过本课程的学习，学生应掌握装饰工程的一般施工程序，掌握装饰各分部工程的施工方法、施工工艺及施工特点，了解装饰工程领域新材料、新工艺的发展应用情况，能结合装饰工程实际情况，综合运用相关学科的基础理论和知识，采用新技术和现代科学成果，解决装饰工程施工过程中的各种问题。

本教材包含“学习目标”“教学重点”“技能目标”“本章小结”“复习思考题”等模块，具有概括、实用、清晰、全面、系统、易懂等特点。全书结合装饰工程施工具体实例进行阐述，主要包括装饰工程施工概论、楼地面装饰施工技术、墙柱面装饰施工技术、吊顶装饰施工技术、隔墙与隔断装饰施工技术、幕墙工程施工技术、门窗工程施工技术、细部装饰工程施工技术、建筑装饰施工机具等内容。

本教材由要永在、罗意云、杨光任主编，由彭慧任副主编，陈卫平、刘碧兰、侯春奇、王丽丽、敬峥嵘、王永利、伊秀红参与了本书的编写工作。编者在教材编写过程中参阅了国内同行的多部著作，一些高等院校的老师也对编写工作提出了很多宝贵的意见，在此表示衷心的感谢。

本教材既可作为高等院校建筑装饰工程技术专业的教材，也可供装饰工程施工技术及管理人员参考使用。限于编者的专业水平和实践经验，教材中疏漏或不妥之处在所难免，恳请广大读者批评指正。

编　者

目录

绪 论

一、建筑装饰的定义及其对象

1. 建筑装饰的定义

建筑装饰是建筑装饰装修工程的简称，中华人民共和国国家标准《建筑装饰装修工程质量验收规范》(GB 50210—2018)术语中对“建筑装饰装修”的定义解释为“为保护建筑物的主体结构、完善建筑物的使用功能和美化建筑物，采用装饰装修材料或饰物，对建筑物的内外表面及空间进行的各种处理过程”。

目前，关于建筑装饰装修，除建筑装饰外，还有建筑装修、建筑装潢等几种习惯说法。

2. 建筑装饰的对象

(1)建筑物的内表面及空间。

(2)建筑物的外表面及空间。

二、建筑装饰工程的内容

建筑装饰工程的内容包括建筑内部空间围合与分隔，空间截面处理，造型处理，材料与构件的加工、安装、固定、连接，家具制作，设备设施的安装等。设计阶段会有各个工种参与，如装修、给水排水、电气照明、建筑结构，甚至消防、计算机网络等，施工阶段涉及石工、泥水工、木工、水电工、电焊工、油漆工、冷制作等工种。建筑装饰工程的范围还包括建筑主体结构以外的部分，如幕墙工程及外墙面装饰工程。

(1)空间围合与分隔。空间围合与分隔是对原有建筑空间进行合理调整，以满足需要，包括增减隔墙以改造空间、重新规定地面高度、进行吊顶处理等，属于空间与造型塑造的工作。

(2)空间界面处理。空间界面处理主要是对墙面、地面、顶棚进行功能性(如增设保温层或防水层)改造和装饰性处理。

(3)造型处理。一些装饰工程会在室内塑形，如树木、假山的塑形等。

(4)材料与构件的安装。装饰工程的大量工作，是将各种材料与构件(如栏杆)牢固安装于建筑主体之上，属于装饰构造范围。

(5)家具制作。装饰工程制作的家具主要以固定家具为主，这一类家具都是非标设计，只能在工厂定做或在现场制作。

(6)设备设施的安装。设备设施等项目的安装包括水管、电线及导管、卫生洁具、灯具及开关插座、工艺品和艺术品的安装等。

建筑装饰工程的重点是打造优良的室内环境。环境与人有着互动关系，好的环境应该使人在生理上感到舒适、在心理上感到满足，从而在意志上乐不思蜀，在行为上流连忘返。营造好的环境，首先要做好人的感官体验，即视觉、听觉、嗅觉、触觉乃至味觉的效果，同时，还应满足心理和精神层面的需要。这既是环境营造的基本原理，也是选择装饰材料和构造措施的重要依据。

三、建筑装饰行业的发展前景

1. 市场活力巨大

进入新世纪，我国建筑装饰行业具有巨大的市场活力，具体体现在以下几个方面：

(1)全国城乡住宅装饰热的兴起为行业的发展提供了巨大的市场空间。以每年住宅竣工300万套计算，其中200万套进行再装修，平均每套3万元，装修费则高达600亿元以上。

(2)中高级宾馆、饭店的装饰装修进入更新改造期，预计资金投入为90亿～100亿元。

(3)公共建筑、商业网点装饰装修市场潜力大。我国每年竣工公共建筑面积为5 000万平方米，若10%需要装饰，年装饰工程产值约为50亿元。全国现有商业网点170万个。每年改造10%，约有上百亿元的产值量。三资企业、开发区、度假区等的装饰工程产值约为30亿元。

(4)城市环境艺术装饰正在成为建筑装饰业的一个新兴市场，前景非常可观。

2. 建筑装饰材料将走绿色环保道路

建筑装饰材料、施工工艺的开发和生产走绿色环保道路，已成为业内外的共识，成为人们追求和努力的共同目标。

我国建筑装饰经过多年的发展，逐渐使人们对建筑装饰的认识和要求趋于理性，除追求建筑装饰的物质和精神功能外，现在更为重视建筑装饰的节能、绿色、环保的要求。

3. 建筑装饰技术进入高星级水平

目前，我国建筑装饰设计和施工逐渐摆脱旧的单一模式，同时继续发挥中国民族技艺，继承和发扬中国特有的民族风格和特色，注意吸收西方高雅、明快、抽象、流畅的技巧，向着高档化、多元化方向发展。

4. 促进建筑装饰发展的措施

今后，我国促进建筑装饰行业发展的措施主要有以下几项：

(1)加强建筑装饰业的行业管理。

(2)努力提高建筑装饰设计水平。

(3)组建专业化的建筑装饰施工企业。

(4)大力培养建筑装饰人才，提高行业队伍的技术素质。

(5)重视新型材料的研制开发，满足建筑装饰行业的需要。

第一章　建筑装饰施工概论

学习目标

了解建筑装饰施工的作用、特点及其任务和范围；熟悉建筑装饰施工的分类与施工技术特点；掌握建筑装饰工程等级标准和施工要求。

能力目标

通过本章的学习，能够掌握建筑装饰工程施工过程等级标准，并能够根据建筑装饰工程施工要求完成建筑装饰施工任务。

建筑装饰工程是一个广泛、普遍的工程工艺和文化艺术现象。每一个时代的历史文化都在建筑工程中留下深刻印迹，这些印迹除在建筑的构造中得到保存外，大量的信息还凝聚在建筑装饰装修中。建筑装饰中的雕刻、纹饰、色彩、线脚及构件的排列、组合的秩序等，都成为判断和理解建筑风格、类型、文化内涵和工艺水平的至关重要的信息，而人们的社会意识、信念和价值观通过这种形式也得到了显现。

第一节　建筑装饰施工的作用、特点和分类

一、建筑装饰施工的作用

建筑装饰工程是建筑工程的重要组成部分。其是在已经建立起来的建筑实体上进行装饰的工程，包括建筑内外装饰和相应设施。建筑装饰施工的作用可归纳为以下几点。

1. 保护建筑主体结构

建筑装饰施工即依靠相应的现代装饰材料及科学合理的施工技术，对建筑结构进行有效的构造与包覆施工，以达到使之避免直接经受风吹雨打、湿气侵袭、有害介质的腐蚀，以及机械作用的伤害等保护建筑结构的目的，从而保证建筑结构的完好并延长其使用寿命。

2. 保证建筑物的使用功能

(1)对建筑物各个部位进行装饰处理，可以加强和改善建筑物的热工性能，提高保温隔热效果，起到节约能源的作用。

(2)对建筑物各个部位进行装饰处理可以提高建筑物的防潮、防水性能，增加室内光线反射，提高室内采光亮度，改善建筑物室内音质效果，提高建筑物的隔声、吸声能力。

(3)对建筑物各部位进行装饰处理，还可以改善建筑物的内、外整洁卫生条件，满足人们的使用要求。

3. 优化环境，创造使用条件

建筑装饰施工对于改善建筑内外空间环境的清洁卫生条件，提高建筑物的热工、声响、光照等物理性能，完善防火、防盗、防震、防水等各种措施，优化人类生活和工作的物质环境，具有显著的作用。同时，对建筑空间的合理规划与艺术分隔，配以各类方便使用并具有装饰价值的设置和家具等，对于增加建筑的有效面积、创造完备的使用条件有着不可替代的实际意义。

4. 美化建筑，提高艺术效果

建筑装饰施工通过对色彩、质感、线条及纹理的不同处理来弥补建筑设计上的某些不足，做到在满足建筑基本功能的前提下美化建筑，改善人们居住、工作和生活的室内外空间环境，并由此提升建筑物的艺术审美效果。

二、建筑装饰施工的特点

与其他工程相比，建筑装饰施工的特点见表1-1。

表1-1 建筑装饰施工的特点

序号	项 目	说 明
1	工程量大	建筑装饰工程量大、面广、项目繁多。在一般民用建筑中，平均1 m^2 墙面的建筑面积就有3～5 m^2 的内抹灰，0.15～1.3 m^2 的外抹灰；对于高档建筑装饰，其装饰工程量更大
2	施工期长	建筑装饰施工工程量大，且施工过程中机械化程度较低，手工作业比重较大，使得建筑装饰施工工期一般占建筑总工期的30%～40%，高级装饰占总工期的50%～60%
3	耗费劳动力多	设计工作非标准化，施工机械化程度低，手工作业、湿作业多，造成建筑装饰施工操作人员劳动强度大，生产效率低。一般建筑装饰工程所耗用的劳动量占建筑施工总劳动量的30%左右
4	占建筑总造价的比例高	由于建筑装饰材料价格较高、用量大、用工多、工期长等原因，建筑装饰费用较高，一般占建筑总造价的30%以上，高档装饰则超过50%

三、建筑装饰施工的分类

(一)按装饰部位分类

(1)外墙装饰。外墙装饰包括涂饰、贴面、挂贴饰面、镶嵌饰面、玻璃幕墙等。

(2)内墙装饰。内墙装饰包括涂饰、贴面、镶嵌、裱糊、玻璃墙镶贴、织物镶贴等。

(3)顶棚装饰。顶棚装饰包括顶棚涂饰、各种吊顶装饰装修等。

(4)地面装饰。地面装饰包括石材铺砌、墙地砖铺砌、塑料地板、发光地板、防静电地板等。

(5)特殊部位装饰。特殊部位装饰包括特种门窗(塑、铝、彩板组角门窗)、室内外柱、窗帘盒、暖气罩、筒子板、各种线角等。

(二)按装饰材料分类

按所用材料的不同，建筑装饰可分为以下几类：

(1)各种灰浆材料类，如水泥砂浆、混合砂浆、白灰砂浆、石膏砂浆、石灰浆等。这类材料可分别用于内墙面、外墙面、地面、顶棚等部位的装饰。

(2)各种涂料类，如各种溶剂型涂料、乳液型涂料、水溶性涂料、无机高分子系涂料等。各种不同的涂料可分别用于外墙面、内墙面、顶棚及地面的涂饰。

(3)水泥石渣材料类，即以各种颜色、质感的石渣作集料，以水泥作胶凝剂的装饰材料，如水刷石、干粘石、剁斧石、水磨石等。这类材料装饰的立体感较强，除水磨石主要用于地面外，其他材料多用于外墙面的装饰。

(4)各种天然或人造石材类，如天然大理石、天然花岗石、青石板、人造大理石、人造花岗石、预制水磨石、釉面砖、外墙面砖、陶瓷马赛克、玻璃马赛克等。这类材料可分别用于内、外墙面及地面等部位的装饰。

(5)各种卷材类，如纸面纸基壁纸、塑料壁纸、玻璃纤维墙布、无纺织墙布、织锦缎等。这类材料主要用于内墙面的装饰，有时也用于顶棚的装饰。另外，还有一类主要用于地面装饰的卷材，如塑料地板革、塑料地板砖、纯毛地毯、化纤地毯、橡胶绒地毯等。

(6)各种饰面板材类。这里所说的饰面板材是指除天然或人造石材外的各种材料制成的装饰用板材，如各种木质胶合板、铝合金板、不锈钢钢板、镀锌彩板、铝塑板、石膏板、水泥石棉板、矿棉板、玻璃及各种复合贴面板等。这类饰面板材类型很多，可分别用于内、外墙面及顶棚的装饰，有些也可用作活动地板的面层材料。

(三)按装饰构造做法分类

1. 清水类做法

清水类做法包括清水砖墙(柱)和清水混凝土墙(柱)。其构造方法是在砖砌体砌筑或混凝土浇筑成型后，在其表面仅做水泥砂浆勾缝或涂透明色浆，以保持砖砌体或混凝土结构的材料所特有的装饰效果。

2. 涂料类做法

涂料类做法是在对基层进行处理达到一定的坚固平整程度之后，涂刷各种建筑涂料。这种做法几乎适用于室内外各种部位的装饰，它具有如下优点和缺点：

(1)优点是省工省料、施工简便、便于采用施工机械，因而工效较高，便于维修更新。

(2)缺点是其有效使用年限相比其他装饰做法短。

3. 块材铺贴式做法

块材铺贴式做法是采用各种天然石材或人造石材，利用水泥砂浆等胶结材料粘贴于基层之上。基层处理的方法一般仍采用 10～15 mm 厚的水泥砂浆打底找平，其上再用 5～8 mm 厚的水泥砂浆粘贴面层块材。面层块材的种类非常多，可根据内外墙面、地面等不同部位的特定要求进行选择。

4. 整体式做法

整体式做法是采用各种灰浆材料或水泥石渣材料，以湿作业的方式，分 2～3 层制作完成。分层制作的目的是保证质量要求，为此，各层的材料成分、比例以及材料厚度均不相同。

5. 骨架铺装式做法

对于较大规格的各种天然或人造石材饰面材料或非石材类的各种材料制成的装饰用板材，其构造方法是，先以木材(木方)或金属型材在基体上形成骨架(俗称“立筋”“龙骨”等)，然后将上述种类板材以钉、卡、压、挂、胶黏、铺放等方法固定在骨架基层上，以达到装饰的效果。

6. 卷材粘贴式做法

卷材粘贴式做法首先要进行基层处理。对基层处理的要求是，要有一定的强度，表面平整光洁，不疏松掉粉等。基层处理好以后，在其上直接粘贴各种卷材装饰材料。

第二节　建筑装饰施工的任务、范围与技术特点

一、建筑装饰施工的任务和范围

1. 建筑装饰施工的任务

建筑装饰施工的任务是通过装饰施工人员的劳动，实现设计师的设计意图。设计师将成熟的设计方案构思反映在图纸上，装饰施工则是根据设计图纸所表达的意图，采用不同的建筑装饰材料，通过一定的施工工艺、机具设备等手段使设计意图得以实现的过程。

由于设计图纸产生于装饰施工之前，对最终的装饰效果而言缺乏真实感，必须通过施工来检验设计的科学性、合理性。因此，装饰施工人员不只是“照图施工”，而且必须具备良好的艺术修养和熟练的操作技能，积极主动地配合设计师完善设计意图。在装饰施工过程中尽量不要随意更改设计图纸，按图施工是对设计师智慧和劳动的尊重。如果确实有些设计因材料、施工操作工艺或其他原因而无法正常施工时，应与设计师直接协商，找出解决方案，即对原设计提出合理的建议并经过设计师进行修改，从而使装饰设计更加符合实际，达到理想的装饰效果。实践证明，每一个成功的建筑装饰工程项目，应该是设计师的才华和施工人员的聪明才智与劳动的结合体。建筑装饰设计是实现装饰意图的前提，施工则是实现装饰意图的保证。

2. 建筑装饰施工的范围

建筑装饰施工所涉及的内容广泛，按大的工程部位划分为室内(包括室内顶棚、墙柱面、地面、门窗口、隔墙隔断、厨卫设备、室内灯具、家具及陈设品布置等)装饰工程施工和室外(外墙面、地面、门窗、屋顶、檐口、雨篷、入口、台阶、建筑小品等)装饰工程施工；按一般工程部位划分为墙柱面装饰工程施工、顶棚装饰工程施工、地面装饰工程施工、门窗装饰工程施工等。

建筑装饰施工在完善建筑使用功能的同时，还着意追求建筑空间环境的工艺效果，如声学要求较高的场所，其吸声、隔声装置完全根据声学原理而定，每一斜一曲都包含声学原理；再如电子工业厂房对洁净度的要求很高，必须用密闭性的门窗和整洁明亮的墙面与吊顶装饰，顶棚和地面上的送回风口位置都应满足洁净要求；还有建筑门窗、室内给水排水与卫生设备、暖通空调、自动扶梯与观光电梯、采光、音响、消防等许多以满足使用功能为目的的装饰施工项目，必须将使用功能与装饰有机地结合起来。

二、建筑装饰施工的技术特点

(1)知识涉及面广、综合性强。建筑装饰施工技术的理论学习和实践应用涉及许多专业基础知识，如建筑装饰材料、房屋构造、建筑装饰构造、建筑力学与结构、工程测量、工程制图与识图、建筑装饰设计等，并将有关知识综合运用到具体解决施工的实际问题上。对装饰材料的性能要求、应用特点不清楚，或者对装饰构造的节点做法不了解，则不能很好地掌握施工技术的方法和运用。装饰施工的最终目的是解决施工中的实际问题，而实际问题往往比较复杂多变，很难直接从书本中找到准确答案或解决办法，这就需要综合所学的知识，寻找一个切实可行的解决方法。孤立地学习和掌握一些知识内容是不能解决实际问题的，如在原有建筑改造装修过程中，不但要懂得建筑结构方面的知识，还要对结构材料和装饰材料的选用，施工难易程度，施工的安全性、经济性、合理性等都比较清楚，才能顺利完成施工任务，这就需要掌握综合知识和具有丰富的实践经验。

(2)应用性强。建筑装饰施工技术是一门技能型应用学科，除掌握必要的理论基础知识外，更重要的是学会做，并能做好，只有将理论融入实践操作中，才能真正理解和掌握所学的内容。单纯停留在书本学习方面，纸上谈兵，是不可能学好装饰施工技术的。多动手、多实践，不断掌握和提高操作技能是避免“眼高手低”的有效方法。

(3)内容变化快。近年来的实践表明，设计表现手法、建筑装饰材料和装饰手段的更新变化迅速，导致施工工艺也发生了很大的变化。例如，随着外墙装饰材料的多样化，传统的装饰抹灰应用已越来越少，各种性能优越的新型涂料、复合材料、天然石材等的应用日益普及；新型瓷砖胶黏剂的应用和环保的要求，使得传统的水泥掺 108 胶粘贴瓷砖的工艺将逐渐被淘汰，新的瓷砖胶黏剂镶贴工艺将成为常用的施工方法。因此，学习施工技术应不断地补充新的知识。

第三节　建筑装饰工程的等级、标准及施工基本要求

一、建筑装饰工程的等级及标准

1. 建筑装饰工程的等级

建筑装饰工程的等级通常是根据建筑物的类型、等级、性质来划分的，建筑物等级越高，建筑装饰工程的等级也越高。建筑装饰工程的等级的具体划分见表 1-2。

表 1-2　建筑装饰等级

序号	建筑装饰等级	建筑物的类型
1	一级装饰	高级宾馆、别墅、纪念性建筑、大型博览建筑、观演建筑、体育建筑、一级行政机关办公楼、市级商场
2	二级装饰	科研建筑、高教建筑、普通博览建筑、普通观演建筑、普通交通建筑、普通体育建筑、广播通信建筑、医疗建筑、商业建筑、旅馆建筑、局级以上行政办公楼
3	三级装饰	中小学和托幼建筑、生活服务建筑、普通行政办公楼、普通居住建筑

2. 建筑装饰工程的标准

建筑装饰工程要根据建筑物的等级来设计构造、选用材料和施工工艺。高等级建筑用高等级材料、构造和施工工艺，低等级建筑用低等级材料、构造和施工工艺。因此，国家规定了不同等级的建筑内外装饰材料选用标准，见表 1-3。

表 1-3　建筑内外装饰材料选用标准

装饰等级	房间名称	部位	内装饰标准及材料	外装饰标准及材料	备注
一	全部房间	墙面	塑料墙纸（布）、织物墙面、大理石、装饰板、木墙裙、各种面砖、内墙涂料	花岗石（用得较少）、面砖、无机涂料、金属墙板、玻璃幕墙、大理石	(1)材料根据国际或企业标准按优等品验收。 (2)高级标准施工
		楼（地）面	软木橡胶地板、各种塑料地板、大理石、彩色磨石、地毯、木制地板	—	
		顶棚	金属装饰板、塑料装饰板、金属墙纸、塑料墙纸、装饰吸声板、玻璃顶棚、灯具顶棚	室外雨篷下，悬挂部分的楼板下，可参照内装修顶棚处理	
		门窗	夹板门、推拉门、带木镶边板或大理石镶边，窗帘盒	各种颜色玻璃铝合金门窗、特制木门窗、钢窗、光电感应门、遮阳板、卷帘门窗	
		其他措施	各种金属、竹木花格，自动扶梯、有机玻璃栏板、各种花饰、灯具、空调、防火设备、暖气罩、高档卫生设备	局部屋檐、屋顶，可用各种瓦件、各种金属装饰物（可少用）	
二	门厅、走道、楼梯、普通、房间	地面楼面	彩色水磨石、地毯、各种塑料地板、卷材地毯、碎拼大理石地面	—	(1)功能上有特殊要求者除外。 (2)材料根据国际或企业标准按局部优等品，一般为一级品验收。 (3)按部分为高级，一般为中级标准施工
		墙面	各种内墙涂料、装饰抹灰、窗帘盒、暖气罩	主要立面可用面砖，局部可用大理石、无机涂料	
		顶棚	混合砂浆、石灰罩面、板材顶棚（钙塑板、胶合板）、吸声板	—	
		门窗		普通钢、木门窗，主要入口可用铝合金	
	厕所、盥洗间	地面	普通水磨石、马赛克、1.4～1.7 m 高度内的瓷砖墙裙	—	
		墙面	水泥砂浆	—	
		天棚	混合砂浆、石灰膏罩面	—	
		门窗	普通钢木门窗	—	

续表

装饰等级	房间名称	部位	内装饰标准及材料	外装饰标准及材料	备　注
三	一般房间	地面	水泥砂浆地面、局部水磨石	—	(1)材料根据国际或企业标准按局部为一级品，一般为合格品验收。 (2)按部分为中级，一般为普通标准施工
		顶棚	混合砂浆、石灰膏罩面	同室内	
		墙面	用混合砂浆色浆粉刷，可用赛银或乳胶漆，局部油漆墙裙，柱子不作特殊装饰	局部可用面砖，大部分用水刷石或干粘石，用无机涂料、色浆粉刷，用清水砖	
		其他	文体用房，托幼小班可用木地板、窗饰橱，除托幼小班外不设暖气罩，不准用钢饰件，不用白水泥、大理石、铝合金门窗，不贴墙纸	禁用大理石、金属外墙装饰面板	
	门厅楼梯、走道		—	除门厅可局部吊顶外，其他同一般房间，楼梯用金属栏杆、木扶手或抹灰栏板	
	厕所、盥洗间		—	水泥砂浆地面 水泥砂浆墙裙	

二、建筑装饰工程施工基本要求

1. 建筑装饰工程的范围

建筑装饰工程主要涉及可接触到或可见到的部位。建筑中一切与人的视觉触觉有关的、能引起人们视觉愉悦和产生舒适感的部位都有装饰的必要。对室外而言，建筑的外墙面、入口、台阶、门窗(含橱窗)、檐口、雨篷、屋顶、柱及各种小品、地面等都需要进行装饰；对室内而言，顶棚、内墙面、隔墙和各种隔断、梁、柱、门窗、地面、楼梯，以及与这些部位有关的灯具和其他小型设备都在装饰施工的范围之内。

2. 建筑装饰工程的施工要求

(1)耐久性。外墙装饰的耐久性包括两个方面的含义，一是使用上的耐久性，指抵御使用上的损伤、性能减退等；二是装饰质量的耐久性，它包括黏结牢固和材质特征等。

(2)安全牢固性。安全牢固性包括外墙装饰的面层与基层连接方法牢固，装饰材料本身具有足够的强度及力学性能等。因此，只有选择恰当的黏结材料，按合理的施工程序进行操作，才能保证建筑装饰工程的安全牢固。

(3)经济性。建筑装饰工程的造价往往占土建工程总造价的30%～50%，个别装饰要求较高的工程可达60%～65%。除通过简化施工、缩短工期取得经济效益外，装饰材料的选择也是取得经济效益的关键。

3. 建筑装饰施工环境温度的要求

建筑装饰施工环境温度是指施工现场的最低温度。室内环境温度应在靠近外墙且距离地面高 500 mm 处测量。室内外装饰工程施工的环境温度应符合下列要求：

(1)刷浆、饰面和花饰工程以及高级的抹灰，溶剂型混色涂料工程不得低于 5 ℃。

(2)中级和普通的抹灰、溶剂型混色涂料工程，以及玻璃工程应在 0 ℃以上。

(3)裱糊工程不得低于 10 ℃。

(4)使用胶黏剂时，应按照胶黏剂产品说明要求的温度施工。

(5)涂刷清漆不得低于 8 ℃，乳胶涂料应按产品说明要求的温度施工。

4. 建筑装饰工程技术人员的要求

(1)具有一定的美学基础。建筑装饰不仅要求表面造型和色彩等媒介所创造的视觉效果，而且还要求包括美学表现、平面构成、立体构成及其建筑与装饰表现等综合内容而构成的整体效果。因此，建筑装饰工程技术人员不仅要对装饰构图、造型、色彩等美学概念有一定的了解和掌握，而且要熟知建筑与装饰表现技法要。

(2)具有较强的识图、绘图能力。图纸是工程技术的语言，在施工中管理人员要向工人分析解释图纸，根据图纸指导施工，图纸不全或不详时要及时绘制补缺图纸。

(3)熟悉建筑装饰工程的设计与构造内容。对于施工人员，不了解设计与构造的内容，就不能正确理解设计的意图，更不能实现这个意图。因此，施工人员只有熟知建筑装饰工程设计与构造的内容，才能从整体上考虑，创造出更为理想的空间环境。

(4)掌握施工操作技能、熟悉检查验收标准。对于施工技术人员，不仅要熟悉施工操作技能，而且要熟悉检查验收的方法和标准。建筑装饰工程工种多、施工种类多、施工衔接多，每项施工完工都需要进行工艺检查和验收，因此，必须懂得工艺检查的方法和标准，能及时发现问题，解决问题，以减少工料损失。

建筑装饰装修工程质量验收标准

本章小结

建筑装饰工程是建筑工程的重要组成部分。它是在已经建立起来的建筑实体上进行装饰的工程，包括建筑内外装饰和相应设施。建筑装饰工程具有工程量大、施工期长、耗费劳动力多、占建筑总造价的比例高等特点。建筑装饰施工的任务是通过装饰施工人员的劳动，实现设计师的设计意图。建筑装饰施工按大的工程部位划分有室内(包括室内顶棚、墙柱面、地面、门窗口、隔墙隔断、厨卫设备、室内灯具、家具及陈设品布置等)装饰工程施工和室外(外墙面、地面、门窗、屋顶、檐口、雨篷、入口、台阶、建筑小品等)装饰工程施工；按一般工程部位划分有墙柱面装饰工程施工、顶棚装饰工程施工、地面装饰工程施工、门窗装饰工程施工等。建筑装饰工程施工应严格按照各项目的设计及相关规范要求进行。

复习思考题

一、填空题

1. 卷材粘贴式做法首先要进行________。

2. 装饰工程的造价往往占土建工程总造价的________。

3. 建筑装饰施工环境温度是指施工现场的________温度。

4. 涂刷清漆不得低于________℃，乳胶涂料应按产品说明要求的温度施工。

二、选择题

1. 整体式做法是采用各种灰浆材料或水泥石渣材料，以湿作业的方式，分(　　)层制作完成。

A. 1～2　　B. 2～3　　C. 3～4　　D. 4～5

2. 室内环境温度应在靠近外墙且距离地面高(　　)mm 处测量。

A. 200　　B. 300　　C. 400　　D. 500

3. 裱糊工程施工时，环境温度不得低于(　　)℃。

A. 4　　B. 6　　C. 8　　D. 10

4. 刷浆、饰面和花饰工程以及高级的抹灰，溶剂型混色涂料工程的环境温度不得低于(　　)℃。

A. 3　　B. 5　　C. 7　　D. 9

三、问答题

1. 简述建筑装饰施工的作用。

2. 建筑装饰工程按装饰部位分为哪几类?

3. 如何理解外墙装饰的耐久性?

4. 建筑装饰工程技术人员应符合哪些要求?

第二章　地面装饰施工技术

学习目标

了解现代建筑常见地面的类型；熟悉各类型地面的装饰构造及装饰施工工艺流程；掌握不同类型地面的装饰材料及装饰施工的技术要求。

能力目标

通过本章内容的学习，能够按设计和施工规定进行整体地面、块料地面、木地面、塑料地面、地毯地面的装饰施工。

地面按其构造由面层、垫层和基层等部分组成。地面装饰的目的是保护地面结构的安全，增强地面的美化功能，使地面脚感舒适、使用安全、清理方便、易于保持。随着人们对地面装饰要求的不断提高与新型地面装饰材料和施工工艺的不断应用，地面装饰已由过去使用单一的混凝土或砖，逐渐被多品种、多工艺的各类地面所代替。目前，常用的三大类地面装饰材料分别是瓷砖类、大理石类、地毯和地垫软面料类。

建筑地面工程施工质量验收规范

第一节　整体地面装饰施工技术

整体地面也称为整体面层，是指一次性连续铺筑而成的面层。这种地面的面层直接与人或物接触，是直接承受各种物理和化学作用的建筑地面表面层。整体地面的种类很多，常见的主要有水泥砂浆面层、水泥混凝土面层和水磨石面层。

一、水泥砂浆面层施工

水泥砂浆地面面层是应用最普遍的一种面层，是直接在现浇混凝土垫层的水泥砂浆找平层上施工的一种传统整体地面。水泥砂浆地面属低档地面面层，其造价低、施工方便，但不耐磨，易起砂起灰。

1. 基本构造

水泥砂浆地面是将水泥砂浆涂抹于混凝土基层或垫层，抹压制成的地面。水泥砂浆面层材料由水泥和砂级配而成。水泥砂浆地面一般的做法是在结构层上抹水泥砂浆，有双层和单层之分。水泥砂浆地面的基本构造如图 2-1 所示。

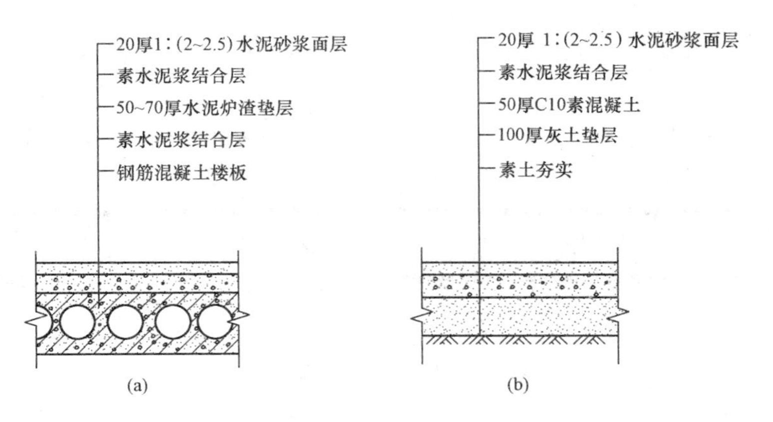

图 2-1　水泥砂浆地面构造

(a)水泥砂浆楼面；(b)水泥砂浆地面

2. 材料质量要求

(1)不同品种、不同强度等级的水泥严禁混用。

(2)水泥宜采用硅酸盐水泥、普通硅酸盐水泥，其强度等级不应小于 42.5 级。

(3)砂宜为中粗砂，其含泥量不应大于 3%；当采用石屑时，其粒径宜为 1～5 mm，且含泥量不应大于 3%。

3. 施工工艺流程

基层处理→刷水泥浆结合层→摊铺水泥砂浆→抹平→压光→表面平整→养护→刷水泥砂浆面层→面层保护。

4. 施工要点

(1)基层清理。将基层表面的积灰、浮浆、油污及杂物清理干净。抹砂浆前浇水湿润，表面积水应予以排除。

(2)铺抹砂浆。面层铺抹前，先刷一道含 4%～5%108 胶的水泥浆，随即铺抹水泥砂浆，用刮尺赶平，并用木抹子压实。

(3)找平抹光。在砂浆初凝后终凝前，用铁抹子反复压光三遍。

(4)面层分格。当大面积的水泥砂浆面层施工时，应按设计要求留分格缝，防止砂浆面层产生不规则裂缝。

(5)养护。水泥砂浆面层铺好后 1 d 内应用砂或锯末覆盖，并在 7～10 d 内每天浇水不少于一次，养护期间不允许压重物或碰撞。

二、水泥混凝土面层施工

水泥混凝土是用水泥、砂和小石子级配而成。水泥混凝土地面的强度高，干缩性小，与水泥砂浆地面相比，它的耐久性和防水性更好且不易起砂，但厚度较大，适用于地面面积较大或基层为松散材料、面层厚度较大的地面装饰工程。水泥混凝土面层在工业与民用建筑地面工程中应用较广泛，主要用于承受较大机械磨损和冲击作用强度的工业厂房与一般辅助生产车间、仓库及非生产用房。

1. 基本构造

水泥混凝土面层的基本构造如图 2-2 所示。

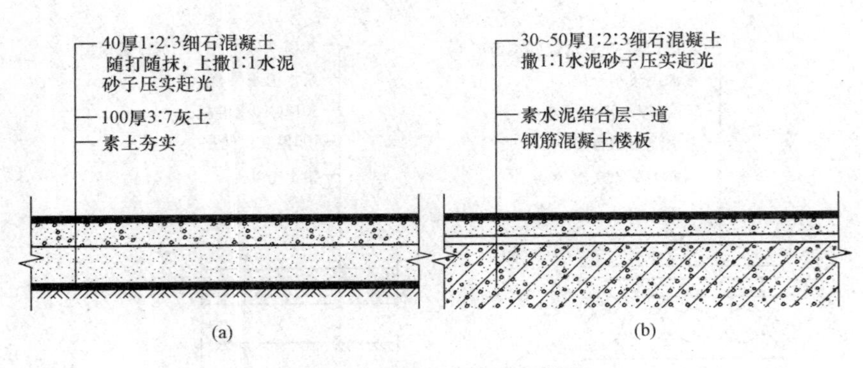

图 2-2　水泥混凝土地面构造

(a)水泥混凝土地面；(b)水泥混凝土楼面

2. 材料质量要求

(1)水泥采用硅酸盐水泥、普通硅酸盐水泥或矿渣硅酸盐水泥，其强度等级不得低于42.5级。

(2)砂宜采用中砂或粗砂，含泥量不应大于3%。

(3)石采用碎石或卵石，粗集料的级配要适宜，其最大粒径不应大于垫层厚度的2/3，含泥量不应大于2%。

(4)水宜采用饮用水。

3. 施工工艺流程

基层处理→刷素水泥浆结合层→摊铺混凝土拌合物→抹平→振捣及施工缝处理→抹平→压光→养护→保护。

4. 施工要点

(1)基层清理。清理基层表面的浮浆和积灰等，使得基层粗糙、洁净。铺设前一天对楼板表面进行浇水润湿，不得有积水。如有油污，应用质量分数为5%～10%的碱溶液清洗干净。

(2)弹线，找标高。根据水平标准线和设计厚度，在四周墙、柱上弹出面层的上平标高控制线。按线拉水平线、抹找平墩(60 mm×60 mm见方，与面层完成面同高，用同种混凝土)，间距双向不大于2 m。有坡度要求的房间应按设计坡度要求拉线，抹出坡度墩。面积较大的房间为保证地面平整度，还要以做好的灰饼为标准冲筋。冲筋的高度与灰饼相同。当天抹灰墩、冲筋，当天应当抹完灰，不应隔夜。

(3)铺设混凝土。铺设时按标筋高度刮平，随后用平板式振捣器捣密实。待其稍收水，即用铁抹子预压一遍，或用铁辊筒往复交叉滚压3～5遍，使之平整，不显露石子。如有低凹处，要随即用混凝土填补，滚压至表面泛浆；若泛出表层的水泥浆呈细花纹状，表明已经滚压密实，即可进行抹平压光。压光工作不应少于两遍，要求达到表面光滑、无抹痕、色泽均匀一致。

(4)水泥混凝土面层不应留置施工缝。当施工间歇超过允许时间规定，再继续浇筑混凝土时，应对已凝结的混凝土接槎处进行处理。刷一层水泥浆，其水胶比宜为0.4～0.5，再浇筑混凝土，并应捣实压平，不显接槎。

(5)养护。面层混凝土浇筑完成后，应在12 h内加以覆盖和浇水，养护时间不得少于7 d，浇水次数应能保持混凝土具有足够的湿润状态。

三、水磨石面层施工

水磨石是指将碎石拌入水泥制成混凝土制品后表面磨光的制品。水磨石面层是属于较高级的建筑地面工程之一，也是目前工业与民用建筑中采用较广泛的楼面与地面面层的类型。其特点是表面平整光滑、外观美、不起灰，又可以按照设计和使用要求做成各种彩色图案，因此，应用范围较广，包括机场候机楼、宾馆门厅和医院、宿舍走道、卫生间、饭厅、会议室、办公室等。

1. 基本构造

现制水磨石地面是在水泥砂浆或混凝土垫层上，按设计要求分格并抹水泥石子浆，硬化后，磨光露出石渣，并经补浆、细磨、打蜡而成。现制水磨石地面基本构造如图 2-3 所示。

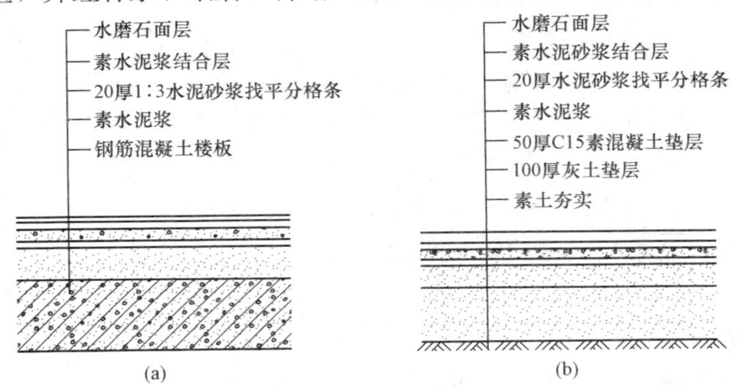

图 2-3　现制水磨石地面基本构造

(a)现制水磨石楼面；(b)现制水磨石地面

2. 材料质量要求

(1)水泥，所用的水泥强度等级不应小于 42.5 级；原色水磨石面层宜用 42.5 级普通硅酸盐水泥；彩色水磨石应采用白色或彩色硅酸盐水泥。

(2)石子(石米)应采用坚硬可磨的岩石(常用白云石、大理石等)。应洁净无杂物、无风化颗粒，其粒径除特殊要求外，一般为 6～15 mm，或将大、小石料按一定比例混合使用。

(3)玻璃条用厚度为 3 mm 的普通平板玻璃裁制而成，宽度为 10 mm 左右(视石子粒径定)，长度一般由分块尺寸决定。

(4)铜条用 2～3 mm 厚的铜板裁制而成，宽度为 10 mm 左右(视石子粒径定)，长度由分块尺寸决定。铜条需经调直才能使用。铜条下部 1/3 处每米钻四个孔径为 2 mm 的圆孔，穿钢丝备用。

(5)颜料采用耐光、耐碱的矿物颜料，其掺入量不大于水泥质量的 12%。如采用彩色水泥，可直接与石子拌和使用。

(6)砂子宜采用中砂，通过 0.63 mm 孔径的筛，含泥量不得大于 3%。

(7)草酸即乙二酸。通常成二水物相对密度为 1.65 kg/m^3；无水物相对密度为 1.9 kg/m^3；易溶于水。有毒，对皮肤有腐蚀作用。使用前用沸水溶解成浓度为 10%～25%的溶液，冷却后使用。

(8)地板蜡由天然或石油中提取的固体石蜡和溶剂配制而成，按 0.5 kg 石蜡配 2.5 kg 煤油的配比自行配制，使用时加 300 g 松香水和 100 g 鱼油调制。

(9)水宜采用饮用水。

3. 施工工艺流程

基层处理→刷素水泥浆黏结层→水泥砂浆结合层→养护→安分格条→刷水泥色浆黏结层→铺设水泥石粒拌合物→滚筒滚压→二次拍平收光→养护→分遍磨光→上草酸打蜡擦光→分成品养护。

4. 施工要点

(1)基层清理、找平。将沾在基层上的浮浆、落地灰等用錾子或钢丝刷清理掉，再用扫帚将浮土清扫干净。根据水平标准线和设计厚度，在四周墙、柱上弹出面层的上平标高控制线。

(2)镶嵌分格条。在抹好水泥砂浆找平层 24 h 后，按设计要求在找平层上弹(划)线分格，分格间距以 1 m 左右为宜。水泥浆顶部应低于条顶 4～6 mm，并做成 45°角。嵌条应平直、牢固、接头严密，并作为铺设面层的标志。分格条十字交叉接头处粘嵌水泥浆时，宜留有 15～20 mm 的空隙，以确保铺设水泥石粒浆时使石粒分布饱满，磨光后表面美观。分格条粘嵌后，经 24 h 即可洒水养护，一般养护 3～5 d。

现浇水磨石施工工艺

(3)铺抹石粒浆。嵌条粘嵌养护后，即清除积水及浮灰，涂刷与面层颜色一致的水泥浆结合层一道。结合层水泥浆的水胶比宜为 0.1～0.5，也可在水泥浆内掺加适量胶黏剂，随刷随铺设面层水泥石粒浆。

(4)滚压。滚压应该从横竖两个方向轮换进行，用力均匀，防止压倒或压坏分格条。待表面出浆后，再用抹子抹平。在滚压过程中，如发现表面石子偏少，可在水泥浆较多处补撒石子并拍平。滚压至表面平整、泛浆且石粒均匀排列为止。

(5)分遍磨光。水磨石开磨时间与所用水泥品质、色粉品种及气候条件有一定关系。水磨石面层开机前先进行试磨，表面石渣不松动方可开磨。具体操作步骤是边磨边洒水，确保磨盘下有水，并随时清除磨石浆。如开磨时间过晚，可在磨盘下撒少量砂子助磨。

(6)抛光。抛光是用 10%的草酸溶液(加入 1%～2%的氧化铝)进行涂刷，随即用 240～320 号油石细磨。可立即腐蚀细磨表面的突出部分，又将生成物挤压到凹陷部位，经物理和化学反应，使水磨石表面形成一层光泽膜。通过抛光对细磨面进行最后加工，使水磨石地面显现装饰效果。

(7)打蜡。在水磨石面层上薄涂一层蜡，稍干后用磨光机研磨，或用钉有细帆布(或麻布)的木块代替油石，在磨石机上研磨出光亮后，再涂蜡研磨一遍，直到光滑洁亮为止。

四、整体地面工程实例

××公寓水泥砂浆地面施工方案

(一)施工准备

1. 材料质量要求

(1)水泥砂浆面层所用的水泥，宜优先采用硅酸盐水泥、普通硅酸盐水泥，且强度等级不得低于 32.5 级。如果采用石屑代砂时，水泥强度等级不低于 42.5 级。如采用矿渣硅酸盐水泥，其强度等级不低于 42.5 级。在施工中要严格按施工工艺操作，且要加强养护，方能保证工程质量。

(2)水泥砂浆面层所用之砂，应采用中砂或粗砂，也可两者混合使用，其含泥量不得大于3%。因为细砂拌制的砂浆强度要比粗、中砂拌制的砂浆强度低25%～35%，不仅其耐磨性差，而且干缩性大，容易产生收缩裂缝等缺点。如采用石屑代砂，粒径宜为3～6 mm，含泥量不大于3%。

(3)材料配合比。

1)水泥砂浆：面层水泥砂浆的配合比应不低于1∶2，其稠度不大于3.5 cm。水泥砂浆必须拌和均匀，颜色一致。

2)水泥石屑浆：如果面层采用水泥石屑浆，其配合比为1∶2，水胶比为0.3～0.4，并特别要求做好养护工作。

2. 主要施工机具

砂浆搅拌机、拉线和靠尺、抹子和木杠、捋角器及地面抹光机(用于水泥砂浆面层的抹光)。

3. 作业条件

(1)施工前在四周墙身弹好±500 mm水准基准水平墨线。

(2)门框和地面预埋件、水电设备管线等均应施工完毕并经检查合格。

(3)各种立管孔洞等缝隙先用细石混凝土灌实堵严(细小缝隙可用水泥砂浆灌堵)。

(4)办好作业层的结构隐蔽验收手续。

(5)作业层的顶棚(天花)、墙柱施工完毕。

(二)施工工艺

1. 施工工艺流程

基层处理→弹线、做标筋→水泥砂浆面层铺设→养护。

2. 施工要点

(1)基层处理。基层处理是防止水泥砂浆面层空鼓、裂纹、起砂等质量通病的关键工序。因此，要求基层具有粗糙、洁净和潮湿的表面，一切浮灰、油渍、杂质，必须仔细清除，否则会形成一层隔离层，使面层结合不牢。表面比较光滑的基层，先进行凿毛，并用清水冲洗干净。

(2)弹线、做标筋。

1)地面抹灰前，先在四周墙上弹出一道水平基准线，作为确定水泥砂浆面层标高的依据。水平基准线是以地面±0.000及楼层砌墙前的抄平点为依据。

2)根据水平基准线将地面面层上皮的水平辅助基准线弹出。面积不大的房间，根据水平基准线直接用长木杠抹标筋，施工中进行几次复尺即可。面积较大的房间，根据水平基准线在四周墙角处每隔1.5～2.0 m用1∶2水泥砂浆抹标志块，标志块大小为8～10 cm见方。待标志块结硬后，再以标志块的高度做出纵横方向通长的标筋以控制面层的厚度。地面标筋用1∶2水泥砂浆，宽度为8～10 cm。做标筋时，要注意控制面层厚度，面层的厚度与门框的锯口线吻合。

3)厨房、浴室、卫生间等房间的地面，将流水坡度找好。有地漏的房间，在地漏四周找出坡度不小于5%的泛水。抄平时要注意各室内地面与走廊高度的关系。

(3)水泥砂浆面层铺设。

1)水泥砂浆采用机械搅拌，拌和要均匀，颜色一致，搅拌时间不小于 2 min。水泥砂浆采用干硬性水泥砂浆，以手捏成团稍出浆为准。

2)施工时，先刷水胶比为 0.4～0.5 的水泥浆，随刷随铺随拍实，并在水泥初凝前用木抹搓平压实。

3)面层压光用钢皮抹子分三遍完成，并逐遍加大用力压光。若采用地面抹光机压光，在压第二遍、第三遍时，水泥砂浆的干硬度应比手工压光时稍干一些。压光工作在水泥终凝前完成。

4)当水泥砂浆面层干湿度不适宜时，可采取淋水或撒布干的 1∶1 水泥和砂(体积比，砂须过 3 mm 筛)拌合料进行抹平压光工作。

5)当面层需分格时，应在水泥初凝后进行弹线分格。先用木抹搓一条约一抹子宽的面层，用钢皮抹子压光，再用分格器压缝。分格应平直，深浅要一致。

6)当水泥砂浆面层内埋设管线等出现局部厚度减薄且厚度在 10 mm 及 10 mm 以下时，应按设计要求做防止面层开裂的处理后方可施工。

7)水泥砂浆面层铺好经 1 d 后，用锯屑、砂或草袋盖洒水养护，每天两次，不少于 7 d。

8)当水泥砂浆面层出现局部起砂等施工质量缺陷时，可采用 108 胶水泥腻子进行修理、补强和装饰。施工工艺：处理好基层，表面洒水湿润，涂刷 108 胶水一道，满刮腻子 2～5 遍，厚度控制在 0.7～1.5 mm，洒水养护，砂纸磨平、清除粉尘，再涂刷纯 108 胶一遍或做一道蜡面。

(4)养护。水泥砂浆面层抹压后，应在常温湿润条件下养护，养护要适时。先在面层上铺上锯木屑(或以草垫覆盖)后再浇水养护，浇水采用喷壶喷洒，使锯木屑(或草垫等)保持湿润。如采用矿渣水泥时，养护时间延长到 14 d。

(三)成品保护

(1)施工时注意对定位定高的标准杆、尺、线的保护，不得触动、移位。

(2)对所覆盖的隐蔽工程采取可靠的保护措施，不得因浇筑砂浆造成漏水、堵塞、破坏或降低等级。

(3)地面压光 24 h 后铺锯末洒水养护，保持湿润。当水泥砂浆面层强度大于等于 5 MPa 时，才允许上人，达到设计强度后才允许使用。

(4)砂浆面层完工后在养护过程中做好遮盖和拦挡，避免受侵害。

第二节　块料地面装饰施工技术

块料地面装饰是指用天然大理石板、花岗石板、预制水磨石板、陶瓷马赛克、墙地砖、激光玻璃砖及钛金不锈钢复面墙地砖等装饰板材，铺贴在楼面或地面上。块料地面铺贴材料花色品种多样，能满足不同的装饰要求。块料地面的特点是花色品种多、耐磨损性能优良、很容易清洁、强度比较高、块料刚性大，但其造价偏高、功效偏低，一般适用于人流活动较大、地面磨损频率高的地面及比较潮湿的场所。

一、砖地面施工

砖地面是由陶瓷马赛克、缸砖、陶瓷地砖和水泥花砖等在水泥砂浆、沥青胶结料或胶黏剂结合层上铺设而成。砖面层适用于工业及民用建筑铺设缸砖、水泥花砖、陶瓷马赛克面层的地面工程，如有较高清洁要求的车间、工作间、门厅、盥洗室、厕浴间、厨房和化验室等。

1. 基本构造

不同材料的砖地面的构造基本相同，其中陶瓷地砖地面的基本构造如图 2-4 所示。

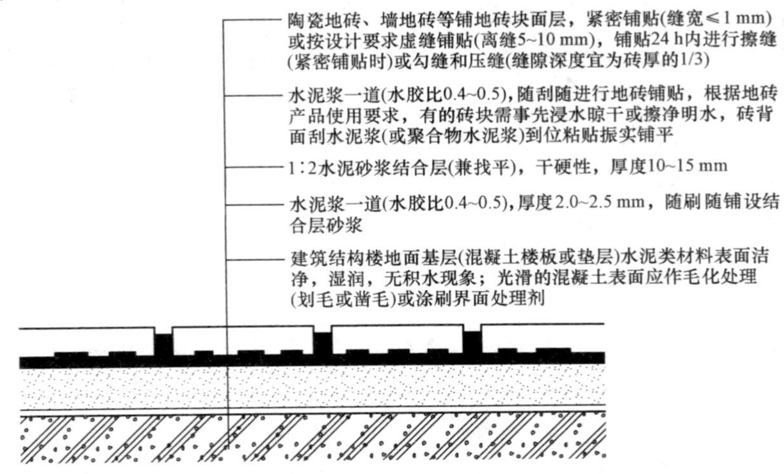

图 2-4　陶瓷地砖地面构造

2. 材料质量要求

(1)地砖。符合施工要求，对有裂缝、掉角、翘曲、明显色差、尺寸误差大等缺陷的块材应剔除。

(2)水泥。水泥采用硅酸盐水泥、普通硅酸盐水泥或矿渣硅酸盐水泥，其强度等级不宜小于 42.5 级。不同品种、不同强度等级的水泥严禁混用。

(3)砂。找平层水泥砂浆采用过筛的中砂、粗砂，嵌缝宜用中砂、细砂。

(4)颜料。颜料应选用耐碱、耐光的矿物颜料。不得使用酸性颜料。

(5)胶黏剂。采用胶黏剂在结合层上粘贴砖面层时，胶黏剂选用应符合现行国家标准《民用建筑工程室内环境污染控制规范(2013 版)》(GB 50325—2010)的规定。

3. 施工工艺流程

基层处理→铺结合层→铺砌砖面层→勾缝→养护→保护。

4. 施工要点

(1)基层处理。将基层凿毛，凿毛深度为 5～10 mm，再将混凝土地面上的杂物清理干净，如有油污，应用 10%的火碱水刷净，并用清水及时将其上的碱液冲净。

(2)找标高。根据水平标准线和设计厚度，在四周墙、柱上弹出面层的上水平标高控制线。

(3)铺找平层砂浆。铺砂浆前，基层浇水润湿，刷一道水胶比为 0.4～0.5 的素水泥浆，随刷随铺 1∶(2～3)的干硬性水泥砂浆。有防水要求时，找平层砂浆或水泥混凝土要掺防水剂，或按照设计要求加铺防水卷材。

(4)弹铺砖控制线。在已有一定强度的找平层上弹出与门道口成直角的基准线，弹线应考虑板块间隙，弹出纵横定位控制线。弹线从门口开始，以保证进口处为整砖，非整砖置于阴角或家具下面。

(5)铺地面砖板块。铺砖前将板块浸水润湿，并码好阴干备用。铺砌时切忌板块有明水。铺砌前，按基准板块先拉通线，对准纵横缝按线铺砌。为使砂浆密实，用橡皮锤轻击板块，如有空隙应补浆，有明水时撒少许水泥粉。缝隙、平整度满足要求后，揭开板块，浇一层素水泥浆，正式铺贴。每铺完一条，用 3 m 靠尺双向找平。随时将板面多余砂浆清理干净。铺板块应采用后退的顺序铺贴。

(6)压平拨缝。每铺完一段或 8～10 块后用喷壶略洒水，15 min 左右后用橡皮锤(木槌)按铺砖顺序锤铺一遍，不得遗漏。边压实边用水平尺找平。压实后拉通线，先竖缝后横缝调拨缝隙，使缝口平直、贯通。

(7)嵌缝养护。铺贴完 2～3 h 后，用白水泥或普通水泥浆擦缝，缝要填充密实、平整光滑，再将表面擦净，擦净后铺撒锯末养护。

二、石材地面施工

天然石材是一种有悠久历史的建筑装饰材料，它不仅具有较高的强度、硬度、耐久性、耐磨性等优良性能，而且经表面处理后可获得优良的装饰性，对建筑起着保护和装饰双重作用。建筑装饰用石材是从天然岩体开采、可加工成各种块状或板状材料。建筑装饰石材包括天然石材和人造石材两类。石材地面是采用天然花岗石、大理石及人造花岗石、大理石等材料铺砌而成。

1. 基本构造

石材地面的铺砌一般采用半干硬性水泥砂浆，基层、垫层的做法和一般水泥砂浆地面做法相同，只是要做防潮处理。石材地面基本构造如图 2-5 所示。

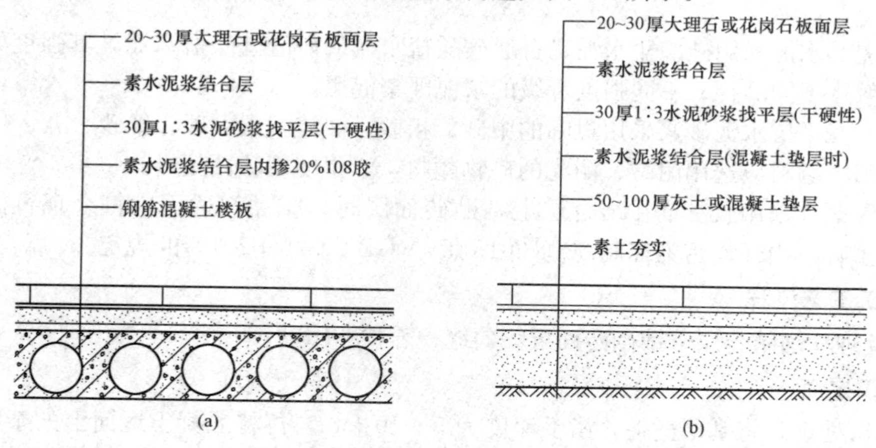

图 2-5 石材地面构造

(a)石材楼面；(b)石材地面

2. 材料质量要求

(1)水泥。水泥一般采用普通硅酸盐水泥，其强度等级不得小于 42.5 级。受潮结块的水泥禁止使用。

(2)砂。砂宜选用中砂或粗砂。

(3)石材。石材的技术等级、光泽度、外观等质量要求应符合现行行业标准《天然大理石建筑板材》(GB/T 19766—2016)、《天然花岗石建筑板材》(GB/T 18601—2009)等的规定。

凡有翘曲、歪斜、厚薄偏差太大以及缺边、掉角、裂纹、隐伤和局部污染变色的石材应予剔除，完好的石材板块应套方检查，规格尺寸如有偏差，应磨边修正。用草绳等易褪色材料包装花岗石石板时，拆包前应防止受潮污染。碎拼大理石要进行清理归类，把颜色、厚薄相近的放在一起施工，板材边长不宜超过 300 mm。

3. 施工工艺流程

(1)石材地面施工工艺流程为：基层清理→弹线→选料→石材浸水湿润→安装标准块→摊铺水泥砂浆→铺贴石材→擦缝→清洁→养护→上蜡。

(2)碎拼石材地面施工工艺流程为：基层清理→抹找平层灰→铺贴→浇石渣浆→磨光→上蜡。

4. 施工要点

(1)基层清理。将地面垫层上杂物清理干净，用钢丝刷刷掉黏结在垫层上的砂浆，并清理干净。

(2)弹线。根据设计要求，并考虑结合层厚度与板块厚度，确定平面标高位置后，在相应立面弹线。再按板块的尺寸及板缝大小放样分块。与走廊直接相通的门口应与走道地面拉通线，板块布置要以十字线对称。在十字线交点处对角安放两块标准块，并用水平尺和角尺校正。

(3)选材。铺贴前将板材进行试拼、对花、对色、编号，以使铺设出的地面花色一致。试拼调试合格后，可在房间主要部位弹相互垂直的控制线并引至墙上，以检查和控制板块位置。

(4)石材浸水湿润。施工前应将石板材(特别是预制水磨石板)浸水湿润，并阴干码好备用，铺贴时，板材的底面以内潮外干为宜。

(5)铺砂浆和石板。根据水平地面弹线，定出地面找平层厚度，铺 1∶3 干硬性水泥砂浆。砂浆从房间里面往门口处摊铺，铺好后用大杠刮平，再用抹子拍实找平。石材的铺设也是从里向外延控制线，按照试铺编号铺砌，逐步退至门口用橡皮锤敲击木垫板，振实砂浆到铺设高度。在水泥砂浆找平层上再满浇一层素水泥浆结合层，铺设石板，四角同时向下落下，用橡皮锤轻敲木垫层，水平尺找平。

(6)擦缝。铺板完成 2 d 后，经检查板块无断裂及空鼓现象后方可进行擦缝。要求嵌铜条的地面板材铺贴，先将相邻两块板材铺贴平整，留出嵌条缝隙，然后向缝内灌水泥砂浆，将铜条敲入缝隙内，使其外露部分略高于板面即可，然后擦净挤出的砂浆。

(7)养护。对于不设镶条的地面，应在铺完 24 h 后洒水养护，2 d 后进行灌浆，灌缝力求达到紧密。

(8)上蜡。板块铺贴完工后，待其结合层砂浆强度达到 60%～70%即可打蜡抛光。上蜡前先将石材地面晾干擦净，用干净的布或麻丝沾稀糊状的蜡，涂在石材上，用磨石机压磨，擦打第一遍蜡。随后，用同样方法涂第二遍蜡，要求光亮、颜色一致。

三、活动地板地面施工

活动地板也称为装配式地板，它由规定型号和材质的面板块、框架行条、可调支架等配件组合拼装而成。活动地板具有质量轻、强度大、表面平整、尺寸稳定、面层质感好以及装饰效果好等优点，并具有防火、防虫、耐腐蚀等性能。其适用于防尘、防静电要求和管线敷设较集中的专业用房，如电子计算机房、通信枢纽、电化教室等。

1. 基本构造

活动地板地面的基本构造如图 2-6 所示。

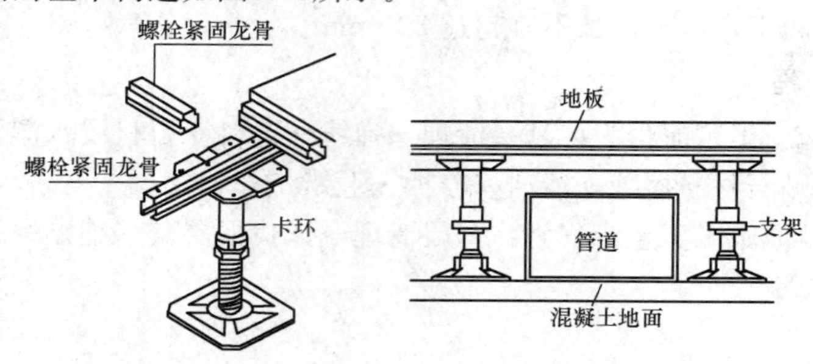

图 2-6 活动地板地面构造

2. 材料质量要求

(1)活动地板板块。活动地板板块一般分为三层：面层采用 1.5 mm 厚柔光高压三聚氰胺装饰板粘贴在中间层上；中间层是 25 mm 左右厚的刨花板，也有用铝合金压型板、高致密刨花板、木质多层胶合板等；中间层下粘贴一层 1 mm 厚的镀锌薄钢板，四周侧边用塑料板封闭或用镀锌薄钢板包裹并以胶条封边。活动地板板块各项技术性能与技术指标应符合国家有关产品标准的规定。活动地板块表面要平整、坚实，并具有耐磨、耐污染、耐老化、防潮、阻燃和导静电等特点。

(2)支承部分。支承部分由标准钢支柱和框架组成。钢支柱采用管材制作，框架采用轻型槽钢制成。

3. 施工工艺流程

基层处理→弹线定位→固定支架和底座→安装横梁→安装面板→表面清理养护。

4. 施工要点

(1)基层处理。安装活动地板前先将地面清理干净平整、不起灰，含水率不大于 8%。安装前可在基层表面涂刷 1～2 遍清漆或防尘漆，涂漆后不允许有脱皮现象。

(2)弹线定位。测量底座水平标高，按设计要求在墙面四周弹好水平线和标高控制位置。在基层表面上弹出支柱定位方格十字线，标出地板块的安装位置和高度，并标明设备预留部位。

(3)固定支架和底座。先将活动地板各部件组装好，以基准线为准，顺序在方格网交点处安放支架和横梁，固定支架的底座，连接支架和框架，在安装过程中要经常抄平，转动支座螺杆，用水平尺调整每个支座面的高度至全室等高，并尽量使每个支架受力均匀。

(4)安装横梁。在所有的支座柱和横梁构成的框架成为一体后，将环氧树脂注入支架底座与水泥类基层的空隙中，使之连接牢固，也可以采用膨胀螺栓或射钉连接。

(5)安装面板。安装面板前，在横梁上弹出分格线，按线安装面板，调整好尺寸，使之顺直，缝隙均匀且不显高差。调整水平度并保证板块四角接触严密、平整，不得采用加垫的方法。铺板前在横梁上先铺设缓冲胶条，用乳胶与横梁黏结。活动地板不符合模数时，其不足部分可根据实际尺寸将板块切割后镶补，并配装相应的可调支座和横梁。

(6)表面清理养护。当活动地板全部完成后，经检查平整度及缝隙均符合质量要求后即可进行清洗。局部沾污时，可用布沾清洁剂或肥皂水擦净晾干，再用棉丝抹蜡满擦一遍。

四、板块地面工程实例

××公寓瓷砖地面施工方案

(一)施工准备

1. 材料质量要求

(1)水泥：采用硅酸盐水泥或普通硅酸盐水泥，其强度等级不低于42.5级，并严禁混用不同品种、不同强度等级的水泥。

(2)砂：中砂或粗砂，过8 mm孔径筛子，其含泥量不大于3%。

(3)瓷砖有出厂合格证，抗压、抗折及规格品种均符合设计要求，外观颜色一致、表面平整、边角整齐、无翘曲及窜角。

(4)草酸、火碱、108胶等材料均有出厂合格证。

2. 主要施工工具

水桶、平锹、铁抹子、大杠、筛子、窗纱筛子、锤子、橡皮锤子、方尺、云石机。

3. 作业条件

(1)内墙+50 cm水平标高线已弹好，并校核无误。

(2)墙面抹灰、屋面防水和门框已安装完。

(3)地面垫层以及预埋在地面内各种管线已做完。穿过楼面的竖管已安完，管洞已堵塞密实。有地漏的房间应找好泛水。

(4)提前做好选砖的工作，预先用木条钉方框(按砖的规格尺寸)模子，拆包后对瓷砖进行套选，长、宽、厚不得超过±1 mm，平整度不得超过±0.5 mm。外观有裂缝、掉角和表面上有缺陷的瓷砖剔出，并按花型、颜色挑选后分别堆放。

(二)施工工艺

1. 施工工艺流程

基层处理→找标高、弹线→抹找平层砂浆→弹铺砖控制线→铺砖→勾缝、擦缝→养护→踢脚板安装。

2. 施工要点

(1)基层处理。将混凝土基层上的杂物清理掉，并用錾子剔掉砂浆落地灰，用钢丝刷刷净浮浆层。如基层有油污时，应用10%火碱水刷净，并用清水及时将其上的碱液冲净。

(2)找标高、弹线。根据墙上的+50 cm水平标高线，往下量测出面层标高，并弹在墙上。

(3)抹找平层砂浆。

1)洒水湿润。在清理好的基层上，用喷壶将地面基层均匀洒水一遍。

2)抹灰饼和标筋。从已弹好的面层水平线下量至找平层上皮的标高(面层标高减去砖厚度及黏结层的厚度)，抹灰饼间距为1.5 m，灰饼上平就是水泥砂浆找平层的标高，然后从房间一侧开始抹标筋。有地漏的房间，应由四周向地漏方向放射形抹标筋，并找好坡度。抹灰饼和标筋使用干硬性砂浆，厚度不宜小于 2 cm。

3)装档(即在标筋间装铺水泥砂浆)。清净抹标筋的剩余浆渣，涂刷一遍水泥浆(水胶比为 0.4～0.5)黏结层，要随涂刷随铺砂浆。然后根据标筋的标高，用小平锹或木抹子将已拌和的水泥砂浆(配合比为 1∶3～1∶4)铺装在标筋之间，用木抹子摊平、拍实，小木杠刮平，再用木抹子搓平，使其铺设的砂浆与标筋找平，并用大木杠横竖检查其平整度，同时检查其标高和泛水坡度是否正确，24 h 后浇水养护。

(4)弹铺砖控制线。当找平层砂浆强度达到 1.2 MPa 时，开始上人弹砖的控制线。预先根据设计要求和砖板块规格尺寸，确定板块铺砌的缝隙宽度。当设计无规定时，紧密铺贴缝隙宽度不宜大于 1 mm，虚缝铺贴缝隙宽度宜为 5～10 mm。

在房间中，从纵、横两个方向排尺寸，当尺寸不足整砖倍数时，将非整砖用于边角处，横向平行于门口的第一排应为整砖，将非整砖排在靠墙位置，纵向(垂直门口)应在房间内分中，非整砖对称排放在两墙边处。根据已确定的砖数和缝宽，在地面上弹纵、横控制线(每隔 4 块砖弹一根控制线)。

(5)铺砖。为了找好位置和标高，应从门口开始，纵向先铺 2～3 行砖，以此为标筋拉纵横水平标高线，铺时应从里向外退着操作，施工人员不得踏在刚铺好的砖上，每块砖应跟线，操作程序如下：

1)铺砌前将砖板块放入半截水桶中浸水湿润，晾干后表面无明水时，方可使用。

2)找平层上洒水湿润，均匀涂刷素水泥浆(水胶比为 0.4～0.5)，涂刷面积不要过大，铺多少刷多少。

3)结合层的厚度。如采用水泥砂浆铺设时应为 10～15 mm，采用沥青胶结料铺设时应为 2～5 mm，采用胶黏剂铺设时应为 2～3 mm。

4)采用沥青胶结材料和胶黏剂时，除按出厂说明书操作外，还应经试验室试验后确定配合比，拌和时要搅拌均匀，不得有灰团，一次拌和不得太多，并应在规定时间内用完。使用水泥砂浆结合层时，宜用配合比为 1∶2.5(水泥∶砂)的干硬性砂浆。其也应随拌随用，初凝前用完，防止影响黏结质量。

5)铺砌时，砖的背面朝上抹黏结砂浆，铺砌到已刷好水泥浆的找平层上，砖上楞略高出水平标高线，找正、找直、找方后，砖上面垫木板，用橡皮锤拍实，做到面砖砂浆饱满、相接紧密、坚实，与地漏相接处，用砂轮锯将砖加工成与地漏相吻合。铺地砖时最好一次铺一间，大面积施工时，应采取分段、分部位铺砌。

6)铺完 2～3 行，应随时拉线检查缝格的平直度，如超出规定应立即修整，将缝拨直，并用橡皮锤拍实。此项工作应在结合层凝结之前完成。

(6)勾缝、擦缝。面层铺贴后在 24 h 内进行擦缝、勾缝工作，并应采用同品种、同强度等级、同颜色的水泥。

1)勾缝。用 1∶1 水泥细砂浆勾缝，缝内深度宜为砖厚的 1/3，要求缝内砂浆密实、平整、光滑。随勾随将剩余水泥砂浆清走、擦净。

2)擦缝。如设计要求不留缝隙或缝隙很小时，则要求接缝平直，在铺实修整好的砖面层上用浆壶往缝内浇水泥浆，然后用干水泥撒在缝上，再用棉纱团擦揉，将缝隙擦满。最后将面层上的水泥浆擦干净。

(7)养护。铺完砖 24 h 后，洒水养护，时间不少于 7 d。

(8)镶贴踢脚板。踢脚板用砖，一般采用与地面块材同品种、同规格、同颜色的材料，踢脚板的立缝应与地面缝对齐，铺设时应在房间墙面两端头阴角处各镶贴一块砖，出墙厚度和高度应符合设计要求，以此砖上楞为标准挂线，开始铺贴，砖背面朝上抹黏结砂浆(配合比为 1∶2 水泥砂浆)，使砂浆粘满整块砖为宜，及时粘贴在墙上，砖上楞要跟线并立即拍实，随之将挤出的砂浆刮掉，将面层清擦干净(在粘贴前，砖块材要浸水晾干，墙面刷湿润)。

(三)成品保护

(1)镶铺砖面层后，如果其他工序插入较多，则铺覆盖物对面层加以保护。

(2)切割面砖时应用垫板，禁止在已铺地面上切割。

(3)做油漆、浆活时，铺覆盖物对面层加以保护，不得污染地面。

(4)合理安排施工顺序，水电、通风、设备安装等提前完成，防止损坏面砖。

(5)结合层凝结前防止暴晒、水冲和振动，以保证其具有足够的强度。

第三节　木地面装饰施工技术

木地板具有质量轻、弹性好、导热率低等优点，且具有易于加工、不易老化、脚感舒适等优异性能，因而，成为家庭地面装饰中常用的材料。但是，木地面容易受温度、湿度变化的影响而导致裂缝、翘曲、变形、变色、腐朽，不耐高温、容易燃烧是其最大的缺陷，在设计、施工和使用中应当引起高度重视。

一、实木地板装饰施工

实木地板是天然木材经烘干、加工后形成的地面装饰材料，又名原木地板，是用实木直接加工成的地板。它具有木材自然生长的纹理，是热的不良导体，能起到冬暖夏凉的作用，脚感舒适，使用安全，是卧室、客厅、书房等地面装修的理想材料。

(一)基本构造

实木地板楼地面采用条材和块材实木地板或采用拼花实木地板，以空铺或实铺方式在基层(楼层结构层)上铺设而成。实木地板楼地面按照结构构造形式不同，可分为粘贴式木地板、架空式木地板和实铺式木地板三种形式。其基本构造如图 2-7～图 2-9 所示。

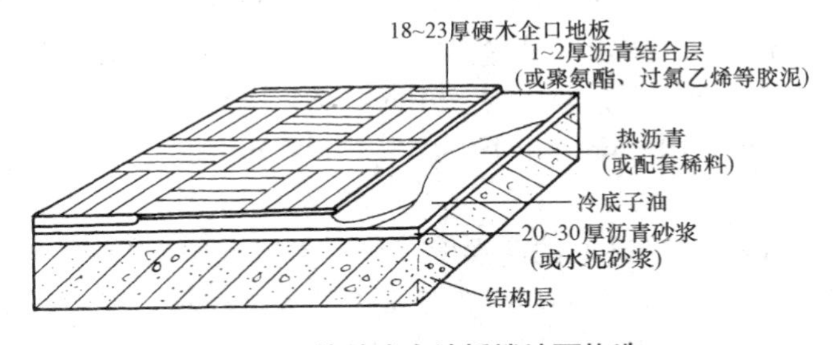

图 2-7　粘贴式木地板楼地面构造

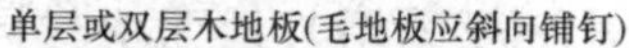

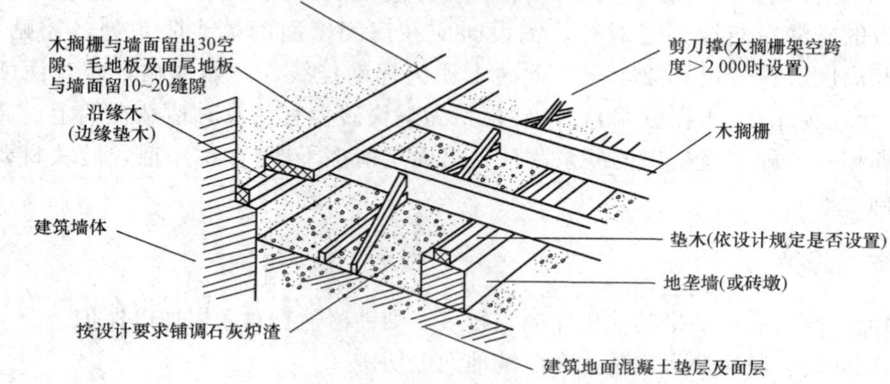

图 2-8　架空式木地板楼地面构造

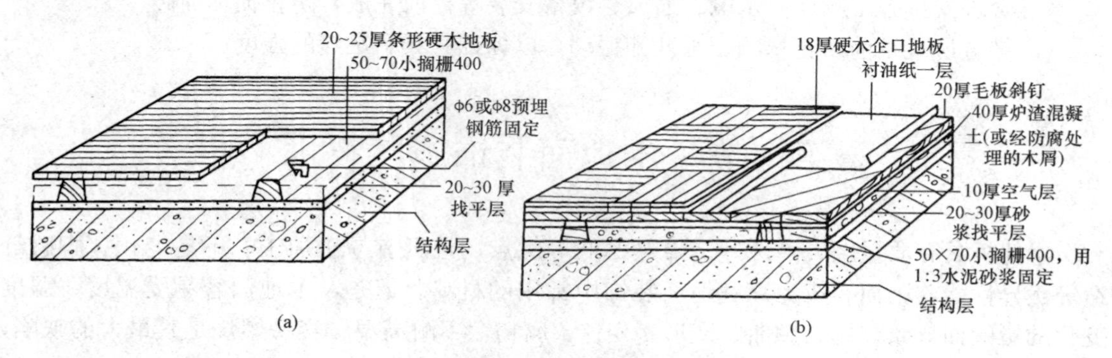

图 2-9　实铺式木地板楼地面构造

(a)单层；(b)双层

(二)材料质量要求

(1)木地板敷设所需要的木搁栅(也称木棱)、垫木、沿缘木(也称压檐木)、剪刀撑及毛地板，采用红白松，经烘干、防腐处理后使用。木龙骨、毛地板不得有扭曲变形，规格尺寸按设计要求加工。

(2)实木地板面层可采用双层面层和单层面层铺设，其厚度应符合设计要求。实木地板面层的条材和块材应采用具有商品检验合格证的产品。

(3)硬木地板常见的有企口木地板。企口木地板是指以高贵硬木(樱桃木、枫木、水曲柳、柚木、柞木、橡木、桦木、山毛榉、刺槐、栎木、柳安、楠木等)经先进的全电脑控制干燥设备处理，含水率为10%以内，并经企口、刨光、油漆等工艺加工而成。也可按设计要求现场刨光、上漆。一般规格：厚度为15 mm、18 mm、20 mm；宽度为50 mm、60 mm、70 mm、75 mm、90 mm、100 mm；长度为250～900 mm(以上规格也可以按设计要求定做)。

(4)砖和石料用于地垄墙和砖墩的砖强度等级，不能低于MU10。采用石料时，风化石不得使用；凡后期强度不稳定或受潮后会降低强度的人造块材均不得使用。

(5)胶黏剂及沥青。若使用胶黏剂粘贴拼花木地板面层，可选用环氧沥青、聚氨酯、聚醋酸乙烯和酪素胶等。若采用沥青粘贴拼花木地板面层，应选用石油沥青。

(6)其他材料。防潮垫、8～10号镀锌铅丝、50～100 mm圆钉、木地板专用钉等。

(三)施工工艺流程

(1)实铺式粘贴式木地板地面施工工艺流程为：基层清理→弹线→钉毛地板→涂胶→粘铺地板→镶边→撕衬纸→刨光→打磨→油漆→上蜡。

(2)架空式木地板地面施工工艺流程为：基层处理→砌地垄墙→弹线、安装龙骨架或木搁栅→钉毛地板→铺设面板→钉踢脚板→刨光、打磨→油漆。

(四)施工要点

1. 实铺木地板地面施工要点

(1)基层清理。基层表面的砂浆、浮灰必须铲除干净然后用水冲洗、擦拭清洁并干燥。

(2)弹线。按设计图案和块材尺寸进行弹线，先弹房间的中心线，从中心向四周弹出块材方格线及圈边线。方格必须保证方正，不得偏斜。

(3)钉毛地板。铺钉时，使毛地板留缝约为3 mm。接头设在龙骨上并留设2～3 mm缝隙，接头应错开。铺钉完毕，弹方格网线，按网点抄平，并用刨子修平，达到标准后，方能钉硬木地板。

(4)粘铺地板。按设计要求及有关规范规定处理基层，粘铺木地板用胶要符合设计要求，并进行试铺，符合要求后再大面积展开施工。铺贴时要用专用刮胶板将胶均匀地涂刮于地面及木地板表面，待胶不黏手时，将地板按定位线就位粘贴，并用小锤轻敲，使地板条与基层粘牢。涂胶时要求涂刷均匀，厚薄一致，不得有漏涂之处。地板条应铺正、铺平、铺齐，并应逐块错缝排紧粘牢。板与板之间不得有任何松动、不平、缝隙及溢胶之处。

(5)撕衬纸。铺正方块时，往往事先将几块小拼花地板整齐地粘贴在一张牛皮纸或其他比较厚实的纸上，按大块地板整联铺贴，待全部铺贴完毕，用湿布在木地板上全面擦湿一次，其湿度以衬纸表面不积水为宜，浸润衬纸渗透后，随即把衬纸撕掉。

(6)刨光。粗刨工序宜用转速较快的电刨地板机进行。由于电刨速度较快，刨时不宜走得太快。电刨停机时，应先将电刨提起，再关电闸，防止刨刀撕裂木纤维，破坏地面。粗刨以后用手推刨，修整局部高低不平之处，使地板光滑平整。

(7)打磨。刨平后应用地板磨光机打磨两遍。磨光时也应顺木纹方向打磨，第一遍用粗砂，第二遍用细砂。现在的木地板由于加工精细，已经不需要进行表面刨平，可直接打磨。

(8)油漆。将地板清理干净，然后补凹坑，批刮腻子、着色，最后刷清漆。木地板用清漆有高档、中档、低档三类。高档地板为聚酯清漆，其漆膜强韧，光泽丰富，附着力强，耐水，耐化学腐蚀，不需上蜡；中档清漆为聚氨酯清漆；低档清漆为醇酸清漆、酚醛清漆等。

(9)上蜡。地板打蜡，将地板清洗干净，完全干燥后开始操作。至少要打3遍蜡，每打完一遍，待其干燥后再用非常细的砂纸打磨表面、擦干净，然后再打第二遍。每次都要用不带绒毛的布或打蜡器摩擦地板以使蜡油渗入木头。每打一遍蜡都要用软布轻擦抛光，以达到光亮的效果。

2. 架空式地板地面施工要点

(1)基层处理。架铺前将基层上的砂浆、垃圾及杂物全部清扫干净。

(2)砌地垄墙。地面找平后，采用 M2.5 的水泥砂浆砌筑地垄墙或砖墩，墙顶面采取涂刷焦油沥青两道或铺设油毡等防潮措施。对于大面积木地板铺装过程的通风构造，应按设计确定其构造层高度、室内通风沟和室外通风窗等的设置。每条地垄墙、暖气沟墙，应按设计要求预留尺寸为 120 mm×120 mm～180 mm×180 mm 的通风洞口(一般要求洞口不少于两个且要在一条直线上)，并在建筑外墙上每隔 3～5 m 设置尺寸不小于 180 mm×180 mm 的洞口及其通风窗设施。

(3)安装龙骨架或木搁栅。先将垫木等材料按设计要求作防腐处理。操作前，检查地垄墙或砖墩内预埋木方、地脚螺栓或其他铁件及其位置。依据+50 cm 水平线在四周墙上弹出地面设计标高线。在地垄墙上用钉结、骑马铁件箍定或用镀锌钢丝绑扎等方法对垫木进行固定(垫木可减震并使木龙骨架设稳定)。然后，在压檐木表面划出木搁栅(龙骨)搁置中线，并在搁栅端头也划出中线，再把木搁栅对准中线摆好。木搁栅离墙面应留出不小于 30 mm 的缝隙，以利于隔潮通风。

木搁栅安装时要随时用 2 m 长的直尺从纵横两个方向对木搁栅表面找平。木搁栅上皮不平时，应用合适厚度的垫板(不准用木楔)垫平或刨平。木搁栅安装后，必须用长为 100 mm 圆钉从木搁栅两侧中部斜向呈 45°角与垫木(或压檐木)钉牢。

(4)钉毛地板。在木搁栅顶面，弹与木搁栅成 30°～45°角的铺钉线。人字纹面层，宜与木搁栅垂直铺设。毛地板宽度为 120～150 mm，厚度为 25 mm 左右，一般采用高低缝拼合，缝宽为 2～3 mm。铺钉时，接头必须设在木搁栅上，错缝相接，每块板的接头处留设 2～3 mm 的缝隙。板的端头应各钉两颗钉子，与木搁栅相交处钉一颗钉子，钉帽应冲进毛地板面内。钉完后弹方格网点抄平，边刨边用直尺检测，使表面平整度达到控制标准后方能铺钉硬木地板。毛地板采用细木工板或中密度纤维板铺设方法就简单多了，把细木工板直接钉在木搁栅上，接头留在木搁栅处即可。

(5)铺设面板。面板铺设应采用专用地板钉，钉与表面成 45°或 60°斜角，从板边企口凸榫侧边的凹角处斜向钉入，钉帽冲进不露面，如图 2-10(a)所示。地板长度不大于 300 mm 时，侧面应钉两枚钉子；长度大于 300 mm 时，每 300 mm 应增加 1 枚钉子，钉长为板厚的 2～3 倍。当硬木地板不易直接施钉时，可事先用手电钻在板块施钉位置斜向预钻钉孔(预钻孔的孔径略小于钉杆直径尺寸)，以防钉裂地板。

面板铺设时，先作预拼选，将颜色花纹一致的铺在同一房间，有轻微质量缺陷但不影响使用的，可摆放在床、柜等家具底部使用。地板块铺钉通常从房间较长的一面墙边开始，且使板缝顺进门方向。板与板间应紧密，仅允许个别地方有空隙，其缝宽不得大于 0.5～1 mm。为使隙缝严密顺直，可在铺钉的板条近处钉钢扒钉，用楔块将板条压紧，如图 2-10(b)所示。

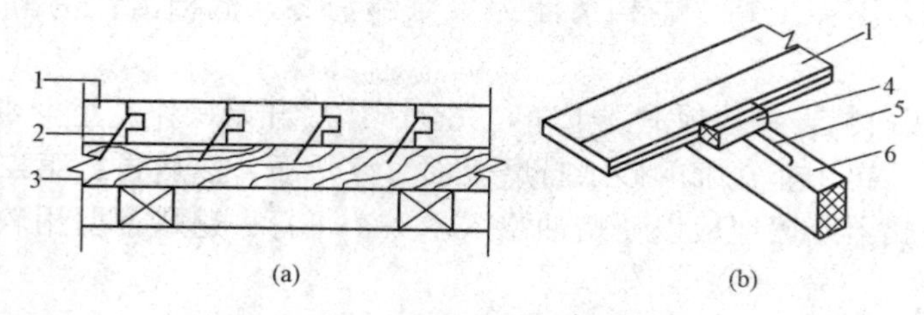

图 2-10　面板的铺设

(a)木地板的钉结方式；(b)企口木地板排紧方法示意

1—企口地板；2—地板钉；3—木龙骨；4—木楔；5—扒钉(扒锔)；6—木搁栅

(6)钉踢脚板。

1)木地板房间的四周墙脚处应设木踢脚板。木踢脚板一般高度为 100～200 mm，常采用的是高度为 150 mm，厚度为 20～25 mm，如图 2-11 所示。踢脚板预先刨光，上口刨成线条。为防止翘曲，在靠墙的一面应开成凹槽，当踢脚板高度为 100 mm 时开一条凹槽，150 mm 时开两条凹槽，超过 150 mm 时开三条凹槽，凹槽深度为 3～5 mm。为了防潮通风，木踢脚板每隔 1～1.5 m 设一组通风孔，一般采用 ϕ6 孔。在墙内每隔 400 mm 砌入防腐木砖，在防腐木砖外面再钉防腐木垫块。一般木踢脚板与地面转角处应安装木压条或安装圆角成品木条。

2)木踢脚板应在木地板刨光后安装，其油漆在木地板油漆之前。木踢脚板接缝处应作暗榫或斜坡压槎，在 90° 转角处可做成 45° 斜角接缝。接缝一定要在防腐木块上。安装时木踢脚板应与立墙贴紧，上口要平直，用明钉钉牢在防腐木块上，钉帽要砸扁并冲入板内 2～3 mm。

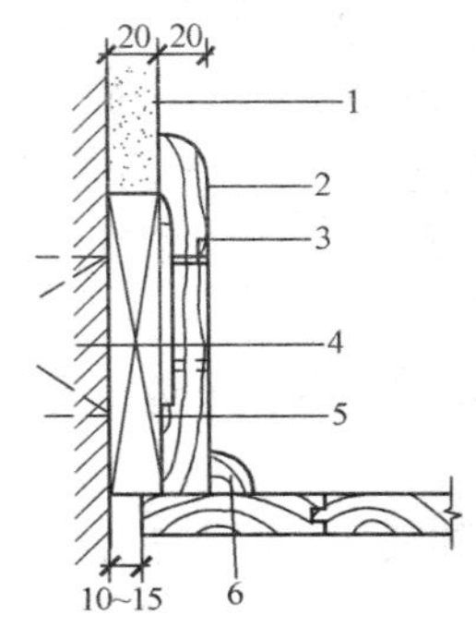

图 2-11　木踢脚板(单位：mm)

1—内墙粉刷；2—20×150 木踢脚板；3—ϕ6 通风孔；4—防腐木砖；
5—防腐木垫块；6—15×15 压条

二、复合木地板装饰施工

复合木地板是用原木经粉碎、添加胶黏剂、防腐处理、高温高压制成的中密度板材，表面刷涂高级涂料，在经过切割、刨槽刻榫等加工制成拼块复合木地板。地板规格比较统一，安装极为方便，是国内目前比较广泛应用的地板装饰材料，在国外已有 20 多年的应用历史。

1. 基本构造

复合木地板的构造做法见表 2-1。

表 2-1　复合木地板的构造做法

序号	名称	构造层次	构造图示
1	强化复合木地板面层	8 mm 厚强化复合木地板拼接粘铺； 3 mm 厚聚乙烯(EPE)高弹泡沫垫层； 改性沥青防水涂料一道； 20 mm 厚 1∶3 水泥砂浆找平层； 水泥浆水胶比 0.4～0.5 结合层一道； 100 mm 厚 C10 混凝土垫层； 素土夯实基土	

续表

序号	名称	构造层次	构造图示
2	强化复合双层木地板面层	8 mm厚强化复合木地板(企口上下均匀刷胶)拼接粘铺； 3 mm厚聚乙烯(EPE)高弹泡沫垫层； 15 mm厚松木毛底板，45°斜铺； 改性沥青防水涂料一道； 20 mm厚1∶3水泥砂浆找平层； 水泥浆水胶比0.4～0.5结合层一道； 100 mm厚C10混凝土垫层； 素土夯实基土	

2. 材料质量要求

目前，在市场上销售的复合木地板无论是国产或进口产品，其规格都是统一的，宽度为120 mm、150 mm和195 mm；长度为1 500 mm和2 000 mm；厚度为6 mm、8 mm和14 mm；所用的胶黏剂有白乳胶、强力胶、立时得等。

复合地板的品种如下：

(1)以中密度板为基材，表面贴天然薄木片(如红木、橡木、桦木、水曲柳等)，并在其表面涂结晶三氧化二铝耐磨涂料。

(2)以中密度板为基材，底部贴硬质PVC薄板作为防水层，以增强防水性能，在其表面涂结晶三氧化二铝耐磨涂料。

(3)表面为胶合板，中间设塑料保温材料或木屑，底层为硬质PVC塑料板，经高压加工制成地板材料，表面涂耐磨涂料。

上述三种板材按标准规格尺寸裁切，经过刨槽、刻榫后制成地板块，每10块为一捆，包装出厂销售。

3. 施工工艺流程

复合木地板铺贴和普通企口缝木地板铺设基本相同，只是其精度更高一些。复合木地板的施工工艺流程为：基层处理→弹线、找平→铺垫层→试铺预排→铺地板→铺踢脚板→清洗表面。

4. 施工要点

(1)基层处理。复合木地板的基层处理与前面相同，要求平整度3 m内误差不得大于2 mm，基层应当干燥。铺贴复合木地板的基层一般有：楼面钢筋混凝土基层、水泥砂浆基层、木地板基层等，不符合要求的要进行修补。木地板基层要求毛板下木龙骨间距要密一些，一般情况下不得大于300 mm。

(2)铺设垫层。复合木地板的垫层为聚乙烯泡沫塑料薄膜，其宽度为1 000 mm卷材，铺设时按房间长度净尺寸加100 mm裁切，横向搭接150 mm。垫层可增加地板隔潮作用，增加地板的弹性并增加地板稳定性，减少行走时地板产生的噪声。

(3)试铺预排。在正式铺贴复合木地板前，应进行试铺预排。板的长缝隙应顺入射光方向沿墙铺放，槽口对墙，从左至右，两板端头企口插接，直到第一排最后一块板，切下的部分若大于300 mm，可以作为第二排的第一块板铺放，第一排最后一块的长度不应小于500 mm，否则可将第一排第一块板切去一部分，以保证最后的长度要求。木地板与墙体间应留出8～10 mm缝隙，用木楔进行调直，暂不涂胶。拼铺三排进行修整、检查平整度，符合要求后，按排编号拆下放好。

(4)铺木地板。按照预排的地板顺序，对缝涂胶拼接，用木槌敲击挤紧。复验平直度，横向用紧固卡带将三排地板卡紧，每隔 1 500 mm 左右设置一道卡带，卡带两端有挂钩，卡带可调节长短和松紧度。从第四排起，每拼铺一排卡带移位一次，直至最后一排。每排最后一块地板端部与墙体间仍留 8～10 mm 缝隙。在门的洞口，地板铺至洞口外墙皮与走廊地板平接。如果为不同材料，留出 5 mm 缝隙，用卡口的盖缝条进行盖缝。

(5)清扫擦洗。每铺贴完一个房间并等待胶干燥后，对地板表面进行认真清理，扫净杂物、清除胶痕，并用湿布擦净。

(6)安装踢脚板。复合木地板可选用仿木塑料踢脚板、普通木踢脚板和复合木地板。在安装踢脚板时，先按踢脚板的高度弹出水平线，清理地板与墙缝隙中杂物，标出预埋木砖的位置，按木砖位置在踢脚板上钻孔，孔径应比木螺钉直径小 1～1.2 mm，用木螺钉进行固定。踢脚板的接头尽量设在不明显的地方。

三、木地面工程实例

××公寓实木地板地面施工方案

(一)施工准备

1. 材料质量要求

(1)实木地板：实木地板面层所采用的材质和铺设时的木材含水率必须符合设计要求，木搁栅、垫木和毛地板等必须做防腐、防蛀、防火处理。

(2)硬木踢脚板：宽度、厚度、含水率均应符合设计要求，背面满涂防腐剂，花纹颜色力求与面层地板相同。

2. 主要施工机具

以一个木工班组(12 人)配备：冲击钻一台；手枪钻 $\phi6$ 四把；手提电圆锯一台；小电刨、平刨、压刨、台钻相应设置；地板磨光机一台；砂带机一台。

手动工具包括：手锯、手刨、单线刨、锤子、斧子、冲子、挠子、手铲、凿子、螺钉旋具、钎子棍、撬棍、方尺、割角尺、木折尺、墨斗、磨刀石等。

3. 作业条件

(1)加工订货材料已进场，并经过验收合格。

(2)室内湿作业已经结束，并已经过验收和测试。

(3)门窗已安装到位。

(4)木地板已经挑选，并经编号分别存放。

(5)墙上水平标高控制线已弹好。

(6)基层、预埋管线已施工完毕。水系统试压已经结束，均经过验收合格。

(二)施工工艺

1. 施工工艺流程

地垄墙砌筑→木地板搁栅安装→木搁栅与砖墩的连接→毛地板铺设→实木地板铺设→踢脚板安装→抛光打蜡。

2. 施工要点

(1)地垄墙砌筑。地垄墙的基础应根据地面条件按设计要求施工，然后用M50水泥砂浆砌筑。每条地垄墙、内横墙和暖气沟墙均需预留120 mm×120 mm的通风口两个，而且要求在一条直线上。洞口下应距离室外地坪标高不小于200 mm，孔洞应安设箅子。如果地垄墙不易做通风处理时，需要注意在地垄墙顶部铺设防潮油毡。

(2)木地板搁栅安装。先将垫木等材料按设计要求作防腐处理。核对四周墙面水平标高线，在沿缘木表面划出木搁栅搁置中线，并在木搁栅端头也划出中线，然后将木搁栅对准中线摆好，再依次摆正中间的木搁栅。木搁栅离墙面应留出不小于30 mm的缝隙，以利于隔潮通风。木搁栅的表面应平直，安装时要随时注意从纵横两个方面找平，用2 m长直尺检查时，尺与木搁栅间的空隙不应超过3 mm。木搁栅上皮不平时，应用合适厚度的垫板(不准用木楔)找平，或刨平，也可对底部稍加砍削找平，但砍削深度不应超过10 mm，砍削处应另作防腐处理。木搁栅安装后，必须用长100 mm的圆钉从木搁栅两侧中部斜向成45°与垫木(或沿缘木)钉牢。为了防止木搁栅与剪刀撑在钉接时走动，应在木搁栅上面临时钉些木拉条，使木搁栅互相拉接，然后在木搁栅上按剪刀撑间距弹线，依线逐个将剪刀撑两端用两个长70 mm的圆钉与木搁栅钉牢。

(3)木搁栅与砖墩的连接。地板木搁栅与砖墩的连接，多采用预埋木方或铁件的方法进行固定。当搁栅框架的木方截面尺寸较大时，应在木方上先钻出与钉件直径相同的孔，孔深为木方高度的1/3，然后将木搁栅与预埋的木方用钉固定。预埋铁件的方法有两种，一种是在木方两侧预埋大头螺栓，用骑马铁件将木方卡住以螺栓固定；另一种做法是在砖墩内预埋铁件，用10～14号镀锌钢丝将木方绑扎在铁件上。用铁件固定木方时，应在木方上开槽使铁件卡入槽内，以保证木方上平面的平整。铁件应涂刷防锈漆两遍，铁件之间的距离为0.8～1.5 m。

(4)毛地板铺设。地板木搁栅安装完毕，须对搁栅进行找平检查，各条搁栅的顶面标高均须符合设计要求，如有不符合要求之处，须修正找平。符合要求后，按45°斜铺22 mm厚防腐、防火松木毛地板一层。毛地板的含水率应严格控制并不得大于12%。铺设毛地板时接缝应落在木搁栅中心线上，钉位相互错开。毛地板铺完应刨修平整。用多层胶合板做毛地板使用时，胶合板的铺向应与木地板的走向垂直。

(5)实木地板铺设。

1)弹线。根据具体设计，在毛地板上用墨线弹出木地板组合造型施工控制线，即每块地板条或每行地板条的定位线。凡不属地板条错缝组合造型的拼花木地板、席纹木地板，则应以房间中心为中心，先弹出相互垂直并分别与房间纵横墙面平行的标准十字线，或与墙面成45°交叉的标准十字线，然后，根据具体设计的木地板组合造型图案，以地板条宽度及标准十字线为准，弹出每条或每行地板的施工定位线，以便施工。弹线完毕，将木地板进行试铺，试铺后编号分别存放备用。

2)将毛地板上所有垃圾、杂物清理干净，加铺防潮纸一层，然后开始铺装实木地板。可从房间一边墙根(也可从房间中部)开始(根据具体设计，将地板周围镶边留出空位)，并用木块在墙根所留镶边空隙处将地板条(块)顶住，然后顺序向前铺装，直至铺到对面墙根为止。同样用木块在该墙根镶边空隙处将地板顶住，然后将开始一边墙根处的木块楔紧，待安装镶边条时再将两边木块取掉。

3)铺钉实木地板条。按地板条定位线及两顶端中心线，将地板条铺正、铺平、铺齐，用长2～2.5倍地板条厚的圆钉，从地板条企口榫凹角处斜向将地板条钉于地板格栅上。钉头须预先打扁，冲入企口表面以内，以免影响企口接缝严密。必要时在木地板条上可先钻眼后钉钉。地板长度小于 300 mm 时侧边应钉两个钉；长度大于 300 mm 小于 600 mm 时应钉 3 个钉；长度大于 600 mm 小于 900 mm 时应钉 4 个钉，板的端头应钉 1 个钉固定。所有地板条应逐块错缝排紧钉牢，接缝严密。板与板之间，不得有任何松动、不平或不牢。

4)黏铺地板。按设计要求及有关规范规定处理基层，粘铺木地板用胶要符合设计要求，并进行试铺，符合要求后再大面积展开施工。铺贴时要用专用刮胶板将胶均匀地涂刮于地面及木地板表面。待胶不黏手时，将地板按定位线就位粘贴，并用小锤轻敲，使地板条与基层粘牢。涂胶时要求涂刷均匀，厚薄一致，不得有漏涂之处。地板条应铺正、铺平、铺齐，并应逐块错缝排紧粘牢。板与板之间不得有任何松动、不平、缝隙及溢胶之处。

(6)踢脚板安装。木地板房间的四周墙脚处应设木踢脚板，踢脚板高度为 150 mm，厚度为 20～25 mm。所用木板与木地板面层所用的材质品种相同。踢脚板预先刨光，上口刨成线条。为防止翘曲，在靠墙的一面开成凹槽，凹槽深度为 3～5 mm。为了防潮通风，木踢脚板每隔 1～1.5 m 设一组 ϕ6 通风孔。在墙内每隔 400 mm 砌入防腐木砖，在防腐木砖外面再钉防腐木垫块。木踢脚板与地面转角处安装木压条。

木踢脚板在木地板刨光后安装。木踢脚板接缝处作暗榫或斜坡压槎，在 90°转角处做成 45°斜角接缝。接缝一定要在防腐木块上。安装时木踢脚板与立墙贴紧，上口要平直，用明钉钉牢在防腐木块上，钉帽要砸扁并冲入板内 2～3 mm。

(7)抛光打蜡。

1)地板磨光：地面磨光用磨光机，转速为 5 000 r/min 以上，所用砂布先粗后细，砂布绷紧绷平，长条地板顺木纹磨，拼花地板与木纹成 45°角斜磨。磨时不应磨得太快，磨深不宜过大，一般不超过 1.5 mm。磨光机不用时应先提起再关闭，防止啃咬地面。机器磨不到的地板要用角磨机或手工去磨，直到符合要求为止。

2)油漆打蜡：在房间内所有装饰工程完工后进行。打蜡采用地板蜡，以增加地板的光洁度，使木材固有的花纹和色泽最大限度地显示出来。

(三)成品保护

(1)施工时注意对定位定高的标准杆、尺、线的保护，不得触动、移位。

(2)对所覆盖的隐蔽工程要有可靠保护措施，不得因铺设实木地板面层造成漏水、堵塞、破坏或降低等级。

(3)实木地板面层完工后应进行遮盖和拦挡，避免受侵害。

(4)后续工程在实木地板面层上施工时，必须进行遮盖、支垫，严禁直接在实木地板面上动火、焊接、和灰、调漆、支铁梯、搭脚手架等。

(5)铺面层板应在建筑装饰基本完工后开始。

第四节　塑料地面装饰施工技术

塑料地面是指用塑料地板革、塑料地板砖等作为饰面材料铺贴而成的地面。塑料地面以其脚感舒适、不易沾尘、噪声较小、防滑耐磨、保温隔热、色彩鲜艳、图案多样、施工方便等优点，在世界各国得到了广泛应用。塑料地面适用于宾馆、住宅、医院等建筑物的地面，体育场馆地坪、球场和跑道等地面装饰。

塑料地板地面的构造如图 2-12 所示。

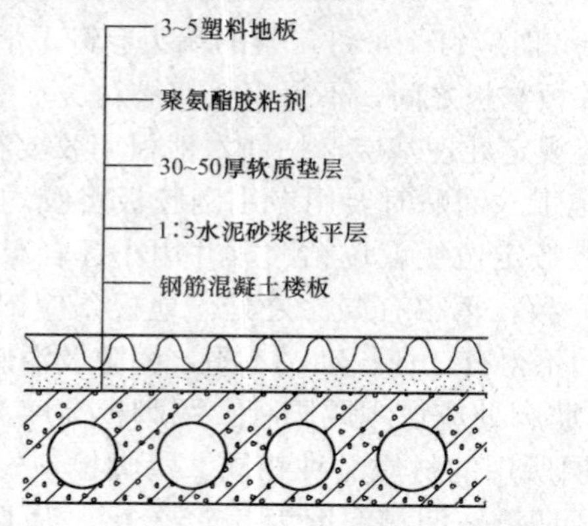

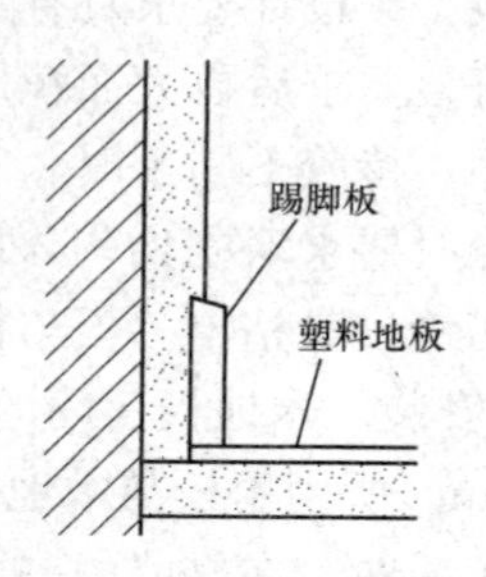

图 2-12　塑料地板地面构造

一、半硬质聚氯乙烯地板施工

半硬质聚氯乙烯地板产品是由聚氯乙烯共聚树脂为主要原料，加入适量的填料、增塑剂、稳定剂、着色剂等辅料，经压延、挤出或热压工艺所生产的单层和复合半硬质 PVC 铺地桩式材料。

1. 材料质量要求

根据国家标准《半硬质聚氯乙烯块状地板》(GB/T 4085—2015)的规定，其品种可分为同质和非同质地板。

(1)半硬质聚氯乙烯地板的产品外观应符合表 2-2 的规定。

表 2-2　半硬质聚氯乙烯地板的产品外观要求

缺陷名称	指标
缺损、龟裂、皱纹、孔洞	不允许
胶印、分层、剥离[a]	不允许
杂质、气泡、擦伤、变色等[b]	不明显

a 适用于非同质地板。

b 可按供需双方合同约定。

(2)半硬质聚氯乙烯地板产品的尺寸偏差应符合表 2-3 的规定。

1)长度、宽度。半硬质聚氯乙烯地板的长度、宽度平均值与明示值的允许偏差为±0.13%，且不得超过±0.4 mm。

2)厚度。半硬质聚氯乙烯地板的厚度允许偏差应符合表 2-3 的规定。

表 2-3　半硬质聚氯乙烯地板的厚度允许偏差

试验项目	指标
总厚度/mm	平均值：明示值$^{+0.13}_{-0.10}$，单个值：平均值$^{+0.15}_{-0.15}$
耐磨层厚度	平均值：明示值$^{+13\%}_{-10\%}$，且不得超过±0.10 mm

(3)半硬质聚氯乙烯地板产品的垂直度，是指事件的边与直角尺边的差值，其最大公差值应小于 0.25 mm，如图 2-13 所示。

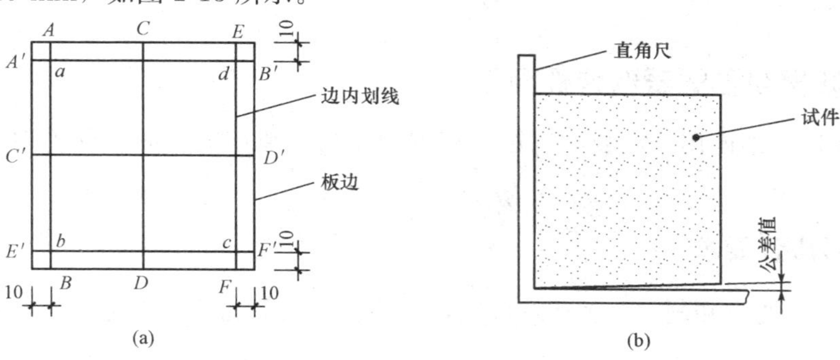

图 2-13　半硬质聚氯乙烯地板的尺寸及垂直度测定方式

(4)半硬质聚氯乙烯地板产品的物理性能必须符合表 2-4 中规定的指标。

表 2-4　半硬质聚氯乙烯塑料地板产品的物理性能

项目	单层地板	同质复合地板	项目	单层地板	同质复合地板
热膨胀系数/℃$^{-1}$	≤1.0×10^{-4}	≤1.2×10^{-4}	23 ℃凹陷度/mm	≤0.30	≤0.30
加热质量损失率/%	≤0.50	≤0.50	45 ℃凹陷度/mm	≤0.60	≤1.00
加热长度变化率/%	≤0.20	≤0.25	残余凹陷度/mm	≤0.15	≤0.15
吸水长度变化率/%	≤0.15	≤0.17	磨耗量/(g · cm^{-2})	≤0.020	≤0.015

3. 施工工艺流程

基层处理→弹线分格→裁切试铺→刮胶→铺贴→清理→养护。

4. 施工要点

(1)基层处理。对铺贴的基层要求其平整、坚固、有足够的强度，各个阴角、阳角处必须方正，无污垢灰尘和砂粒，含水率不得大于 8%。

(2)弹线分格。按照塑料地板的尺寸、颜色、图案进行弹线分格。塑料地板的粘贴一般有两种方式：一种是接缝与墙面成 45°角，称为对角定位法；另一种是接缝与墙面平行，称为直角定位法。

(3)裁切试铺。为了确保地板粘贴牢固，塑料地板在裁切试铺前，应首先进行脱脂除蜡处理，将其表面的油蜡清除干净。

(4)刮胶。塑料地板粘贴在刮胶前，应将基层清扫干净，并先涂刷一层薄而匀的底子胶。涂刷要均匀一致，越薄越好，且不得漏刷。底子胶干燥后，方可涂胶铺贴。

(5)铺贴。铺贴塑料地板主要控制 3 个方面的问题，即塑料地板要粘贴牢固，不得有脱胶、空鼓现象；缝隙和分格顺直，避免发生错缝；表面平整、干净，不得有凹凸不平及破损与污染。

(6)清理。铺贴完毕后，应及时清理塑料地板表面，特别是施工过程中因手触摸留下的胶印。对溶剂胶黏剂用棉纱蘸少量松节油或 200 号溶剂汽油擦去从缝中挤出来的多余胶，对水乳胶黏剂只需要用湿布擦去，最后上地板蜡。

(7)养护。塑料地板铺贴完毕，要有一定的养护时间，一般为1～3 d。养护内容主要有两个方面：一方面，禁止行人在刚铺过的地面上大量行走；另一方面，养护期间应避免沾污或用水清洗表面。

二、软质聚氯乙烯塑料地板施工

软质聚氯乙烯地面用于需要耐腐蚀、有弹性、高度清洁的房间，这种地面造价高、施工工艺复杂。

（一）材料质量要求

(1)根据设计要求和国家有关质量标准，检验软质聚氯乙烯塑料地板的品种、规格、颜色与尺寸。

(2)根据基层材料和面层的使用要求，通过试验确定胶黏剂的品种，通常采用401胶黏剂。

（二）施工工艺流程

软质塑料地板可以在多种基层材料上粘贴，基层处理、施工准备和施工程序基本上与半硬质塑料地面相同。

（三）施工要点

1. 地板铺贴施工

(1)分格弹线。基层分格的大小和形状，应根据设计图案、房间面积大小和塑料地板的具体尺寸确定。

(2)下料及脱脂。将塑料地板平铺在操作平台上，按照基层上分格的大小和形状，在板面上画出切割线，用V形缝隙切口刀进行切割。然后用湿布擦洗干净切割好的板面，再用丙酮涂擦塑料地板的粘贴面，以便脱脂去污。

(3)预铺。在塑料面板正式粘贴的前1 d，将切割好的板材运入待铺设的房间内，按分格弹线进行预铺。预铺时尽量做到板材的色调一致、厚薄相同。铺好的板材一般不得再搬动，待次日粘贴。

(4)粘贴。

1)将预铺好的塑料地板翻开，先用丙酮或汽油把基层和塑料板粘贴面上满刷一遍，以便更彻底脱脂去污。待表面的丙酮或汽油完全挥发后，将瓶装的401胶黏剂按0.8 kg/m^{2}的2/3量倒在基层和塑料板粘贴面上，用鬃刷纵横涂刷均匀，待3～4 min后，将剩余的1/3胶液以同样的方法涂刷在基层和塑料板上。待5～6 min后，将塑料地板四周与基线分格对齐，调整拼缝至符合要求后，再在板面上施加压力，然后由板材的中央向四周来回滚压，排出板下的全部空气，使板面与基层粘贴紧密，最后排放砂袋进行静压。

2)对有镶边者，应当先粘贴大面，后粘贴镶边部分。对无镶边者，可由房间最里侧往门口粘贴，以保证已粘贴好的板面不受人行走的干扰。

3)塑料地板粘贴完毕后，在10 d内施工地点的温度要保持在10 ℃～30 ℃，环境湿度不超过70%，在粘贴后的24 h内不能在其上面走动和进行其他作业。

(5)焊接。为使焊缝与板面的色调一致，应使用同种塑料板上切割的焊条。

2. PVC 地卷材的铺贴

(1)材料准备。根据房间尺寸大小，从 PVC 地卷材上切割料片，由于这种材料切割后会产生纵向收缩，因此下料时应留有一定余地。将切割下来的卷材片依次编号，以备在铺设时按次序进行铺贴，这样相邻卷材片之间的色差不会太明显。对于切割下来的料片，应在平整的地面上放置 3～6 d，使其充分收缩，以保证铺贴质量。

(2)定位裁切。堆放并静置后的塑料料片，按照其编号顺序放在地面上，与墙面接触处应翻上 2～3 cm。为使卷材平伏便于裁边，在转角(阴角)处切去一角，遇阳角时用裁刀在阴角位置切开。裁切刀必须锐利，使用过程中要注意及时磨快，以免影响裁边的质量。

(3)铺贴施工。粘贴的顺序一般是以一面墙开始粘贴。粘贴的方法有两种：一种是横叠法，即把卷材片横向翻起 1/2，用大涂胶刮刀进行刮胶，接缝处留下 50 cm 左右暂不涂胶，以留做接缝。粘贴好半片后，再将另半片横向翻起，以同样方法涂胶粘贴。另一种是纵向卷法，即纵向卷起 1/2 先粘贴，而后再粘贴另 1/2。

3. 氯化聚乙烯卷材地面铺贴

(1)在正式铺贴前，应根据房间尺寸及卷材的长度，决定卷材是纵向铺设还是横向铺设，决定的原则是卷材的接缝越少越好。

(2)基层按要求处理后，必须用湿布将其表面的尘土清除干净，然后用二甲苯涂刷基层，清除不利于黏结的污染物。

(3)基层和卷材涂胶后要晾干，以手摸胶面不黏为度，否则地面卷材黏结不牢。在常温下，一般不少于 20 min。

(4)铺贴时 4 人分 4 边同时将卷材提起，按预先弹出的线进行搭接。先将一端放下，再逐渐顺线铺贴其余部分，如果产生离线时应立即掀起调整。铺贴的位置准确后，从中间向两边用手或用滚子赶压、铺平，切不可先粘贴四周，这样不易紧密铺贴在基层上，且卷材下部的气体不易赶出，严重影响粘贴质量。如果还有未赶出的气泡，应将卷材前端掀起重新铺贴，也可以采用前面所述 PVC 卷材的铺贴方法。

(5)卷材接缝处搭接宽度至少 20 mm，并要居中弹线，用钢尺压线后，用裁切刀将两片叠合的卷材一次切割断，裁刀要非常锋利，尽量避免出现重刀切割。扯下断开的边条，将接缝处的卷材压紧贴牢，再用小铁滚子紧压一遍，保证接缝严密。卷材接缝可采用焊接或嵌缝封闭的方法。

三、塑胶地板施工

塑胶地板也称塑胶地砖，是以 PVC 为主要原料，加入其他材料经特殊加工而制成的一种新型塑料。这种塑料地板具有耐火、耐水、耐热胀冷缩等特点，用其装饰的地面脚感舒适、富有弹性、美观大方、施工方便、易于保养，一般用于高档地面装饰。

1. 基层处理

在地面上铺设塑胶地板时，应在铺贴之前将地面进行强化硬化处理，一般是在土层夯实后做灰土垫层，然后在灰土垫层上做细石混凝土基层，以保证地面的强度和刚度。细石混凝土基层达到一定强度后，再做水泥砂浆找平层和防水防潮层。在楼地面上铺设塑胶地板时，应先在钢筋混凝土预制楼板上做混凝土叠合层，为保证地面的平整度，在混凝土叠合层上做水泥砂浆找平层，最后做防水防潮层。

2. 弹线

根据具体设计和装饰物的尺寸，在楼地面防潮层上弹出互相垂直，并分别与房间纵横墙面平行的标准十字线，或分别与同一墙面成45°角且互相垂直交叉的标准十字线。根据弹出的标准十字线，从十字线中心开始，将每块(或每行)塑胶地板的施工控制线逐条弹出，并将塑胶楼地面的标高线弹于两边墙面上。弹线时，还应将楼地面四周的镶边线一并弹出(镶边宽度应按设计确定，设计中无镶边者不必弹此线)。

3. 试铺、编号

按照以上弹出的定位线，将预先选好的塑胶地板按设计规定的组合造型进行试铺，试铺成功后逐一进行编号，堆放合适位置备用。

4. 铺贴

(1)清理基层。基层表面在正式涂胶前，应将其表面的浮砂、垃圾、尘土、杂物等清理干净，待粘贴的塑胶地板也要清理干净。

(2)试胶黏剂。在塑胶地板铺贴前，首先要进行测试胶黏剂性能的工作，确保采用的胶黏剂与塑胶地板相适应，以保证粘贴质量。测试胶黏剂性能时，一般取几块塑胶地板用准备采用的胶黏剂涂于地板背面和基层上，待胶黏剂稍干后(以不黏手为准)进行粘贴。在粘贴4 h后，如果塑胶地板无软化、翘曲或黏结不牢等现象时，则认为这种胶黏剂与塑胶地板相容，可以用于粘贴，否则应另选胶黏剂。

(3)涂胶黏剂。用锯齿形涂胶板将选用的胶黏剂涂于基层表面和塑胶地板背面，注意涂胶的面积不得少于总面积的80%。涂胶时应用刮板先横向刮涂一遍，再竖向刮涂一遍，必须刮涂均匀。

(4)粘贴施工。在涂胶稍停片刻后，待胶膜表面稍干些，将塑胶地板按试铺编号水平就位，并与所弹出的位置线对齐，把塑胶地板放平粘铺，用橡胶滚将塑胶地板压平粘牢，同时将气泡赶出，并与相邻各板材抄平调直，彼此不得有高差之处。对应的缝隙应横平竖直，不得有不直之处。

(5)质量检查。塑胶地板粘贴完毕后，应进行严格的质量检查。凡有高低不平、接槎不严、板缝不直、黏结不牢及整个楼地面平整度超过0.50 mm的，均应彻底进行修正。

(6)镶边。装饰设计有镶边者应进行镶边操作，镶边所用材料及做法按照设计规定进行办理。

(7)打蜡上光。塑胶地板在铺贴完毕经检查合格后，应将表面残存的胶液及其他污迹清理干净，然后用水蜡或地板蜡打蜡上光。

四、塑料楼地面工程实例

××公寓塑料楼地面施工方案

(一)施工准备

1. 材料质量要求

(1)塑料板块：板面应平整、光洁、无裂纹，色泽均匀，厚薄一致，边缘平直，密实无孔，无皱纹，板内不允许有杂物和气泡，并应符合相应产品各项技术指标。塑料板块在运输时不应暴晒、雨淋、撞击和重压，贮存时应堆放在干燥、洁净仓库，并距离热源 3 m 以外，温度不宜高于 32 ℃。

(2)胶黏剂：胶黏剂的选用应符合现行国家标准《民用建筑工程室内环境污染控制规范(2013版)》(GB 50325—2010)的规定。其产品应按基层材料和面层材料使用的相容性要求，通过试验确定。胶黏剂主要有：乙烯类(聚酯酸乙烯乳液)、氯丁橡胶型、聚氨酯、环氧树脂、合成橡胶溶剂型、沥青类等。胶黏剂应存放在阴凉通风、干燥的室内。胶的稠度应均匀，颜色一致，无其他杂质和胶团，超过生产期三个月或保质期的产品要取样检验，合格后方可使用。

(3)焊条：选用等边三角形或圆形截面，表面应平整光洁，无孔眼、节瘤、皱纹，颜色均匀一致。焊条成分和性能应与被焊的板相同。

(4)乳液：采用 108 胶水泥乳液，其配合比(质量比)为水泥∶108 胶∶水＝1∶(0.5～0.8)∶(6～8)，主要涂刷基层表面，增加整体性和胶结层的黏结力。

(5)乳胶腻子：石膏乳胶腻子的配合比(体积比)为石膏∶土粉∶聚醋酸乙烯乳液∶水＝2∶2∶1∶适量；滑石粉乳胶腻子的配合比(质量比)为滑石粉∶聚醋酸乙烯乳液∶水∶羧甲基纤维素溶液＝1∶(0.2～0.25)∶适量∶0.1。前者用于基层表面第一道嵌补找平，后者用于第二道修补打平。

(6)底子胶：按原胶黏剂(非水溶性)的质量加 10％的 65 号汽油和 10％的醛酸乙酯(或乙酸乙酯)搅拌均匀即可。如用水溶性胶黏剂，可用原胶加适量的水性溶剂搅拌均匀即可。

2. 主要施工机具

齿形刮板、化纤滚筒、橡皮滚筒、割刀或多用刀、油灰刀、橡皮锤、粉线包、砂袋(8～10 kg，不允许漏砂)、小胶桶、塑料勺、剪刀、钢板尺(长为 80 cm)、油漆刷、调压变压器(容量为 2 kV·A)、空气压缩机(排气量为 0.6 m^3/min)、焊枪(嘴内径为 ϕ5～ϕ6)、坡口直尺、木工刨刀、擦布、软布等。

3. 作业条件

(1)墙面和顶棚装饰工程已完，水、电、暖通等安装工程已安装调试完毕，并验收合格；尽量减少与其他工序的穿插，以防止损坏污染板面。

(2)基层干燥洁净，含水率不大于 9％。

(3)墙体踢脚处预留木砖位置已标出。

(二)施工工艺

1. 施工工艺流程

基层处理→弹线→预热处理→脱脂除蜡→试铺→涂刷底子胶→塑料板地面板块铺贴(塑料卷材铺设)→踢脚板铺贴→抛光上蜡。

2. 施工要点

(1)基层处理。对铺贴基层的基本要求是平整、坚实、干燥、有足够强度，各阴阳角方正，无油脂尘垢和杂质。在混凝土及水泥砂浆类基层上铺塑料地板，其表面用 2 m 直尺检查的允许空隙不得超过 2 mm，基层含水率不应大于 9％。当表面有麻面、起砂和裂缝等缺陷时，应采用腻子修补并涂刷乳液。先用石膏乳液腻子做第一道嵌补找平，用 0 号铁砂布打磨；再用滑石粉乳胶腻子做第二道修补找平；直至表面平整后，再用稀释的乳液涂刷一遍。也可采用 108 胶水泥腻子及 108 胶水泥乳液。

(2)弹线。弹线时以房间中心点为中心，弹出相互垂直的两条定位线。定位线有丁字、十字和对角等形式。如整个房间排偶数块，中心线即塑料地板的接缝；如排奇数块，接缝应距离中心线半块塑料地板的距离。分格定位时，如果塑料地板的尺寸与房间长宽方向不合适，应留出距离墙边 200～300 mm 的尺寸以作镶边。根据塑料地板的规格、图案和色彩，确定分色线的位置，如套间内外房间地板颜色不同，分色线应设在门框踩口线外。

(3)预热处理。将每张塑料板放进 75 ℃左右的热水中浸泡 10～20 min，然后取出平放在待铺贴的房间内 24 h，晾干待用。

(4)脱脂除蜡。塑料板铺贴前，将粘贴面用细砂纸打磨或用棉砂蘸 1∶8 的丙酮与汽油混合液擦拭，以进行脱脂除蜡处理，保证塑料板与基层的黏结牢固。

(5)试铺。依照弹线分格情况，在塑料地板脱脂除蜡后即进行试铺。对于靠墙处不是整块的塑料板可在已铺好的塑料地板上放一块塑料地板块，再用一块塑料板的一边与墙紧贴，沿另边在塑料地板上划线，按线裁下的部分即为所需尺寸的边框。如墙面为曲线或有凸出物，可用两脚规或划线器划线(凸出物不大时可用两角规，凸出物较大时用划线器)。塑料地板试铺合格后，应按顺序编号，以备正式铺贴。

(6)涂刷底子胶。塑料板块正式铺贴前，在清理洁净的基层表面涂刷一层薄而匀的底子胶，待其干燥后方可铺板。

(7)塑料板地面板块铺贴。

1)涂刷胶黏剂。在基层表面涂胶黏剂时，用齿形刮板刮涂均匀，厚度控制在 1 mm 左右；塑料板粘贴面用齿形刮板或纤维滚筒涂刷胶黏剂，其涂刷方向与基层涂胶方向纵横相交。在基层涂刷胶黏剂时，不得面积过大，要随贴随刷，一般超出分格线 10 mm。胶黏剂涂刮后在室温下暴露于空气中，使溶剂部分挥发，至胶层表面手触不黏手时，即可铺贴。

2)塑料板面层铺贴。铺贴时从中间定位向四周展开，这样能保持图案对称和尺寸整齐。切勿将整张地板一下子贴下，应先把地板一端对齐黏合，轻轻地用橡胶滚筒将地板平服地粘贴在地面上，使其准确就位，同时赶走气泡。一般每块地板的粘贴面要在 80%以上，为使粘贴可靠，应用压滚压实或用橡胶锤敲实(聚氨酯和环氧树脂胶黏剂应用砂袋适当压住，直至胶黏剂固化)。用橡胶锤敲打时，应从中心移向四周，或从一边移向另一边。在铺贴到靠墙附近时，用橡胶压边滚筒赶走气泡和压实，铺贴时挤出的余胶要及时擦净，粘贴后在表面残留的胶液可使用棉纱蘸上溶剂擦净，水溶型胶黏剂用棉布擦去。

3)焊接。塑料板粘贴 48 h 后，即可施焊。

(8)塑料卷材铺设。按已确定的卷材铺贴方向和房间尺寸裁料，并按铺贴的顺序编号。铺贴时应按照控制线位置将卷材的一端放下，逐渐顺着所弹的尺寸线放下铺平，铺贴后由中间往两边用滚筒赶平压实，排除空气，防止起鼓。铺贴第二层卷材时，采用搭接方法，在接缝处搭接宽度 20 mm 以上，对好花纹图案，在搭接层中弹线，用钢板尺压在线上，用割刀将叠合的卷材一次切断。

(9)踢脚板铺贴。首先将塑料条钉在墙内预留的木砖上，钉距为 40～50 cm，然后用焊枪喷烤塑料条，随即将踢脚板与塑料条黏结。阴角塑料踢脚板铺贴时，先将塑料板用两块对称组成的木模顶压在阴角处，然后取掉一块木模，在塑料板转折重叠处，划出剪裁线，剪裁合适后，再将水平面 45°相交处裁口焊好，做成阴角部件，然后进行焊接或黏结。阳角踢脚板铺贴时，在水平封角裁口处补焊一块软板，做成阳角部件，然后进行焊接或黏结。

(10)抛光上蜡。铺贴好塑料地面及踢脚板后，用墩布擦干净，晾干。用软布包好已配好的上光软蜡，满涂 1～2 遍。

(三)成品保护

(1)塑料地面铺贴完毕，及时用塑料薄膜覆盖保护，以防污染。

(2)塑料地面铺贴完毕后，房间设专人看管，非工作人员严禁入内；必须进入室内工作时，应穿拖鞋。

(3)当房内使用木梯、凳子时，梯脚下、凳子腿下端头应包泡沫塑料或软布，防止划伤地面。

第五节　地毯地面施工技术

地毯地面是指面层由方块、卷材地毯铺设在水泥类面层或基层上的楼地面，分为纯毛地毯和化学纤维地毯(简称化纤地毯)。地毯不仅具有隔热、保温、吸声和富有良好的弹性等特点，而且在铺设后可使室内显得高贵、华丽、美观、悦目等。新型地毯还能满足使用中的特殊要求，如防霉、防蛀、防静电等各种功能。主要用于住宅、宾馆、体育馆、展览厅、车辆、船舶、飞机等建筑室内的地面，有减少噪声、隔热和装饰效果。地毯的基本构造如图 2-14 所示。

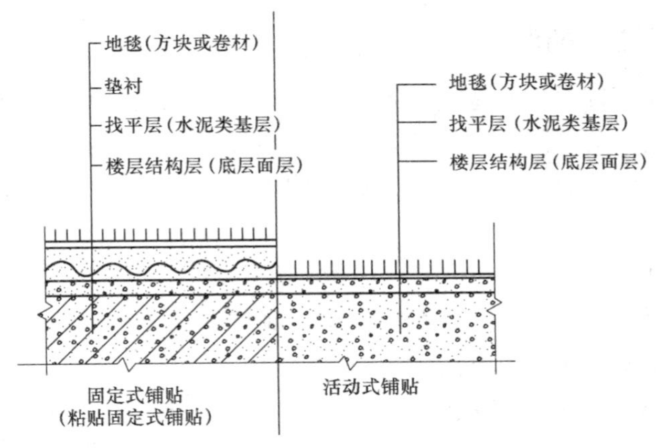

图 2-14　地毯面层的构造

一、活动式地毯的铺设

所谓活动式地毯的铺设，是指将地毯明摆浮搁在地面基层上，不需要将地毯同基层固定的一种铺设方式。这种铺设方式施工比较简单，容易更换，但其应用范围有一定的局限性，一般适用于以下几种情况：

(1)装饰性工艺地毯。装饰性工艺地毯主要是为了装饰，多铺置于较为醒目的部位，以烘托气氛，显示豪华气派，因此需要随时更换。

(2)在人活动不频繁的地方，或四周有重物压住的地方可采用活动式铺设。

(3)小型方块地毯一般基底较厚，其质量较大，人在其上面行走不易卷起，同时，也能加大地毯与基层接触面的滞性，承受外力后会使方块地毯之间更为密实，因此也可采用活动式铺设。

根据现行国家标准《建筑地面工程施工质量验收规范》(GB 50209—2010)规定，活动式地毯铺设应符合下列规定。

1. 规范规定

(1)地毯拼成整块后直接铺在洁净的地面上，地毯周边应塞入踢脚线下。

(2)与不同类型的建筑地面连接时，应按照设计要求做好收口。

(3)小方块地毯铺设，块与块之间应当挤紧贴牢。

2. 施工操作

(1)地毯在采用活动式铺贴时，尤其要求基层的平整光洁，不能有突出表面的堆积物，其平整度要求用 2 m 直尺检查时偏差应≤2 mm。

(2)按地毯方块在基层弹出分格控制线，宜从房间中央向四周展开铺排，逐块就位、放稳贴紧并相互靠紧，至收口部位按设计要求选择适宜的收口条。

(3)与其他材质地面交接处，如标高一致，可选用铜条或不锈钢钢条；标高不一致时，一般应采用铝合金收口条，将地毯的毛边伸入收口条内，再将收口条端部砸扁，即起到收口和边缘固定的双重作用。

(4)对于比较重要的部位，也可配合采用粘贴双面黏结胶带等稳固措施。

二、固定式地毯的铺设

地毯是一种质地比较柔软的地面装饰材料，大多数地毯材料都比较轻，将其平铺于地面时，由于受到行人活动等的外力作用，往往容易发生表面变形，甚至将地毯卷起，因此常采用固定式铺设。地毯固定式铺设的方法有两种：一种是用倒刺板固定；另一种是用胶黏剂固定。

1. 地毯倒刺板固定方法

用倒刺板固定地毯的施工工艺主要为：尺寸测量→裁毯与缝合→固定踢脚板→固定倒刺板条→地毯拉伸和固定→清扫地毯。

(1)尺寸测量。尺寸测量是地毯固定前重要的准备工作，关系到下料的尺寸大小和房间内的铺贴质量。测量房间尺寸一定要精确，长宽净尺寸即为裁毯下料的依据，要按房间和所用地毯型号统一登记编号。

(2)裁毯与缝合。精确测量好所铺地毯部位尺寸及确定铺设方向后，即可进行地毯的裁切。化纤地毯的裁切应在室外平台上进行，按房间形状尺寸裁下地毯。每段地毯的长度要比房间的长度长 20 mm，宽度要以裁去地毯边缘线后的尺寸计算。先在地毯的背面弹出尺寸线，然后用手推裁刀从地毯背面剪切。裁好后卷成卷编号，运进相应的房间内。如果是圈绒地毯，裁切时应从环毛的中间剪开；如果是平绒地毯，应注意切口处绒毛的整齐。

加设垫层的地毯，裁切完毕后虚铺于垫层上，然后再卷起地毯，在拼接处进行缝合。地毯接缝处在缝合时，先将其两端对齐，再用直针每隔一段先缝上几针进行临时固定，然后再用大针进行满缝。如果地毯的拼缝较长，宜从中间向两端缝，也可以分成几段，几个人同时作业。背面缝合完毕，在缝合处涂刷 5～6 cm 宽的白胶，然后将裁剪好的布条贴上，也可用塑料胶纸粘贴于缝合处，保护接缝处不被划破或勾起。将背面缝合完毕的地毯平铺好，再用弯针在接缝处做绒毛密实的缝合，经过弯针缝合后，在表面可以做到不显拼缝。

(3)固定踢脚板。铺设地毯房间的踢脚板，常见的有塑料踢脚板和木质踢脚板。塑料踢脚板一般是由工厂加工成品，用黏结剂将其黏结到基层上。木质踢脚板一般有两种材料：一种是夹板基层外贴柚木板一类的装饰板材，然后表面刷漆；另一种是木板，常用的有柚木板、水曲柳、红白松木等。

踢脚板不仅可以保护墙面的底部，同时，也是地毯的边缘收口处理。木质踢脚板的固定，较好的办法是用平头木螺钉拧到预埋木砖上，木螺钉应进入木砖 0.5～1 mm，然后用腻子补平。如果墙体上未预埋木砖，也可以用高强度水泥钉将踢脚板固定在墙上，并将钉的头部敲扁沉入 1～1.5 mm，后用腻子刮平。踢脚板距离地面 8 mm 左右，以便于地毯掩边。踢脚板的油漆应于地毯铺设前涂刷完毕，如果在地毯铺设后再刷油擦，地毯表面应加以保护。木质踢脚板表面油漆可按设计要求，清漆或混色油漆均可。但要特别注意，在选择油漆做法时，应根据踢脚板材质情况，扬长避短。如果木质较好、纹理美观，宜选用透明的清漆；如果木质较差、节疤较多，宜选用调和漆。

(4)固定倒刺板条。采用或卷地毯铺设地面时，以倒刺板将地毯固定的方法很多。将基层清理干净以后，便可沿踢脚板的边缘用高强度水泥钉将倒刺板钉在基层上，钉的间距一般为 40 cm 左右。如果基层空鼓或强度较低，应采取措施加以纠正，以保证倒刺板固定牢固。可加长高强度水泥钉，使其穿过抹灰层而固定在混凝土楼板上；也可将空鼓部位打掉，重新抹灰或下木楔，待强度达到要求后，再将高强度水泥钉打入。倒刺板条要离开踢脚板面 8～10 mm，便于用锤子砸钉子。如果铺设部位是大厅，在柱子四周也要钉上倒刺板条，一般的房间沿着墙钉，如图 2-15 所示，图中@代表钉的间距。

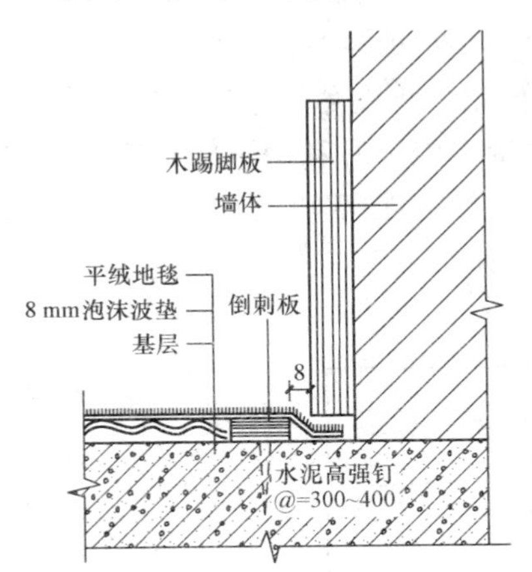

图 2-15　倒刺板条固定示意(单位：mm)

(5)地毯拉伸与固定。对于裁切与缝合完毕的地毯，为了保证其铺设尺寸准确，要进行拉伸。先将地毯的一条长边在倒刺板条上，将地毯背面牢挂于倒刺板朝天小钉钩上，将地毯的毛边掩到踢脚下面。为使地毯保持平整，应充分利用地毯撑子(张紧器)对地毯进行拉伸。用手压住地毯撑子，再用膝盖顶住地毯撑子，从一个方向，一步一步推向另一边。如果面积较大，几个人可以同时操作。若一遍未能将地毯拉平，可再重复拉伸，直至拉平为止，然后将地毯固定于倒刺板条上，将毛边掩好。对于长出的地毯，用裁毯刀将其割掉。

一个方向拉伸完毕，再进行另一个方向的拉伸，直至将地毯四个边都固定于倒刺板条上。

(6)清扫地毯。在地毯铺设完毕后，表面往往有不少脱落的绒毛和其他东西，待收口条固定后，需用吸尘器认真清扫一遍。铺设后的地毯，在交工前应禁止行人大量走动，否则会加重清理量。

2. 地毯胶黏剂的固定方法

用胶黏剂黏结固定地毯，一般不需要放垫层，只需将胶黏剂刷在基层上，然后将地毯固定在基层上。涂刷胶黏剂的做法有两种：一是局部刷胶；二是满刷胶。人不常走动的房间地毯，一般多采用局部刷胶，如宾馆的地面，家具陈设能占去50%左右的面积，供人活动的地面空间有限，且活动也较少，所以，可采用局部刷胶的做法固定地毯。在人活动频繁的公共场所，地毯的铺设固定应采用满刷胶。

使用胶黏剂来固定地毯，地毯一般要具有较密实的基底层，在绒毛的底部粘上一层2 mm左右的胶，有的采用橡胶，有的采用塑胶，有的使用泡沫胶。不同的胶底层，对耐磨性影响较大，有些重度级的专业地毯，胶的厚度为4～6 mm，在胶的下面贴一层薄毡片。

刷胶可选用铺贴塑料地板用的胶黏剂。胶刷在基层上，隔一段时间后，便可铺贴地毯。铺设的方法应根据房间的尺寸灵活掌握。如果是铺设面积不大的房间地毯，将地毯裁割完毕后，在地面中间涂刷一块小面积的胶，然后将地毯铺放，用地毯撑子往四边撑拉，在沿墙四边的地面上涂刷12～15 cm宽的胶黏剂，使地毯与地面粘贴牢固。

刷胶可按0.05 kg/m^2 的涂布量使用，如果地面比较粗糙，涂布量可适当增加。如果是面积狭长的走廊或影剧院观众厅的走道等处地面的地毯铺设，宜从一端铺向另一端，为了使地毯能够承受较大的动力荷载，可以采用逐段固定、逐段铺设的方法。其两侧长边在离边缘2 cm处将地毯固定，纵向每隔2 m将地毯与地面固定。

当地毯需要拼接时，一般是先将地毯与地毯拼缝，下面再衬上一条10 cm宽的麻布带，胶黏剂按0.8 kg/m的涂布量使用，将胶黏剂涂布在麻布带上，把地毯拼缝粘牢，如图2-16所示。有的拼接采用一种胶烫带，施工时利用电熨斗熨烫使带上的胶熔化而将地毯接缝黏结。两条地毯间的拼接缝隙，应尽可能密实，使其看不到背后的衬布。有的也可采用钉木条与衬条的方法，如图2-17所示。

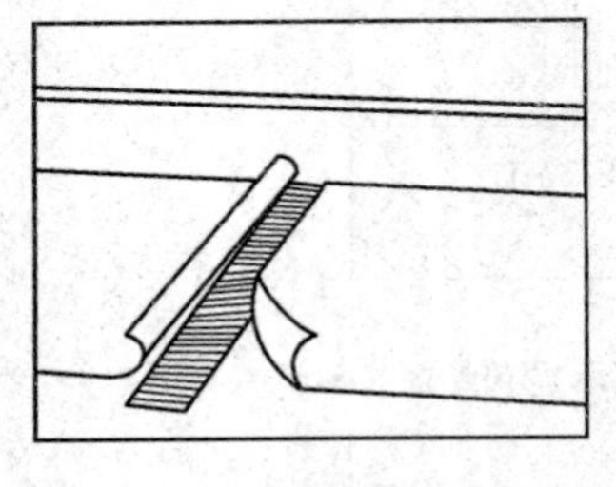

图2-16　地毯拼缝处的黏结

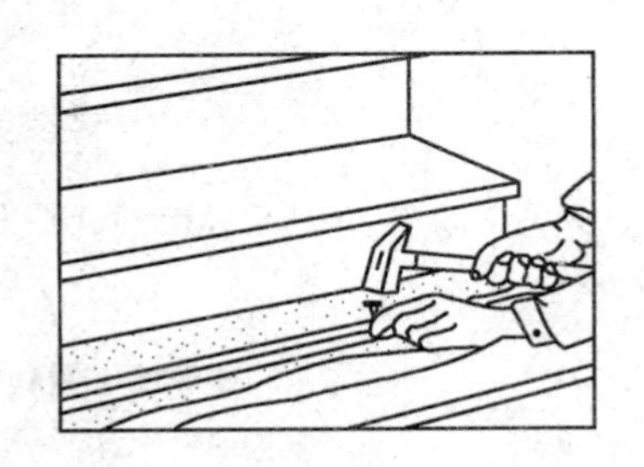

图2-17　钉木条与衬条

本章小结

地面装饰的目的是保护地面结构的安全，增强地面的美化功能，使地面脚感舒适、使用安全、清理方便、易于保持。现代建筑常见的地面类型包括整体地面、块料地面、木地面、塑料地面和地毯地面。整体地面是指一次性连续铺筑而成的面层，这种地面的面层直接与人或物接触，是直接承受各种物理和化学作用的建筑地面表面层，常见的整体地面主要包括水泥砂浆面层、水泥混凝土面层和水磨石面层；块料地面是指用天然大理石板、花岗石板、预制水磨石板、陶瓷马赛克、墙地砖、激光玻璃砖及钛金不锈钢复面墙地砖等装饰板材，铺贴在楼面或地面上，常见的块料地面包括砖地面、石材地面和活动地板地面；木地面是现代家庭装饰装修中的常见形式，主要木地板包括实木地板和复合地板；塑料地面是指用塑料地板革、塑料地板砖等作为饰面材料铺贴而成的地面，常见的塑料地板包括半硬质聚氯乙烯塑料地板、软质聚氯乙烯塑料地板和塑胶地板；地毯地面是指面层由方块、卷材地毯铺设在水泥类面层或基层上的楼地面，常见的地毯地面包括活动式地毯地面和固定式地毯地面。通过本章内容的学习应掌握不同类型地面的构造要求、装饰材料要求和施工技术要求。

复习思考题

一、填空题

1. 地面按其构造由________、________和________等部分组成。
2. 水泥砂浆地面一般的做法是在结构层上抹水泥砂浆，有________之分。
3. 水泥砂浆地面装饰施工中所用的砂宜为________。
4. 水泥混凝土是用水泥砂和________级配而成。
5. 石材地面是采用________、________及________等铺砌而成。
6. 木地板施工时，木格栅安装要随时用________从纵横两个方向对木格栅表面找平。
7. 半硬质聚氯乙烯塑料地板产品是由________________为主要原料。

二、选择题

1. 水泥砂浆地面装饰施工中所用的中粗砂的含泥量不应大于(　　)%。

A. 1　　B. 3　　C. 5　　D. 7

2. 水泥砂浆面层铺好后(　　)d 内应用砂或锯末覆盖。

A. 1　　B. 3　　C. 5　　D. 7

3. 水泥混凝土地面基层表面如有油污，应用质量分数为(　　)的碱溶液清洗干净。

A. 1%～5%　　B. 5%～10%

C. 10%～15%　　D. 15%～20%

4. 水磨石地面装饰施工抛光是用(　　)的草酸溶液(加入 1%～2%的氧化铝)进行涂刷，随即用 240～320 号油石细磨。

A. 10%　　B. 15%　　C. 20%　　D. 25%

5. 石材地面装饰施工板块铺贴完工后，待其结合层砂浆强度达到(　　)即可打蜡抛光。

A. 40%～50%　　B. 50%～60%　　C. 60%～70%　　D. 70%～80%

6. 安装活动地板前先将地面清理干净平整、不起灰，含水率不大于(　　)%。

A. 8　　B. 10　　C. 12　　D. 14

7. 复合木地板的基层处理，要求平整度 3 m 内误差不得大于(　　)mm。

A. 2　　B. 4　　C. 6　　D. 8

8. 塑料地板铺贴完毕，要有一定养护时间，一般为(　　)d。

A. 1　　B. 3　　C. 1～3　　D. 2～5

三、问答题

1. 水泥混凝土地面装饰施工中铺设混凝土应符合哪些要求？
2. 水磨石地面装饰施工材料有哪些，应符合哪些要求？
3. 简述石材地面及碎拼石材地面装饰施工工艺流程。
4. 活动地板板块结构由哪此部分组成？
5. 简述木地板的优缺点。
6. 常见的复合地板的品种有哪些？
7. 软质聚氯乙烯塑料地板粘贴，采用哪些方法？
8. 塑胶地板铺贴应经过哪些工序，符合哪些要求？

第三章 墙柱面装饰施工技术

学习目标

了解墙柱面装饰的方式；熟悉墙柱面不同类型装饰方式的施工工艺流程；掌握墙柱面装饰施工材料要求及施工要求。

能力目标

通过本章内容的学习，能够进行抹灰饰面、贴面类饰面、罩面板类饰面、涂料类饰面及裱糊与软包饰面工程的材料选择，并能够按设计和规范要求进行装饰施工。

墙和柱属于建筑物的竖向构件，对建筑物的空间起着分隔和支撑的作用。墙柱面装饰装修是在建筑主体结构工程的表面，为满足使用功能和造就环境需要所进行的装潢与修饰。其中，墙面装修是建筑装饰的重要组成部分，对建筑物室内外空间环境的影响很大。

第一节 抹灰饰面工程施工技术

抹灰工程是墙柱面装饰中最常用、最基本的做法，可分为一般抹灰和装饰抹灰。装饰抹灰包括水刷石、斩假石、干粘石、假面砖、拉灰条等各种做法，抹灰类饰面具有艺术效果鲜明、民族色彩强烈的特点。

一、一般抹灰饰面施工

一般抹灰是指用石灰砂浆、水泥砂浆、水泥混合砂浆、聚合物水泥砂浆、膨胀珍珠岩水泥砂浆、麻灰刀、纸筋灰、石膏灰等材料的抹灰。

(一)材料质量要求

1. 胶凝材料

用于一般抹灰施工的胶凝材料主要有石灰膏、磨细生石灰粉、建筑石膏、抹灰石膏、水泥、粉煤灰等。

(1)石灰膏。抹灰用石灰必须先熟化成石灰膏，常温下石灰的熟化时间不得少于 15 d，不得含有未熟化的颗粒。

(2)磨细生石灰粉。用于抹灰工程的磨细生石灰粉，应符合《建筑生石灰》(JC/T 479—2013)中的要求，其细度应超过 4 900 孔/cm^2 筛。石灰的质量标准见表 3-1。

表 3-1 建筑生石灰技术标准

指标 \ 名称			钙质生石灰						镁质生石灰			
			CL90—Q	CL 90—QP	CL85—Q	CL 85—QP	CL75—Q	CL 75—QP	ML85—Q	ML 85—QP	ML80—Q	ML 80—QP
化学成分	(CaO+MgO)/%		≥90		≥85		≥75		≥85		≥80	
	MgO/%		≤5						≤5			
	CO_2/%		≤4		≤7		≤12		≤7			
	SO_3/%		≤2									
物理性质	产浆量 dm^3/10kg		≥26	—	≥26	—	≥26	—	—		—	
	细度①	0.2 mm 筛余量/%	—	≤2	—	≤2	—	≤2	—	≤2	—	≤7
		90 μm 筛余量/%	—	≤7	—	≤7	—	≤7	—	≤7	—	≤2

①细度是指建筑生石灰粉的粗细程度。

(3)建筑石膏。根据现行国家标准《建筑石膏》(GB/T 9776—2008)中的规定，以天然石膏或工业副产品石膏经脱水处理制得的建筑石膏，其质量标准见表 3-2。

表 3-2 建筑石膏技术指标

项目 \ 产品等级		3.0	2.0	1.6
2 h 强度/MPa	抗压强度	≥6.0	≥4.0	≥3.0
	抗折强度	≥3.0	≥2.0	≥1.6
细度(0.2 mm 方孔筛筛余)		≤10.0	≤10.0	≤10.0
凝结时间/min	初凝时间	≥3		
	终凝时间	≤30		

(4)抹灰石膏。根据《抹灰石膏》(GB/T 28627—2012)中的规定，抹灰石膏的技术指标见表 3-3。

表 3-3 抹灰石膏的技术指标

项目		技术指标			
		面层抹灰石膏	底层抹灰石膏	轻质底层抹灰石膏	保温层抹灰石膏
细度/%	1.0 mm 方孔筛的筛余量	0	—	—	—
	0.2 mm 方孔筛的筛余量	≤40	—	—	—
凝结时间	初凝时间/h	≥1			
	终凝时间/h	≤8			
保水率/%		≥90	≥75	≥60	—
强度/MPa	抗折强度	≥3.0	≥2.0	≥1.0	—
	抗压强度	≥6.0	≥4.0	≥2.5	≥0.6
	拉伸黏结强度	≥0.5	≥0.4	≥0.3	—
体积密度/(kg·m^{-3})		—	—	≤1 000	≤500

(5)水泥。水泥必须有出厂合格证，标明进场批次，并按品种、强度等级、出厂日期分别堆放，保持干燥。如遇水泥强度等级不明或出厂日期超过 3 个月及受潮变质等情况，应经试验鉴定，按试验结果确定使用与否。不同品种的水泥不得混合使用。水泥的凝结时间和安定性应进行复验。

(6)粉煤灰。用于抹灰工程的粉煤灰，应符合现行国家标准《用于水泥和混凝土中的粉煤灰》(GB/T 1596—2017)中的有关规定。

(7)外掺剂。抹灰砂浆的外掺剂有憎水剂、分散剂、减水剂、胶黏剂、颜料等，要根据抹灰的要求按比例适量加入，不得随意添加。

2. 细集料

用于抹灰工程的细集料主要有砂子、炉渣、膨胀珍珠岩等。

(1)砂子。根据现行国家标准《混凝土质量控制标准》(GB 50164—2011)的规定，用于建筑工程的普通混凝土配制的普通砂的质量，应符合现行标准《建设用砂》(GB/T 14684—2011)和《普通混凝土用砂、石质量及检验方法标准》(JGJ 52—2006)中的规定。当中砂或中粗砂混合使用时，使用前应用不大于 5 mm 孔径的筛子过筛，颗粒要求坚硬洁净，不得含有黏土、草根、树叶、碱质物及其他有机物等有害物质。

(2)炉渣。用于一般抹灰工程的炉渣，其粒径不得大于 1.2～2.0 mm。在使用前应进行过筛，并浇水焖透 15 d 以上。

(3)膨胀珍珠岩。膨胀珍珠岩是珍珠岩矿石经破碎形成的一种粒度矿砂，也是用途极为广泛的一种无机矿物材料，目前几乎涉及各个领域。它是用优质酸性火山玻璃岩石，经破碎、烘干、投入高温焙烧炉，瞬时膨胀而成的。用于抹灰工程的膨胀珍珠岩，宜采用中级粗细粒径混合级配，堆积密度宜为 80～150 kg/m^3。

3. 纤维材料

纤维材料是抹灰中常用的材料，用于一般抹灰工程的纤维材料，主要有麻刀、纸筋和玻璃纤维等。

(1)麻刀。麻刀是一种纤维材料，细麻丝、碎麻，掺在石灰里可以起到增强材料连接、防裂、提高强度的作用。麻刀以均匀、坚韧、干燥不含杂质为宜，其长度不得大于 30 mm，随用随敲打松散，每 100 kg 石灰膏中可掺加 1 kg 麻刀。

(2)纸筋。纸筋就是用纸与水浸泡后打碎的纸碎浆，以前多用草纸，现在多数用水泥纸袋替代，因为水泥纸袋的纤维韧性较好。在淋石灰时，先将纸筋撕碎并除去尘土，用清水把纸筋浸透，然后按 100 kg 石灰膏掺纸筋 2.75 kg 的比例加入淋灰池中。使用时需用小钢磨再将其搅拌打细，并用 3 mm 孔径的筛子过滤成为纸筋灰。

(3)玻璃纤维。玻璃纤维是一种性能优异的无机非金属材料，种类繁多。其优点是绝缘性好、耐热性强、抗腐蚀性好，机械强度高。它是以玻璃球或废旧玻璃为原料经高温熔制、拉丝、络纱、织布等工艺制造成的。将玻璃丝切成 1 cm 长左右，在抹灰工程中每 100 kg 石灰膏中掺入 200～300 g，并搅拌均匀。

4. 界面剂

界面剂通过对物体表面进行处理。该处理可能是物理作用的吸附或包覆，也可能是物理与化学的共同作用，其目的是改善或完全改变材料表面的物理技术性能和化学特性(以改变物体界面物理化学特性为目的的产品，也可以称为界面改性剂)。界面剂可以增强水泥砂浆与墙体(混凝土墙、砖墙、磨板墙等)的黏结，起到一种“桥架”的作用，防止水泥砂浆找平层空鼓、起壳，节约人工和机械拉毛的费用。在一般抹灰工程中常用的界面剂为108胶，其应满足游离甲醛含量≤1 g/kg的要求，并应有试验报告。

(二)内墙一般抹灰施工

1. 施工工艺流程

内墙抹灰施工工艺流程为：交接验收→基层处理→湿润基层→找规矩→做灰浆饼→设置标筋→阳角做护角→抹底层灰、中层灰→抹窗台板、墙裙或踢脚板→抹面层灰→现场清理→成品保护。

2. 施工要点

(1)交接验收。交接验收是进行内墙抹灰前不可缺少的重要流程，内墙抹灰交接验收是指对上一道工序进行检查验收交接，检验主体结构表面垂直度、平整度、弧度、厚度、尺寸等是否符合设计要求。如果不符合设计要求，应按照设计要求进行修补。同时，检查门窗框、各种预埋件及管道安装是否符合设计要求。

(2)基层处理。基层处理是一项非常重要的工作，为了保证基层与抹灰砂浆的黏结强度，应根据工程实际情况，对基层进行清理、修补、凿毛等处理。

(3)湿润基层。对基层处理完毕后，根据墙面的材料种类，均匀洒水湿润。对于混凝土基层将其表面洒水湿润后，再涂刷一薄层配合比为1∶1的水泥砂浆(加入适量胶黏剂)。

(4)找规矩。找规矩即将房间找方或找正，这是抹灰前很重要的一项准备工作。找方后将线弹在地面上，然后依据墙面的实际平整度和垂直度及抹灰总厚度规定，与找方或找正线进行比较，决定抹灰层的厚度，从而找到一个抹灰的假想平面。将此平面与相邻墙面的交线弹于相邻的墙面上，以作此墙面抹灰的基准线，并以此为标志作为标筋的厚度标准。

(5)做灰浆饼。做灰浆饼即做抹灰标志块。在距高顶棚、墙阴角约20 cm处，用水泥砂浆或混合砂浆各做一个标志块，厚度为抹灰层厚度，大小5 cm见方。以这两个标志块为标准，再用托线板靠、吊垂直确定墙下部对应的两个标志块的厚度，其位置在踢脚板上口，使上下两个标志块在一条垂直线上。标准的标志块体完成后，再在标志块的附近墙面钉上钉子，拉上水平的通线，然后按1.2～1.5 m间距做若干标志块。要注意，在窗口、墙垛角处必须做标志块。

(6)设置标筋。标筋也称“冲筋”“出柱头”，就是在上、下两个标志块之间先抹出一条长梯形灰埂，其宽度为10 cm左右，厚度与标志块相平，作为墙面抹灰填平的标准。其做法是：在上、下两个标志块中间先抹一层，再抹第二遍凸出成八字形，要比标志块凸出1 cm左右。然后用木杠紧贴“标志块”，按照左上右下的方向搓，直到将标筋搓得与标志块一样平为止，同时，要将标筋的两边用刮尺修成斜面，使其与抹灰面接槎顺平。

标筋所用的砂浆应与抹灰底层砂浆相同。做完标筋后应检查灰筋的垂直度和平整度，误差在0.5 mm以上者，必须重新进行修整。当层高大于3.2 m时，要两人分别在架子上、下协调操作。抹好标筋后，两人各执硬尺一端保持通平。在操作过程中，应经常检查木尺，防止受潮变形，影响标筋的平整垂直度。灰浆饼和标筋如图3-1所示。

(7)抹门窗护角。室内墙角、柱角和门窗洞口的阳角是抹灰质量好坏的标志，也是大面积抹灰的标尺，抹灰要线条清晰、挺直，并应防止碰撞损坏。因此，凡是与人和物体经常接触的阳角部位，无论设计中有无具体规定，都需要做护角，并用水泥浆将护角捋出小圆角。

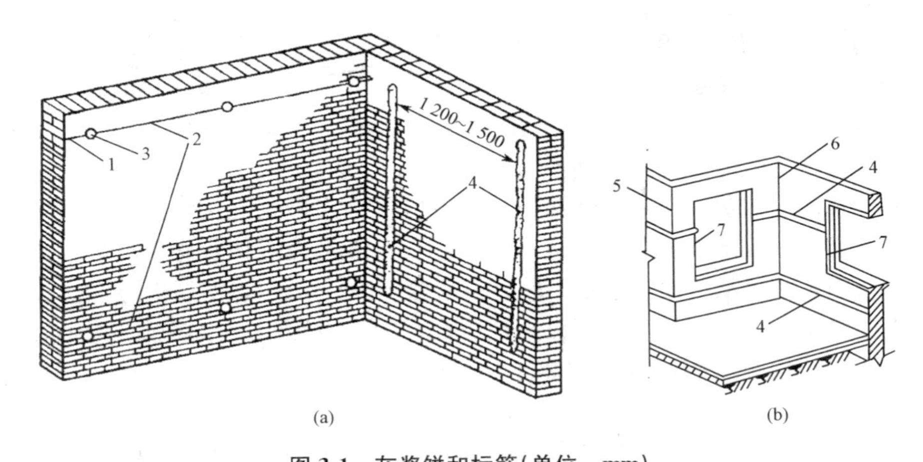

图 3-1　灰浆饼和标筋(单位：mm)

1—钉子；2—挂线；3—灰浆饼；4—标筋；5—墙阳角；6—墙阴角；7—窗框

(8)抹底层灰。在标志块、标筋及门窗洞口做好护角，并达到一定强度后，底层抹灰即可进行操作。底层抹灰也称为刮糙处理，其厚度一般控制在 10～15 mm。抹底层灰可用托灰板盛砂浆，用力将砂浆推抹到墙面上，一般应从上而下进行。在两标筋之间抹满砂浆后，即用刮尺从下而上进行刮灰，使底灰层刮平刮实并与标筋面相平，操作中可用木抹子配合去高补低。将抹灰底层表面刮糙处理后，应浇水养护一段时间。

(9)抹中层灰。待底层灰达到七至八成干(用手指按压有指印但不软)时，即可抹中层灰。操作时一般按照自上而下、从左向右的顺序进行。先在底层灰上均匀洒水，其表面收水后在标筋之间装满砂浆，并用刮尺将表面刮平，再用木抹子来回搓抹，去高补低。搓平后用 2 m 靠尺进行检查，超过质量允许偏差时，应及时修整至合格。

根据抹灰工程的设计厚度和质量要求，中层灰可以一次抹成，也可以分层操作，这主要根据墙体的平整度和垂度偏差情况而定。

(10)抹面层灰。面层抹灰在工程上俗称罩面。面层灰从阴角开始，宜两人同时操作，一人在前面上灰，另一人紧跟在后面找平，并用铁抹子压光。室内面层抹灰常用纸筋石灰、石灰砂浆、麻刀石灰、石膏、水泥砂浆设大白腻子等罩面。面层抹灰应在底层灰浆稍干后进行，如果底层的灰浆太湿，会影响抹灰面的平整度，还可能产生“咬色”现象；底层灰太干则容易使面层脱水太快而影响黏结，造成面层空鼓。

1)纸筋石灰面层抹灰。纸筋石灰面层抹灰，一般应在中层砂浆六至七成干后进行。如果底层砂浆过于干燥，应先洒水湿润，再抹面层。抹灰操作一般使用钢皮抹子或塑料抹子，两遍成活，厚度为 2～3 mm。抹灰习惯由阴角或阳角开始，自左向右依次进行，两人配合操作，一人先竖向(或横向)薄薄抹上一层，要使纸筋石灰与中层紧密结合，另一人横向(或竖向)抹第二遍，两人抹的方向应相互垂直。在抹灰的过程中，要注意抹平、压实、压光。在压平后，可用排笔或扫帚蘸水横扫一遍，使表面色泽一致，再用钢皮抹子压实、揉平、抹光一次，面层会变得更加细腻光滑。

阴阳角分别用阴阳角抹子捋光，随手用毛刷蘸水将门窗边口阳角、墙裙和踢脚板上口刷净。纸筋石灰罩面的另一种做法是：在第二遍灰浆完成后，稍干就用压子式塑料抹子顺抹子纹压光，经过一段时间，再进行认真检查，若出现起泡再重新压平。

2)麻刀石灰面层抹灰。麻刀石灰面层抹灰的操作方法，与纸筋石灰面层抹灰基本相同。

但麻刀与纸筋纤维的粗细有很大区别，“纸筋”很容易捣烂，能形成纸浆状，故制成的纸筋石灰比较细腻，用它做罩面灰厚度可达到不超过 2 mm 的要求。而麻刀的纤维比较粗，且不易捣烂，用它制成的麻刀石灰抹面厚度达到要求不得大于 3 mm 比较困难。如果面层的厚度过大，容易产生收缩裂缝，严重影响工程质量。

3)石灰砂浆面层抹灰。石灰砂浆面层抹灰，应在中层砂浆五至六成干时进行。如果中层抹灰比较干燥时，应洒水湿润后再进行抹灰。石灰砂浆面层抹灰施工比较简单，先用铁抹子抹灰，再用木刮尺从下向上刮平，然后用木抹子搓平，最后用铁抹子压光成活。

4)刮大白腻子。内墙面的面层可以不抹罩面灰，而采用刮大白腻子。这种方式的优点是操作简单，节约用工。面层刮大白腻子，一般应在中层砂浆干透，表面坚硬呈灰白色，没有水迹及潮湿痕迹，用铲刀能划出显白印时进行。大白腻子的配合比一般为大白粉：滑石粉：聚乙酸乙烯乳液：羧甲基纤维素溶液(浓度5%)=60：40：(2～4)：75(质量比)。在进行调配时，大白粉、滑石粉、羧甲基纤维素溶液，应提前按照设计配合比搅匀浸泡。

面层刮大白腻子一般不得少于两遍，总厚度在 1 mm 左右。头道腻子刮后，在基层已修补过的部位应进行修补找平，待腻子干透后，用 0 号砂纸磨平，扫净浮灰。待头道腻子干燥后，再进行第二遍。

5)木引线条的设置。为了施工方便，克服和分散大面积干裂与应力变形，可将饰面用分格条分成小块来进行。这种分块形成的线型称为引线条，如图 3-2 所示。这在进行分块时，首先要注意其尺度比例应合理匀称，大小与建筑空间成正比，并注意有方向性的分格，应和门窗洞、线角相匹配。分格缝多为凹缝，其断面为 10 mm×10 mm、20 mm×10 mm 等，不同的饰面层均有各自的分格要求，要按照设计要求进行施工。

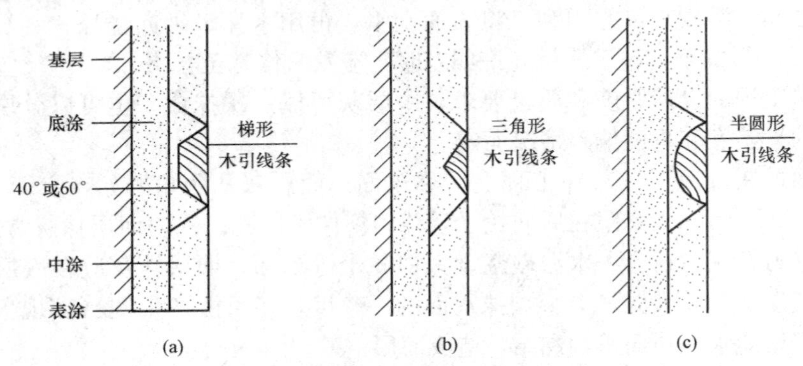

图 3-2　抹灰面木引线条的设置

(11)墙体阴(阳)角抹灰。在正式抹灰前，先用阴(阳)角方尺上下核对阴角的方正，并检查其垂直度，然后确定抹灰厚度，并浇水湿润。阴(阳)角处抹灰应用木制阴(阳)角器进行操作，先抹底层灰，使上下抽动抹平，使室内四角达到直角，再抹中层灰，使阴(阳)角达到方正。墙体的阴(阳)角抹灰应与墙面抹灰同时进行。阴角的抹平找直如图 3-3 所示。

(三)外墙一般抹灰施工

1. 施工工艺流程

外墙抹灰施工工艺流程为：交接验收→基层处理→湿润基层→找规矩→做灰浆饼→做“冲筋”→铺抹底层、中层灰→弹分格线、粘贴分格条→抹面层灰→起分格条、修整→养护。

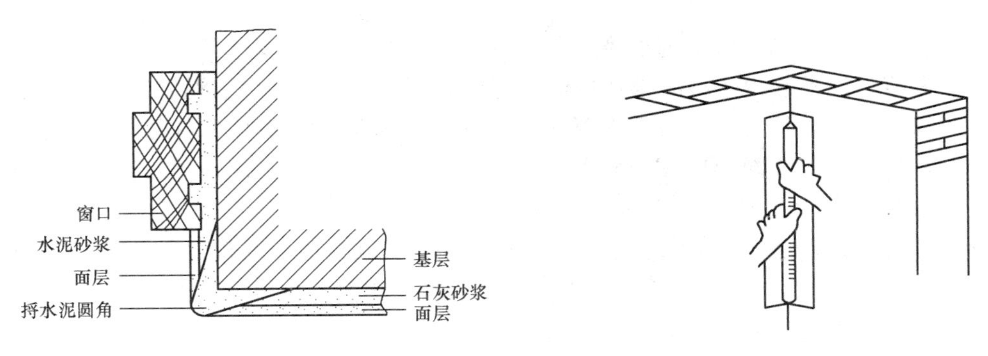

图 3-3　阴角的抹平找直

2. 施工要点

(1)交接验收。交接验收是进行内墙抹灰前不可缺少的重要流程，外墙抹灰交接验收是指对上一道工序进行检查验收交接，检验主体结构表面垂直度、平整度、弧度、厚度、尺寸等是否符合设计要求。如果不符合设计要求，应按照设计要求进行修补。

(2)基层处理。基层处理是一项非常重要的工作，处理的如何将影响整个抹灰工程的质量。外墙抹灰基层处理主要做好以下工作：

1)主体结构施工完毕，外墙上所有预埋件、嵌入墙体内的各种管道已安装，并符合设计要求，阳台栏杆已装好；

2)门窗安装完毕检查合格，框与墙间的缝隙已经清理，并用砂浆分层分多遍将其堵塞严密；

3)采用大板结构时，外墙的接缝防水已处理完毕；

4)砖墙的凹处已用 1∶3 的水泥砂浆填平，凸处已按要求剔凿平整，脚手架孔洞已堵塞填实，墙面污物已经清理，混凝土墙面光滑处已经凿毛。

(3)找规矩。外墙面抹灰与内墙面抹灰一样，也要挂线做标志块、标筋。其找规矩的方法与内墙基本相同，但要在相邻两个抹灰面相交处挂垂线。

(4)挂线、做灰浆饼。由于外墙抹灰面积大，另外还有门窗、阳台、明柱、腰线等。因此，外墙抹灰找出规矩比内墙更加重要，要在四角先挂好自上而下的垂直线(多层及高层楼房应用钢丝线垂下)，然后根据抹灰的厚度弹上控制线，再拉水平通线，并弹出水平线做标志块，然后做标筋。标志块和标筋的做法与内墙相同。

(5)弹线黏结分格条。室外抹灰时，为了增加墙面的美观，避免罩面砂浆产生收缩而裂缝，或大面积产生膨胀而空鼓脱落，要设置分格缝，分格缝处粘贴分格条。分格条在使用前要用水泡透，这样既便于施工粘贴，又能防止分格条在使用中变形，同时，也利于本身水分蒸发收缩易于起出。

水平分格条板应粘贴在平线下口，垂直分格条板应粘贴在垂线的左侧。黏结一条横向或竖向分格条后，应用直尺校正其平整，并将分格条两侧用水泥浆抹成八字形斜角。当天抹面的分格条，两侧八字斜角可抹成 45°。当天不再抹面的“隔夜条”，两侧八字形斜角可抹成 60°。分格条要求横平竖直、接头平整，不得有错缝或扭曲现象，分格缝的宽窄和深浅应均匀一致。

(6)抹灰。外墙抹灰层要求有一定的耐久性。若采用水泥石灰混合砂浆，配合比为：水泥∶石灰膏∶砂＝1∶1∶6；若采用水泥砂浆，配合比为：水泥∶砂＝1∶3。底层砂浆具有一定强度后，再抹中层砂浆，抹时要用木杠、木抹子刮平压实、扫毛、浇水养护。在抹面层时，先用 1∶2.5 的水泥砂浆薄薄刮一遍；第二遍再与分格条板涂抹齐平，然后按分格条厚度刮平、搓实、压光，再用刷子蘸水按同一方向轻刷一遍，以达到颜色一致，并清刷分格条上的砂浆，以免起出条板时损坏抹面。起出分格条后，随即用水泥砂浆把缝勾齐。

室外抹灰面积比较大，不易压光罩面层的抹纹，所以，一般用木抹子搓成毛面。搓平时要用力均匀，先以圆圈形搓抹，再上下抽拉，方向要一致，以使面层纹路均匀。在常温情况下，抹灰完成 24 h 后，开始淋水养护 7 d 为宜。

外墙抹灰时，在窗台、窗楣、雨篷、阳台、檐口等部位应做流水坡度。设计无要求时，流水坡度以 10%为宜，流水坡下面应做滴水槽，滴水槽的宽度和深度均不应小于 10 mm。要求棱角整齐、光滑平整，起到挡水的作用。

二、水刷石抹灰饰面施工

水刷石抹灰是将施抹完毕的水泥石渣浆的面层尚未干硬的水泥浆用清水冲掉，使各色石渣外露，形成具有“绒面感”的装饰表面。这种饰面耐久性好，装饰效果好。

1. 材料质量要求

(1)水泥。宜用不低于 32.5 级的矿渣硅酸盐水泥或不低于 42.5 级的普通硅酸盐水泥。应用颜色一致的同批产品，超过三个月保存期的水泥不能使用。

(2)砂。宜选用河砂、中砂，并要用 5 mm 筛孔直径的筛子严格过筛。

(3)石子。要求采用颗粒坚硬的石英石(俗称水晶石子)，不含针片状和其他有害物质，石子的规格宜采用粒径约 4 mm，如采用彩色石子应分类堆放。

(4)石粒浆。水泥石粒浆的配合比，根据石粒粒径的大小而定，见表 3-4。如饰面采用多种彩色石子级配，按统一比例掺量先搅拌均匀，所用石子应事先淘洗干净待用。

表 3-4 水泥石粒浆配合比

石粒规格	大八厘	中八厘	小八厘	米粒石
水泥：石粒	1∶1	1∶1.25	1∶1.5	1∶2.1，1∶2.5，1∶3
备注	根据工程需要也可用经筛选的 4～8 mm 豆石			

2. 施工工艺流程

基层处理→抹砂浆找平层→抹水泥石粒浆→修整→喷刷→起分格条→养护。

3. 施工要点

(1)基层处理。应清除砖墙表面的残灰、浮尘，堵严大的孔洞，然后彻底浇水湿润。混凝土墙要高凿、低补，光滑表面要凿毛，表面油污要先用 10%的火碱溶液清除，然后用清水冲洗干净。

(2)抹砂浆找平层。先在基层表面刷一层界面剂，然后抹一层薄薄的混合砂浆，用扫帚在表面扫毛，待混合砂浆达到五成干时，在表面弹线、找方、挂线、贴灰饼，接着抹 1∶3 的水泥砂浆并刮平、搓毛。两层砂浆的总厚度不超过 12 mm。若为砖墙面，可在基层清理后直接找规矩，并分层抹灰，将砂浆压入砖缝内，再用木抹子搓平、搓毛，如果觉得表面粗糙度不够，还可使用钢抹子在表面划痕。

(3)抹水泥石粒浆。待中层砂浆六七成干时，按设计要求弹线分格并粘贴分格条(木分格条事先在水中浸透)，然后，根据中层抹灰的干燥程度浇水湿润。紧接着用铁抹子满刮水胶比为 0.37～0.40 的水泥浆一道，随即抹面层水泥石粒浆。面层厚度视石粒粒径而定，通常为石粒粒径的 2.5 倍。水泥石粒浆的稠度应为 50～70 mm。要用铁抹子一次抹平，随抹随用铁抹子压紧、揉平，但不得把石粒压得过于紧固。

每一块分格内应从下边抹起，每抹完一格，即用直尺检查其平整度，凹凸处应及时修理，并将露出平面的石粒轻轻拍平。同一平面的面层要求一次完成，不宜留施工缝。如必须留施工缝时，应留在分格条的位置上。

抹阳角时，先抹的一侧不宜使用八字靠尺，应将石粒浆抹过转角，然后再抹另一侧。抹另一侧时，用八字靠尺将角靠直找齐。这样，可以避免因两侧都用八字靠尺而在阳角处出现明显接槎。

(4)修整。待水泥石渣浆面层收水后，再用钢抹子压一遍，将遗留孔、缝挤严、抹平。被修整的部位先用软毛刷子蘸水刷去表面的水泥浆，阳角部位要往外刷，并用钢抹子轻轻拍平石渣，再刷一遍，再压实，直至修整平整为止。

(5)喷刷。当水泥石渣浆中的水泥浆凝结后，其表面手指按上去不显指痕，用刷子刷石粒不掉时，即可开始喷刷。喷刷分两遍进行，第一遍先用软毛刷子蘸水刷掉面层水泥浆，露出石粒；第二遍随即用手压喷浆机或喷雾器将四周相邻部位喷湿，然后由上往下顺序喷水。喷射要均匀，喷头离墙 100～200 mm，将面层表面及石粒间的水泥浆冲出，使石粒露出表面 1/2 粒径，达到清晰可见、均匀密布。然后用清水从上往下全部冲净。

(6)起分格条。喷刷后，即可用抹子柄敲击分格条，并用小鸭嘴抹子扎入分格条上下活动，将其轻轻起出。然后用小溜子找平，用鸡腿刷子刷光理直缝角，并用素灰将缝格修补平直，颜色必须一致。

(7)养护。水刷石抹完第二天起要洒水养护，养护时间不少于 7 d，在夏季施工时，应考虑搭设临时遮阳棚，防止阳光直接照射，导致水泥早期脱水而影响强度，削弱黏结力。

三、斩假石抹灰饰面施工

斩假石又称剁斧石，是仿制天然石料的一种建筑饰面。用不同的集料或掺入不同的颜料，可以制成仿花岗石、玄武石、青条石等斩假石。

1. 材料质量要求

(1)水泥。42.5 级普通硅酸盐水泥或 32.5 级矿渣硅酸盐水泥，所用水泥需是同一批号、同一厂生产、同一颜色。

(2)砂。砂子宜选用粗砂或中砂，其含泥量应不大于 3%。

(3)石屑。石屑要坚韧有棱角，但不能过于坚硬，且不得使用风化了的石屑。

(4)色粉。有颜色的墙面，应挑选耐碱、耐光的矿物颜料，并与水泥一次性干拌均匀，过筛装袋备用。

2. 施工工艺流程

基层处理→抹底层及中层砂浆→弹线、贴分格条→抹面层水泥石粒浆→斩剁面层→修整。

3. 施工要点

(1)基层处理。斩假石抹灰施工的基层处理要求同水刷石抹灰施工。

(2)抹底层及中层砂浆。底层、中层表面都要求平整、粗糙，必要时还应划毛。中层灰达到七成干后，浇水湿润表面，随即满刮水胶比为 0.37～0.40 的素水泥浆一道。

(3)弹线、贴分格条。待素水泥浆凝结后，在墙面上按设计要求弹线分格，并粘分格条。斩假石一般按矩形分格分块，并实行错缝排列。

(4)抹面层水泥石粒浆。抹面层前，先根据底层的干燥程度浇水湿润，刷素水泥浆一道，然后用铁抹子将水泥石粒浆抹平，厚度一般为 13 mm；再用木抹子打磨拍实，上、下顺势溜直。不得有砂眼、空隙，并且每分格区内的水泥石粒浆必须一次抹完。石粒浆抹完后，随即用软毛刷蘸水顺剁纹方向将表面水泥浮浆轻轻刷掉，露出石粒至均匀为止。不得蘸水过多，用力过重，以免刷松石粒。石料浆抹完后不得暴晒或冰冻雨淋，石粒浆中的水泥浆完成终凝后须进行浇水养护。

(5)斩剁面层。常温下面层经 3～4 d 养护后即可进行试剁。试剁中若墙面石渣不掉，声音清脆，且容易形成剁纹即可以进行正式斩剁。斩剁的顺序一般为先上后下，由左到右；先剁转角和四周边缘，后剁中间墙面。转角和四周剁水平纹，中间剁垂直纹；先轻剁一遍浅纹，再剁一遍深纹，两遍剁纹不重叠。剁纹的深度一般以 1/3 石粒的粒径为宜。在剁墙角、柱边时，宜用锐利的小斧轻剁，以防止掉边缺角。剁墙面花饰时，剁纹应随花纹走势剁，花饰周围的平面上则应剁垂直纹。

(6)修整。斩剁完毕，用刷子沿剁纹方向清除浮尘，也可以用清水冲刷干净，然后起出分格条，并按要求修补分格缝。

四、干粘石抹灰饰面施工

干粘石抹灰饰面是在水泥纸筋灰或纯水泥浆或水泥白灰砂浆黏结层的表面，用人工或机械喷枪均匀地撒喷一层石子，用铁板拍平板实。此种面层适用于建筑外部装饰。

1. 材料质量要求

(1)水泥。水泥必须用同一品种，且强度等级不低于 32.5 级，不准使用过期水泥。

(2)砂。砂子最好是中砂或粗砂与中砂混合使用。中砂平均粒径为 0.35～0.5 mm，要求颗粒坚硬洁净，含泥量不得超过 3%，砂在使用前应过筛。不要用细砂、粉砂，以免影响其黏结强度。

(3)石子。石子粒径以小一点为好，但也不宜过小或过大，太小则容易脱落泛浆，过大则需增加黏结层厚度。粒径以 5～6 mm 或 3～4 mm 为宜。

使用时，将石子认真淘洗、择渣，晾晒后放入干净房间或袋装予以分类储存备用。

(4)石灰膏。石灰膏应控制用量，一般石灰膏的掺量为水泥用量的 1/2～1/3。用量过大，会降低面层砂浆的强度。合格的石灰膏中不得有未熟化的颗粒。

(5)兑色灰。美术干粘石的色调能否达到均匀一致，主要在于色灰兑得准不准，细不细。具体做法是：按照样板配合比兑色灰。兑色灰的数量每次要保持一定段落、一定数量，或者一种色泽，防止中途多次兑色灰，造成色泽不一致。兑色灰时，要使用大灰槽子，将称量好的水泥及色粉投入后，即进行人工或机械拌和，再过一道箩筛，然后装入水泥袋子，逐包过秤，注明色灰品种，封好进库待用。

(6)颜料粉。原则上要使用矿物质的颜料粉，如现用的铬黄、铬绿、氧化铁红、氧化铁黄、炭黑、黑铅粉等。无论用哪种颜料粉，进场后都要经过试验。颜料粉的品种、货源、数量要一次进够，在装饰工程中，千万要把住这一关，否则无法保证色调一致。

2. 施工工艺流程

基层处理→抹找平层→抹黏结层→甩石渣→压石渣→起分格条→修整→养护。

3. 施工要点

(1)基层处理。干粘石抹灰饰面基层处理的要求同水刷石抹灰饰面施工。

(2)抹找平层。干粘石抹灰饰面抹找平层的施工方法及要求同水刷石抹灰饰面施工。

(3)抹黏结层。找平层抹完后达到七成干，经验收合格，随即按设计要求弹线、分格、粘分格条，然后洒水湿润表面，接着刷素水泥浆一道，抹黏结层砂浆。黏结层砂浆稠度控制在60～80 mm，要求一次抹平不显抹纹，表面平整、垂直，阴阳角方正。按分格大小，一次抹一块或数块，不准在块中甩槎。

(4)甩石渣。干粘石选用的彩色石粒粒径应比水刷石稍小，一般用小八厘。甩石渣时对每一分格块要先甩四周，后甩中间，自上而下，快速进行。石粒在甩板上要摊铺均匀，反手往墙上甩，甩射面要大，用力要平稳均匀，方向与墙面垂直，使石粒均匀地嵌入黏结砂浆中。

(5)压石渣。在黏结层的水泥砂浆完成终凝前至少进行拍压三遍。拍压时要横竖交错进行。头遍用大抹子横拍，然后再用一般抹子重拍、重压，也可以用橡胶辊子作最后的滚压。一般以石粒嵌入砂浆层的深度不小于石渣粒径的1/2为宜，以保证石粒黏结牢固。

(6)起分格条。饰面层平整、石渣均匀饱满时，起出分格条。

(7)修理。对局部有石渣脱落、分布不匀、外露尖角太多或表面平整度差等不符合质量要求的地方应立即进行修整、拍平。

(8)养护。干粘石的面层施工后应加强养护，在24 h后，应洒水养护2～3 d。夏季日照强，气温高，要求有适当的遮阳条件，避免阳光直射，使干粘石凝结有一段养生时间，以提高强度。

五、假面砖抹灰饰面施工

假面砖是用彩色砂浆抹成相当于外墙面砖分块形式与质感的装饰抹灰饰面。

1. 材料质量要求

(1)水泥。宜采用42.5级以上普通硅酸盐水泥。

(2)砂。宜采用中砂，过筛，含泥量不大于3%。

(3)颜料。应采用矿物质颜料，使用时按设计要求和工程用量，与水泥一次性搅拌均匀，备足，过筛装袋，保存时避免潮湿。

2. 施工工艺流程

基层处理→抹底、中层砂浆→抹面层砂浆→表面划纹。

3. 施工要点

(1)墙面基层处理及抹底、中层砂浆的施工要求与一般抹灰基本相同。

(2)抹面层砂浆。面层砂浆涂抹前，浇水湿润中层，先弹水平线，按每步架为一个水平工作段，上、中、下弹三道水平线，以便控制面层划沟平直度。然后抹1∶1水泥砂浆垫层3 mm，接着抹面层砂浆3～4 mm厚。

(3)表面划纹。面层稍收水后，用铁梳子沿靠尺板由上向下划纹，深度不超过1 mm。然后根据面砖的宽度用铁钩子沿靠尺板横向划沟，深度以露出垫层灰为准，划好横沟后将飞边砂粒扫净。

六、抹灰类饰面工程实例

××公寓水刷石装饰抹灰施工方案

(一)施工准备

1. 材料质量要求

(1)水泥：出厂日期超过3个月必须复验，合格后方可使用。不同品种、不同强度等级的水泥不得混合使用。

(2)所使用胶黏剂必须符合环保产品要求。

(3)颜料：应选用耐碱、耐光的矿物性颜料。

(4)砂：要求颗粒坚硬、洁净，含泥量不大于3%。

(5)进入施工现场的材料应按相关标准规定要求进行检验。

2. 主要施工机具

麻刀机、砂浆搅拌机、纸筋灰拌合机、窄手推车、铁锹、筛子、水桶(大、小)、灰槽、灰勺、刮杠(大2.5 m，中1.5 m)、靠尺板(2 m)、线坠、钢卷尺、方尺、托灰板、铁抹子、木抹子、塑料抹子、八字靠尺、方口尺、阴阳角抹子、长舌铁抹子、金属水平尺、捋角器、软水管、长毛刷、鸡腿刷、钢丝刷、茅草帚、喷壶、小线、钻子(尖、扁)、粉线袋、铁锤、钳子、钉子、托线板等。

3. 作业条件

(1)抹灰工程的施工图、设计说明及其他设计文件已完成。

(2)主体结构应经过相关单位(建筑单位、施工单位、监理单位、设计单位)检验合格。

(3)抹灰前应检查门窗框安装位置是否正确、固定、牢固，并用1∶3水泥砂浆将门窗口缝堵塞严密，对抹灰墙面预留孔洞、预埋穿管等已处理完毕。

(4)将混凝土过梁、梁垫、圈梁、混凝土柱、梁等表面凸出部分剔平，将蜂窝、麻面、露筋、疏松部分剔到实处，然后用1∶3的水泥砂浆分层抹平。

(5)抹灰基层表面的油渍、灰尘、污垢等应清除干净，墙面提前浇水均匀湿透。

(6)抹灰前应先熟悉图纸。设计说明及其他文件，制订方案要求，做好技术交底，确定配合比和施工工艺，责成专人统一配料，并把好配合比关。按要求做好施工样板，经相关部门检验合格后，方可大面积施工。

(二)施工工艺

1. 施工工艺流程

基层处理→弹线分格、粘钉木条→抹灰→修整→喷刷→起分格条。

2. 施工要点

(1)基层处理。抹灰前应根据具体情况对基体表面进行必要的处理。

(2)弹线分格、粘钉木条及抹灰。待中层砂浆六七成干时，按设计要求弹线分格并粘贴分格条(木分格条事先在水中浸透)，然后，根据中层抹灰的干燥程度浇水湿润。紧接着用铁抹子满刮水胶比为0.37～0.40的水泥浆一道，随即抹面层水泥石粒浆。面层厚度视石粒粒径而定，通常为石粒粒径的2.5倍。水泥石粒浆的稠度应为5～7 cm。要用铁抹子一次抹平，随抹随用铁抹子压紧、揉平。

(3)修整。罩面后水分稍干，墙面无水光时，先用铁抹子溜一遍，将小孔洞压实、挤严。分格条边的石粒要略高1～2 mm。然后用软毛刷蘸水刷去表面灰浆，阳角部位要往外刷。并用抹子轻轻拍平石粒，再刷一遍，然后再压。水刷石罩面应分遍拍平压实，石粒应分布均匀而紧密。

(4)喷刷。罩面灰浆凝结后(表面略发黑，手指按上去不显指痕)，用刷子刷石粒不掉时，即可开始喷刷。喷刷分两遍进行，第一遍先用软毛刷子蘸水刷掉面层水泥浆，露出石粒；第二遍随即用手压喷浆机(采用大八厘或中八厘石粒浆时)或喷雾器(采用小八厘石粒浆时)将四周相邻部位喷湿，然后由上往下顺序喷水。喷射要均匀，喷头距离墙10～20 cm，将面层表面及石粒之间的水泥浆冲出，使石粒露出表面1/2粒径，达到清晰可见、均匀密布。然后用清水从上往下全部冲净。

(5)起分格条。喷刷后，即可用抹子柄敲击分格条，并用小鸭嘴抹子扎入分格条上、下活动，将其轻轻起出。然后用小溜子找平，用鸡腿刷子刷光理直缝角，并用素灰将缝格修补平直，颜色一致。

(三)成品保护

(1)对已完成的成品可采用封闭、隔离或看护等措施进行保护。

(2)抹灰前必须对门、窗口采取保护措施后方可进行施工。

(3)对施工时黏在门、窗框及其他部位或墙面上的砂浆要及时清理干净，对铝合金门窗膜有损坏的要及时补黏好，以防损伤、污染。

(4)在拆除架子、运输架杆时要制订限制措施，并做好操作人员的安全技术交底。

(5)在施工过程中搬运材料、机具以及使用小手推车时应特别小心，不得碰、撞、磕、划面层、门、窗口等。严禁任何人员蹬踩门、窗框、窗台，以防损坏棱角。

(6)在抹灰时对墙上的预埋件、线槽(盒)、通风箅子、预留孔洞应采取保护措施，防止施工时堵塞。

(7)在拆除脚手架、跳板、高马凳时要加倍小心，轻拿轻放并集中堆放整齐，以免撞坏门、窗口、墙面或棱角等。

(8)施工时不得在楼地面上和休息平台上拌和灰浆，对休息平台、地面和楼梯踏步要采取保护措施，以免搬运材料或运输过程中造成损坏。

第二节　贴面类饰面工程施工技术

贴面类饰面工程按所在部位不同，可以分为外墙饰面工程和内墙饰面工程两部分。一般情况下，外墙饰面主要起着保护墙体、美化建筑、美化环境和改善墙体性能等作用；内墙饰面主要起着保护墙体、改善室内使用条件和美化室内环境等作用。

一、瓷砖镶贴施工

(一)基本构造

瓷砖镶贴墙面是一种传统的装饰工艺和装饰手法。装饰墙面用的瓷砖简称面砖，因其装饰于室内墙面或室外墙面而分为内墙面砖和外墙面砖。瓷砖贴面的基本构造如图 3-4 所示。

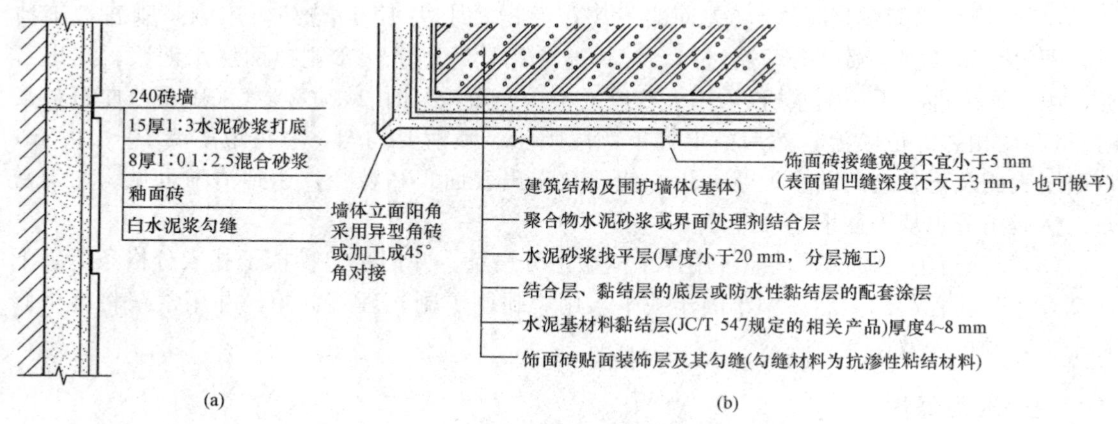

图 3-4 瓷砖贴面构造

(a)内墙面砖镶贴构造；(b)外墙面砖镶贴构造

(二)材料质量要求

(1)瓷砖。瓷砖应具有产品合格证，各种技术指标应符合有关标准规定。瓷砖表面光洁，质地坚固，尺寸色泽一致。不得有暗痕和裂缝，其性能指标应符合现行国家标准的规定，吸水率小于 10%。

(2)黏结材料。强度等级为 42.5 级的普通硅酸盐水泥(或矿渣硅酸盐水泥)、白水泥、砂及中砂，并应用窗纱过筛；其他材料，如石灰膏、108 胶等。

(三)施工工艺流程

(1)内墙砖粘贴施工工艺流程：基层处理→抹底子灰→选砖→排砖弹线→贴标准点→垫底尺→镶贴→擦缝。

(2)外墙砖粘贴施工工艺流程：基层处理→抹底子灰→弹线分格、排砖→浸砖→贴标准点→镶贴面砖→勾缝→清理表面。

(四)施工要点

1. 内墙砖粘贴施工要点

(1)基层处理。基层表面要求达到净、干、平、实。如果是光滑基层应进行凿毛处理；基层表面砂浆、灰尘及油渍等，应用钢丝刷或清洗剂清洗干净；基层表面凹凸明显的部位，要事先剔平或用水泥砂浆补平。

(2)抹底子灰。抹底子灰应分层进行，第一遍厚度为 5 mm，抹后扫毛，待六七成干时再抹第二遍，厚度为 8～12 mm，然后用木杠刮平，木抹搓毛，终凝后浇水养护。

(3)选砖。根据设计要求，对面砖进行分选，先按颜色分选一遍，再用自制套模对面砖大小、厚薄进行分选、归类。

(4)排砖弹线。待底层灰六七成干时，按图纸设计图案要求，结合瓷砖规格进行排砖、弹线。先量出镶贴瓷砖的尺寸，在墙面从上往下弹出若干条水平线，控制水平排数，再按整块瓷砖的尺寸弹出竖直方向的控制线。弹线时要考虑接缝宽度应符合设计要求，并注意水平方向和垂直方向的砖缝一致。

(5)贴标准点。正式镶贴前，用混合砂浆将废瓷砖按粘贴厚度粘贴在基层上作标志块，用托线板上下挂直，横向拉通，用以控制整个镶贴瓷砖表面的平整度。

(6)垫底尺。垫底尺时，应计算好最下一皮砖下口标高，底尺上皮一般比地面低 1 cm 左右，以此为依据放好底尺，要求水平、安稳。

(7)镶贴。瓷砖应自下向上镶贴，砖接缝宽度一般为 1～1.5 mm，横竖缝宽一致，或按设计要求确定缝宽。砖背面粘贴层应满抹灰浆，厚度为 5 mm，四周刮成斜面，砖就位固定后，用橡皮锤轻击砖面，使之压实与邻面齐平，镶贴 5～10 块后，用靠尺板检查表面平整度及缝隙的宽窄，若缝隙出现不均，应用灰匙子拔缝。阴阳角拼缝，除用塑料和陶瓷的阴阳角条解决拼缝外，也可用切割机将釉面砖边沿切成 45° 斜角，保证阳角处接缝平直、密实。

(8)擦缝。瓷砖镶贴完毕，自检无空鼓、不平、不直后，用棉丝擦净。然后把白水泥加水调成糊状，用长毛刷蘸白水泥浆在墙砖缝上刷，待水泥浆变稠，用布将缝里的素浆擦匀，砖面擦净。

2. 外墙砖粘贴施工要点

(1)基层处理。基层为砖墙，应清理干净墙面上残存的废余砂浆块、灰尘、油污等，并提前一天浇水湿润；基层为混凝土墙，应剔凿胀模的地方，清洗油污。太光滑的墙面要凿毛，或刷界面处理剂。

(2)抹底子灰。先刷一遍素水泥浆，紧跟分遍抹底层砂浆(常温下采用配合比为 1∶0.5∶4 水泥石灰膏混合砂浆，也可用 1∶3 水泥砂浆)。第一遍厚度宜为 5 mm，抹后用扫帚扫毛；待第一遍六七成干时，即可抹第二遍，厚度为 8～12 mm，随即用木杠刮平，木抹搓毛，终凝后浇水养护。

(3)弹线分格、排砖。待基层砂浆完成终凝且具有强度后，即可根据饰面砖的尺寸和镶贴面积在找平层上进行分段、分格、排砖和弹线。其要求是在同一面墙上饰面砖横、竖排列不能出现一行以上的非整砖，如果确实不能摆开，非整砖只能排在不醒目处。排砖时，遇有突出的管线，要用整砖套割吻合，不能用碎砖片进行拼凑。

(4)浸砖。外墙面砖镶贴前，首先要将面砖清扫干净，放入净水中浸泡 2 h 以上，取出待表面晾干或擦干净后方可使用。

(5)贴标准点。为保证贴砖的质量，镶贴砖前用废面砖片在找平层上贴几个点，然后按废面砖砖面拉线，或用靠尺作为镶贴面砖的标准点。标准点设距以 1.5 m×1.5 m 或 2.0 m×2.0 m 为宜。贴砖时贴到标准点处将废面砖敲碎拿掉即可。

(6)镶贴面砖。外墙饰面砖镶贴应自上而下顺序进行，并先贴墙柱后贴墙面再贴窗间墙。铺贴用砂浆与内墙要求相同。镶贴时，先按水平线垫平八字尺或直靠尺，再在面砖背面满铺黏结砂浆，粘贴层厚度宜为 4～8 mm。镶贴后，用小铲柄轻轻敲击，使之与基层粘牢，并随时用直尺找平找方，贴完一行后，需将面砖上的灰浆刮净。对于有设缝要求的饰面，可按设计规定的砖缝宽度制备小十字架，临时卡在每四块砖相邻的十字缝间，以保证缝隙精确；单元式的横缝或竖缝，则可用分隔条；一般情况下只需挂线贴砖。

(7)勾缝。饰面砖镶贴完成后，用刷子扫除表面灰尘，将横竖缝划出来，宽缝一般为8 mm以上，用1∶1水泥砂浆勾缝，先勾水平缝再勾竖缝，勾好后要求凹进面砖外表面2～3 mm。若横竖缝为干挤缝，或小于3 mm者，应用白水泥配颜料进行擦缝处理。

(8)清理表面。勾缝后马上用棉丝擦净砖面，必要时用稀盐酸擦洗后用水冲洗干净。

二、陶瓷马赛克镶贴施工

1. 基本构造

陶瓷马赛克的成品按不同图案贴在纸上。用它拼成的图案形似织锦，其原材料为优质瓷土。陶瓷马赛克饰面基本构造如图3-5所示。

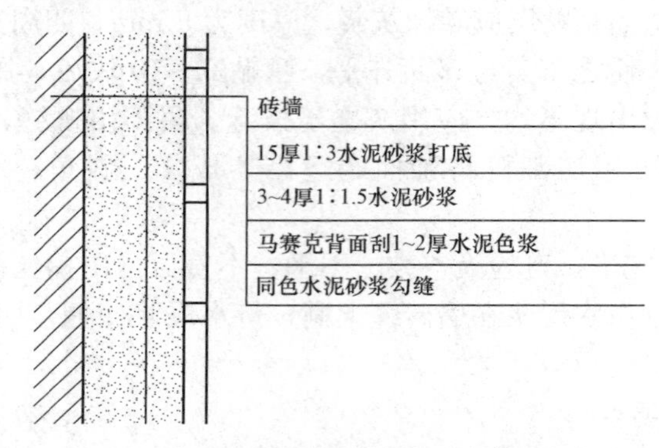

图3-5 陶瓷马赛克饰面构造

2. 材料质量要求

(1)陶瓷马赛克。陶瓷马赛克有挂釉和不挂釉两种，质地坚硬，色泽多样。为保证接缝平直，镶贴前要逐张对其尺寸、颜色、完整性进行挑选。

(2)水泥。使用42.5级或42.5级以上的普通硅酸盐水泥，存放时间超过使用期限的水泥不能使用。当采用白色或浅色陶瓷马赛克时，应采用白水泥。

(3)砂。粗砂或中砂，含泥量少于3%，使用前应过筛。

(4)石灰膏。使用前一个月将生石灰焖淋，经过3 mm孔径筛，石灰膏内部不应含未熟化的颗粒及杂质。

3. 施工工艺流程

陶瓷马赛克镶贴方法有软贴法、硬贴法和干缝洒灰湿润法三种。其中，软贴法施工工艺流程为：基层处理→抹底子灰→排砖→弹线分格→镶贴→揭纸→调缝→擦缝→清洗→喷水养护；干缝洒灰湿润法施工操作程序为：在铺贴时，在马赛克纸背面满洒1∶1细砂水泥干灰充满拼缝，然后用灰刀刮平，并洒水使缝内干灰润湿成水泥砂浆，再按软贴法的程序铺贴于墙面。

4. 施工要点

(1)基层处理。基层处理方法及要求同瓷砖镶贴施工。

(2)抹底子灰。底子灰一般为二次操作，第一次抹薄一层，用抹子压实。第二次用相同配合比砂浆按冲筋抹平，用短刮杠刮平，低凹处填平补齐，最后用木抹子搓出麻面，然后根据气温情况，终凝后浇水养护。

(3)排砖。依照建筑物横竖装饰线、门窗洞、窗台、挑梁、腰线等凹凸部分进行全面安排。排砖时特别注意外墙、墙角、墙垛、雨篷面及天沟槽、窗台等部位构造的处理与细部尺寸，精确计算排砖模数并绘制镶贴马赛克排砖大样(也称排版大样)作为弹线依据。

(4)弹线分格。根据设计、建筑物墙面总高度、门窗洞口和陶瓷马赛克品种规格定出分格缝宽，弹出若干水平线同时加工分格条。注意同一墙面不得有一排以上的非整砖。

(5)镶贴。先应找好标准，一般两间连通的房间应由门口中间拉线，以此为标准，然后从里向外退着铺，也可以从门口开始，人站在垫木板上往里铺。有镶边的房间，应先铺镶边部分。贴砖一般为三个人同时操作。一人在前面洒水湿润墙面，随即抹出黏结层；另一人将马赛克铺在木托盘上，麻面(粘贴面)朝上，在马赛克缝隙内灌注 1∶1 的水泥细石灰浆，再抹上一层薄灰浆；然后递给第三个人，将四边灰浆刮掉，按上述方法与要求贴砖，并随手刮去马赛克边缘缝隙渗出的灰浆。

(6)揭纸。一般一个单元的陶瓷马赛克铺完后，在砂浆初凝前(为 20～30 min)，陶瓷马赛克达到基本稳固时，用清水喷湿护面纸，用双手轻轻将纸揭下，揭纸的用力方向应尽量与墙面平行。

(7)调缝。镶贴马赛克揭纸后，如果发现“跳块”或“瞎缝”，应及时用开刀拨开复位。调缝方法是用手将开刀置于要调缝中，逐条按要求慢慢将缝调直、调匀；拨好后压上木拍板并用小木槌轻敲、拍板、压实，使马赛克黏结牢固。

(8)擦缝。黏结层的水泥浆完成终凝而具有强度后，用水泥浆满刮马赛克表面，将马赛克间的缝隙抹满、嵌实，不留缝隙。水泥浆刮后即可用棉丝或湿抹布擦拭马赛克表面至干净为止，使马赛克本色清晰显露出来。擦缝的水泥品种可根据马赛克的颜色选定。一般浅色的马赛克使用白水泥即可。

(9)清洗、养护。清洗墙面应在黏结层和勾缝砂浆终凝后进行。全面清理并擦干净后，次日喷水养护。

三、石材贴挂饰面施工

石材贴挂饰面是指用钢筋网、镀锌钢制锚固件将预先制作好的大规格天然石材板块或人造石板块挂贴固定于墙面的饰面工程。石材贴挂饰面的施工方法主要有湿挂法、干挂法等。

(一)基本构造

1. 湿挂法构造

湿挂法是指先在建筑基体上固定好石材板后，再在板材饰面的背面与基层表面所形成的空腔内灌注水泥砂浆或水泥石屑浆，将天然石板整体固定牢固的施工方法。石材湿挂的构造做法如图 3-6 所示。

2. 干挂法构造

干挂法是指通过墙体施工时预埋铁件或金属膨胀螺栓固定不锈钢连接扣件，再用扣件

(挂件)钩挂固定已开孔(槽)的饰面板的做法。石材干挂的构造做法如图 3-7 所示。

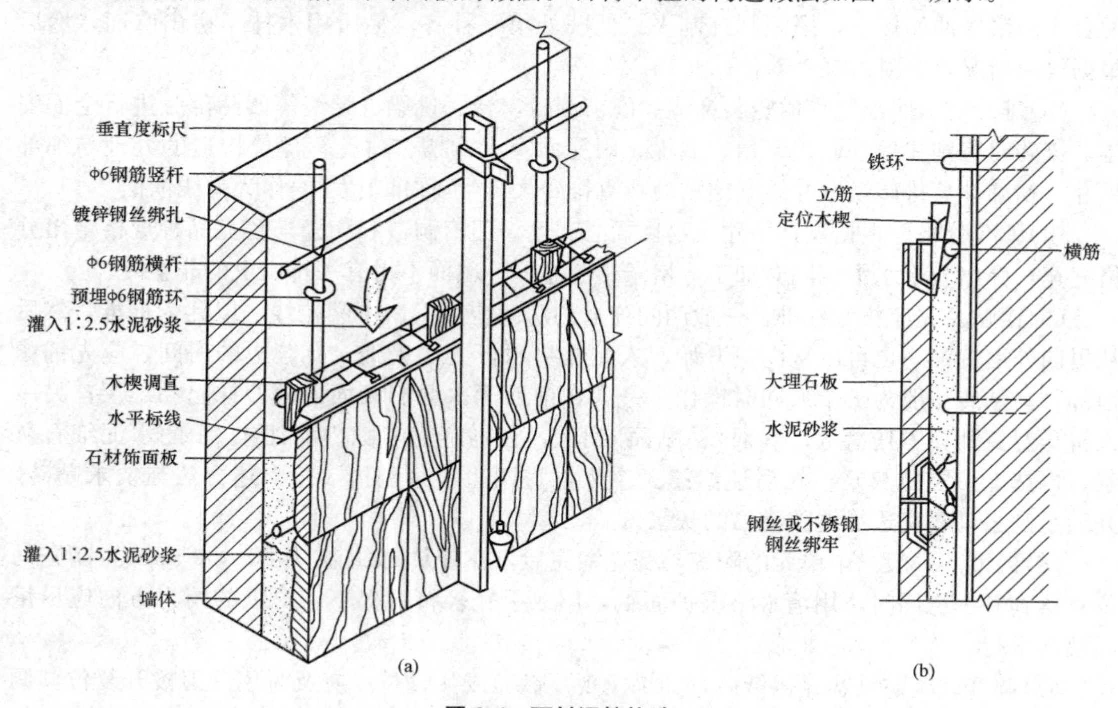

图 3-6　石材湿挂构造

(a)外墙石材湿挂法；(b)内墙石材湿挂法

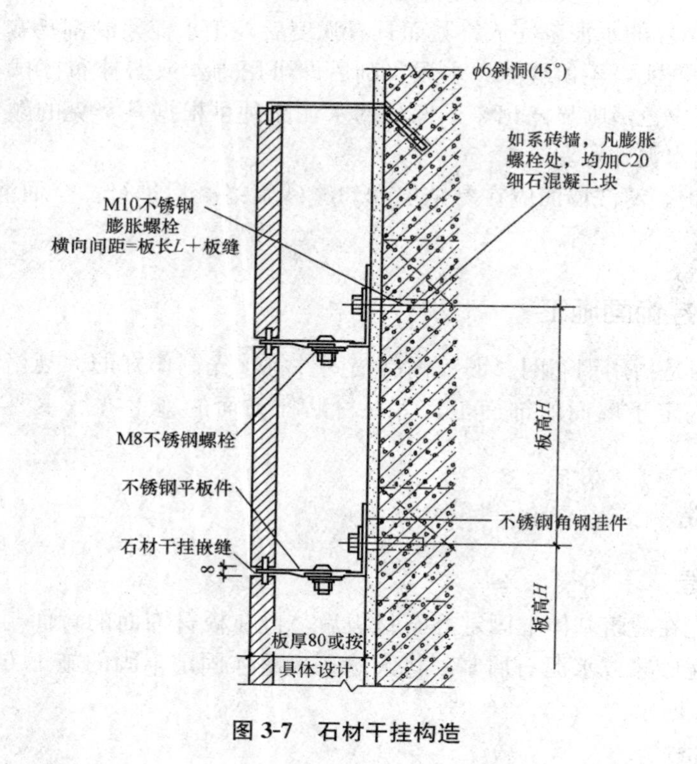

图 3-7　石材干挂构造

(二)材料质量要求

(1)大理石饰面板。天然大理石质地均匀细密，硬度较花岗石小，耐磨、耐酸碱、耐腐蚀、不变形。其颜色、花纹多样，色泽艳丽，易于裁割和磨光。经加工的大理石制品(大理石平板及装饰线脚)表面光洁如镜、棱角整齐。

(2)花岗石饰面板。花岗石较大理石质地坚硬密实、强度高、耐久性好。品质优良的花岗石，晶粒细且分布均匀，云母少而石英含量多。将花岗石原材经割锯、细加工磨光、抛光成光面或镜面的花岗石饰面石材，其表面应平整光滑、棱角整齐，耐酸碱、耐冻。

(3)水磨石饰面板。水磨石饰面板是用白色或彩色石粒、颜料、水泥、中砂等材料经过选配制坯、养护、磨光打亮制成。它色泽品种较多，表面光滑，美观耐用。用于墙面的饰面板常见规格为305 mm×305 mm，厚度为20 mm。

(4)人造大理石饰面板。人造大理石饰面板是以石粉、石屑(粒径小于3 mm)或粒径较大的石粒为主要填料，以树脂为胶黏剂，添加适量的阻燃剂、稳定剂和颜料，加工制作而成。人造大理石饰面板应具有较好的加工性，可锯、可钻孔、能黏结，施工方便且可人为控制图案、花纹。

(5)黏结材料。施工前备好普通硅酸盐水泥、矿渣硅酸盐水泥、白水泥，水泥强度等级为32.5级或42.5级；过筛粗砂或中砂；其他材料有铜丝或镀锌钢丝、U形钢钉、熟石膏、矿物性颜料、801胶和专塑料软管等。

(三)施工工艺流程

(1)湿挂法施工工艺流程：基层处理→弹线、分块→焊接或绑扎钢丝网→饰面板打孔挂丝→饰面板安装→临时固定→灌浆→清理→嵌缝。

(2)干挂法施工工艺流程：基层处理→选板预排→弹线→打孔或开槽→安装支架→饰面板安装→嵌缝→清理。

(四)施工要点

1. 湿挂法施工要点

(1)基层处理。基层应有足够的刚度和稳定性，基层表面应粗糙而清洁，以利于饰面板粘贴牢固。因此，饰面板镶贴前，必须对墙、柱等基体进行认真处理，将基层表面的灰浆、尘土、污垢及油渍等用钢丝刷刷净并用水冲洗。混凝土表面凸出的部分应剔平，光滑的基体表面要凿毛处理，凿毛深度一般为5～15 mm，间距不大于3 mm。在镶贴的前一天浇水将基层湿透。

(2)弹线分块。用线坠从上至下吊线，确定板面与基层的距离。要考虑板材的厚度、灌缝的宽度及钢筋网所占的尺寸，一般为40～50 mm。用线坠按确定的尺寸投到地面，此线为第一层板的基层线，然后再按大理石板的总高度及缝隙，进行分块弹线。

(3)焊接或绑扎钢筋网。钢筋网用来连接固定饰面板，它与基层预埋件可绑扎连接，也可用手工电弧焊进行焊接。在墙体基层上剔出锚筋后，进行钢筋网绑扎，竖向筋采用ϕ6～ϕ8，横向筋采用ϕ6，网格为150 mm×150 mm、200 mm×200 mm，先将竖向筋与预埋锚筋绑扎(焊接)，然后将横向筋与竖向筋绑扎(焊接)，横向筋应和饰面板竖向尺寸相协调。

(4)饰面板打孔。饰面板打孔的方式有以下两种：

1)钻孔打眼法。当板宽在 500 mm 以内时，每块板的上、下边的打眼数量均不得少于 2 个，如超过 500 mm 应不少于 3 个。打眼的位置应与基层上的钢筋网的横向钢筋的位置相适应。一般在板材的断面上由背面算起 2/3 处，用笔画好钻孔位置，然后用手电钻钻孔，使竖孔、横孔相连通，钻孔直径以能满足穿线即可，严禁过大，一般为 5 mm。

钻好孔后，必须将铜丝伸入孔内，然后加以固结，才能起到连接的作用。可以用环氧树脂固结，也可以用铅皮挤紧铜丝。

2)开槽法。用电动手提式石材无齿切割机的圆锯片，在需绑扎钢丝的部位上开槽。采用的是四道槽法。四道槽的位置是：板块背面的边角处开两条竖槽，其间距为 30～40 mm；板块侧边处的两竖槽位置上开一条横槽，再在板块背面上的两条竖槽位置下部开一条横槽。

板块开好槽后，把备好的 18 号或 20 号镀锌铅丝或铜丝剪成 30 cm 长，并弯成 U 形。将 U 形镀锌铅丝先套入板背横槽内，U 形的两条边从两条竖槽内穿出后，在板块侧边横槽处交叉。然后再通过两条竖槽将不锈钢钢丝在板块背面扎牢。但要注意不应将镀锌铅丝拧得过紧，以防止将镀锌铅丝拧断或将大理石的槽口弄断裂。

(5)饰面板安装。按部位取饰面板下口铜丝或镀锌铅丝，将饰面板就位，饰面板上口外仰，右手伸入饰面板背面，把饰面板下口铜丝或镀锌铅丝绑扎在横筋上。绑时不要太紧，应留余量，只要把铜丝或镀锌铅丝和横筋拴牢即可(灌浆后即会锚固)，将饰面板竖起，便可绑大理石或预制水磨石、磨光花岗饰面板上口铜丝或镀锌铅丝，并用木楔子垫稳，块材与基层间的缝隙(即灌浆厚度)一般为 30～50 mm。用靠尺板检查调整木楔，再拴紧铜丝或镀锌铅丝，依次向另一方进行。柱面可按顺时针方向安装，一般先从正面开始。第一层安装完毕再用靠尺板找垂直，水平尺找平整，方尺找阴阳角方正，在安装饰面板时如发现饰面板规格不准确或饰面板之间的空隙不符，应用铅皮垫牢，使饰面板之间缝隙均匀一致并保持第一层饰面板上口的平直。

(6)临时固定。找完垂直、平整、方正后，用碗将高强石膏(可掺适量水泥，浅色石板可掺白水泥)调成粥状，每隔 100～150 mm 贴于板块间的缝隙处。石膏固化后，不易开裂，每一个固定饼成为一个支撑点起到临时固定作用，避免灌浆时产生板块位移。粥状石膏糊还应同时将两板间其余缝隙堵严；对于设计要求尺寸较宽的饰面接缝，可在缝内填塞 15～20 mm 深的麻丝或泡沫塑料条，以防漏浆，待灌浆材料凝结硬化后将堵缝材料清除。临时固定的板块，应用角直尺随时检查板面是否平整，重点保护板与板的交接处的四角平直度，发现问题，立即纠正。待石膏凝固后方可进行灌浆。

(7)灌浆。饰面板安装经调直校正检查合格后，即可灌浆。饰面板与墙体表面的空隙一般为 40～60 mm(常用 50 mm)，以此作为灌浆层厚度，浆分层灌注，混凝土或砂浆的水胶比不宜太大，稠度(坍落度)控制在混凝土 50～70 mm、水泥砂浆 80～120 mm。第一、二层各灌注板高的 1/3(或 150 mm)，第三层灌浆的上皮应低于板材上口 50 mm，余量作为上层板材灌注的接缝。每层灌浆的间隔时间为 1～2 h，灌浆要缓慢仔细，边灌边用 Φ10 钢钎插捣密实。

(8)清理。第一排灌浆完毕，待砂浆初凝后，即可清理板块上口余浆，并用棉丝擦干净，隔天再清理板材上口木楔和妨碍安装上层板材的石膏，再依次逐层、逐排向上安装并固定板材，直至完成饰面。

(9)嵌缝。全部饰面板安装完毕后，清除所用石膏和余浆痕迹，用麻布擦洗干净，并按饰面板颜色调制色浆嵌缝，边嵌边擦干净，使缝隙密实、均匀、干净、颜色一致。

2. 干挂法施工要点

(1)基层处理。干挂石板工程的混凝土墙体表面若有影响板材安装的凸出部位，应予凿削修整，墙面平整度一般控制在 4 mm/2 m，墙面垂直偏差控制在 H/1 000 或 20 mm 以内，必要时做出灰饼标志以控制板块安装的平整度。

(2)选板预排。对照分块图、节点图检查复核所需板的几何尺寸，并按误差大小分类。同时，检查外观，淘汰不合格产品。然后，可对一片墙或柱的饰面石材进行试拼。试拼的过程是一个"创作"的过程，应注意对花纹进行拼接，对色彩深浅微差进行协调、合理组合，尽可能达到理想的效果。试拼好以后，在每块板的板背面编号，便于安装时对号入座而不出差错。

(3)弹线。在墙面上吊垂线及拉水平线，控制饰面的垂直度、水平度，根据设计要求和施工放样图弹出安装板块的位置线和分块线，最好用经纬仪打出大角两个面的竖向控制线，确保顺利安装。弹线必须准确，一般由墙中心向两边弹放，使墙面误差均匀地分布在板缝中。

(4)打孔、开槽。根据设计尺寸在板块上下端面钻孔，孔径为 7 mm 或 8 mm，孔深为 22～33 mm，与所用不锈钢销的尺寸相适应并加适当空隙余量，打孔的平面应与钻头垂直，钻孔位置要准确无误；采用板销固定石材时，可使用手磨机开出槽位。孔槽部位的石屑和尘埃应用气动枪清理干净。

(5)安装支架。饰面板支架和可调节挂件的螺杆、螺母均采用不锈钢机械加工制作。按弹线位置在基层上打孔用 M10 胀管螺栓固定支架，用特制扳手拧紧。每安装一排支架后，用经纬仪观测调平调直。

(6)饰面板安装。利用托架、垫楔或其他方法将底层石板准确就位并用夹具作临时固定，用环氧树脂类结构胶黏剂灌入下排板块上端的孔眼或开槽，插入 $\phi\geqslant5$ mm 的不锈钢钢销或厚度$\geqslant3$ mm 的不锈钢挂件插舌，再于上排板材的下孔、槽内注入胶黏剂后对准不锈钢销或不锈钢舌板插入，然后调整面板的水平和垂直度，校正板块，拧紧调节螺栓。这样，自下而上逐排操作，直至完成石板干挂饰面。对于较大规格的重型板材安装，除采用此法安装外，还需在板块中部端面开槽加设承托扣件，进一步支承板材的自重，以确保使用安全。

(7)嵌缝。外墙面有用干挂法挂贴饰面板，饰面板之间一般都留缝，竖缝宽为 10 mm，水平缝宽为 20 mm。整面墙完工后，用密封胶作防水处理。每隔 3～4 条竖缝在最下部留一小孔作为排水口。

(8)清理。嵌缝后，将饰面板表面多余的密封胶及时清除干净，并打蜡。

四、贴面类装饰工程实例

××公寓墙面干挂大理石饰面板施工方案

(一)施工准备

1. 材料要求

(1)按设计要求的品种、颜色、花纹和尺寸规格选用大理石饰面板，并严格控制、检查其抗折、抗拉及抗压强度，吸水率，耐冻融循环等性能。块材的表面应光洁、方正、平整、质地坚固，不得有缺楞、掉角、暗痕和裂纹等缺陷。

(2)膨胀螺栓、连接铁件、连接不锈钢针等配套的铁垫板、垫圈、螺帽及与骨架固定的各种设计和安装所需要的连接件的质量，必须符合国家现行有关标准的规定。

(3)嵌缝胶：采用中性硅硐耐候密封胶，也可在现场组配，在环氧树脂液中，加入胶质量30%的低分子聚酰胺树脂651胶液，混匀后使用。但无论采用哪一种嵌缝胶都必须在使用前进行黏结力和相容性试验。

2. 主要施工机具

手提式石材切割机、角磨机、手电钻、电锤、铝合金靠尺、水平尺、开刀、托线板、台钻、力矩扳手、开口扳手、无齿切割锯、钢卷尺等。

3. 作业条件

(1)主体结构施工完毕，并经过验收。

(2)搭设双排架子或架设吊篮，并经安全部门检查验收。

(3)水电及设备、墙上预留预埋件已安装完。垂直运输机具均事先准备好。

(4)外门窗已安装完毕，安装质量符合要求。

(5)对施工人员进行技术交底时，应强调技术措施、质量要求和成品保护，大面积施工前应先做样板，经质检部门鉴定合格后，方可组织班组施工。

(二)施工工艺

1. 施工工艺流程

基层准备→挂线→支底层大理石饰面板托架→在围护结构上打孔、安放膨胀螺栓→上连接铁件→底层大理石饰面板安装→上行大理石饰面板安装→调整固定→顶部面板安装→贴防污条、嵌缝→清理表面、刷罩面剂。

2. 施工要点

(1)基层准备。清理基层表面，同时进行吊直、套方、找规矩，弹出垂直线、水平线，并根据施工图纸和实际需要弹出饰面板安装位置线。

(2)挂线。按设计图纸要求，大理石饰面板安装前要事先用经纬仪打出大角两个面的竖向控制线，弹在离大角20 cm的位置上，以便随时检查垂直挂线的准确性，保证顺利安装。竖向挂线宜用$\phi1.0$～$\phi1.2$的钢丝为好，下边沉铁随高度而定，上端挂在专用的角钢架上，角钢架用膨胀螺栓固定在建筑大角的顶端，一定要挂在牢固、准确、不易碰动的地方，并要注意保护和经常检查。并在控制线的上、下侧作出标记。

(3)支底层大理石饰面板托架。将预先加工好的支托按上平线支在将要安装的底层大理石饰面板上面。支托要支承牢固，相互之间要连接好，支架安好后，顺支托方向铺通长的50 mm厚木板，木板上口要在同一水平面上，以保证大理石饰面板上下面处在同一水平面上。

(4)在围护结构上打孔、安放膨胀螺栓。在结构表面弹好水平线，按设计图纸及大理石饰面板钻孔位置，准确地弹在围护结构墙上并做好标记，然后按点打孔，打孔可使用冲击钻，上$\phi12.5$的冲击钻头，打孔时先用尖錾子在预先弹好的点上凿一个点，然后用钻打孔，孔深为60～80 mm，若遇结构钢筋时，可以将孔位在水平方向移动或往上抬高，上连接铁件时利用可调余量调回。成孔要求与结构表面垂直，成孔后把孔内的灰粉用小勾勺掏出。安放膨胀螺栓，宜将本层所需的膨胀螺栓全部安装就位。

(5)上连接铁件。用设计规定的不锈钢螺栓固定角钢和平钢板。调整平钢板的位置，使平钢板的小孔正好与大理石饰面板的插入孔对正，固定平钢板，用力矩扳手拧紧。

(6)底层大理石饰面板安装。把侧面的连接铁件安装好，便可把底层面板靠角上的一块就位。方法是用夹具暂固定，先将大理石饰面板侧孔抹胶，调整铁件，插固定钢针，调整面板固定。然后依次按顺序安装底层面板，待底层面板全部就位后，检查一下各板是否在一条线上，如有高低不平的要进行调整；低的可用木楔垫平；高的可轻轻退出点木楔，直至面板上口在一条水平线上为止；先调整好面板的水平与垂直度，再检查板缝，板缝宽应按设计要求，误差要匀开。并用嵌固胶将锚固件填堵固定。

(7)上行大理石饰面板安装。把嵌固胶注入下一行大理石饰面板的插销孔内，再把长45 mm 的 $\phi5$ 连接钢针通过平板上的小孔插入至大理石饰面板端面插销孔，上钢针前检查其有无伤痕，长度是否满足要求，钢针安装要保证垂直。

(8)调整固定。面板暂固定后，调整水平度，如板面上口不平，可在板底一端下口的连接平钢板上垫个一相应的双股铜丝垫。若铜丝过粗，可用小锤砸扁；若钢丝过高，可把另一端下口用上述方法垫一下。调整面板的垂直度，并调整面板上口的不锈钢连接件距墙的空隙，直至面板垂直。

(9)顶部面板安装。顶部最后一层面板除一般安装要求外，安装调整后，在结构与大理石饰面板缝隙里吊一根通长的 20 mm 厚的木条，木条上平距大理石饰面板上口下 250 mm，吊点可设在连接铁件上，可采用铅丝吊木条。木条吊好后，即在大理石饰面板与墙面之间的空隙里塞放聚苯板，聚苯板条要略宽于空隙，以便填塞严实，防止灌浆时漏浆，造成蜂窝、孔洞等，灌浆至大理石饰面板口下 20 mm 作为压顶盖板之用。

(10)贴防污条、嵌缝。沿面板边缘贴防污条，应选用 4 cm 左右的纸带型不干胶带，边沿要贴齐、贴严，在大理石板间的缝隙处嵌弹性泡沫填充(棒)条，填充(棒)条嵌好后离装修面 5 mm，最后在填充(棒)条外用嵌缝枪把中性硅胶打入缝内，打胶时要用力均匀，走枪要稳而慢。如胶面不太平顺，可用不锈钢小勺刮平，小勺要随用随擦干净。

(11)清理表面，刷罩面剂。把大理石表面的防污条掀掉，用棉丝将大理石饰面板擦净，若有胶或其他黏结牢固的杂物，可用开刀轻轻铲除，用棉丝蘸丙酮擦至干净。在刷罩面剂前，应掌握和了解天气趋势，阴雨天和 4 级以上风的天气不得施工，防止污染漆膜。罩面剂按配合比在刷前半小时对好，注意区别底漆和面漆，最好分阶段操作。配制罩面剂要搅匀，防止成膜时不均。

(三)成品保护

(1)要及时清理、擦净残留在门窗框、玻璃和金属、饰面板上的污物。

(2)认真贯彻合理施工顺序，少数工种应提前做好，防止损坏、污染干挂大理石饰面板。

(3)拆改架子和上料时，严禁碰撞干挂大理石饰面板。

(4)外饰面完活后，易破损部分的棱角处要钉护角保护，其他工种操作时不得划伤面漆和碰坏大理石饰面板。

(5)完工的干挂大理石饰面板应设专人看管，遇有危害成品的行为，应立即制止，并严肃处理。

第三节　罩面板类饰面工程施工技术

罩面板类饰面也称镶板类饰面，是指用竹木及其制品、石膏板、矿棉板、塑料板、玻璃、薄金属板材等材料制成的饰面板，通过镶、钉、拼、贴等施工方法构成的墙面饰面。这些材料有较好的接触感和可加工性，所以，在建筑装饰中被大量采用。

一、木质罩面板饰面施工

1. 基本构造

木质罩面板具有纹理和色泽丰富、接触感好的装饰效果，有薄实木板和人造板等种类，既可做成护墙板，也可做成墙裙。它主要由龙骨及面板两部分组成，多采用方木为固定面板的龙骨，以单层或多层胶合板为面板，并配以各种木线和花饰，再对胶合板表面进行油漆、涂刷、裱糊墙纸等处理。其基本构造如图 3-8 所示。

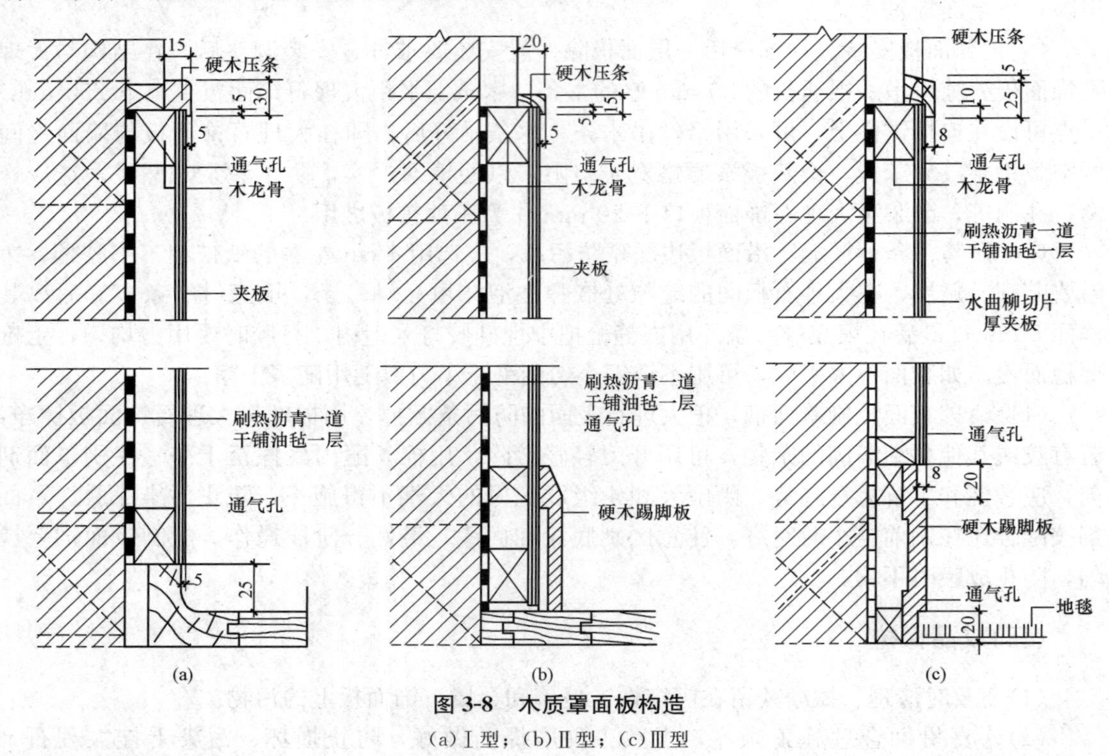

图 3-8　木质罩面板构造

(a) Ⅰ型；(b) Ⅱ型；(c) Ⅲ型

2. 材料质量要求

(1)木龙骨。木龙骨一般是用杉木或红、白松制成，木龙骨架间距为 400～600 mm，具体间距须根据面板规格而定。骨架断面尺寸为(20～45)mm×(40～50)mm，高度及横料长度按设计要求确定，并在大面刨平、刨光。木料含水率不得大于 15%。

(2)饰面板。饰面板的品种、规格和性能应符合建筑装饰设计要求，表面应平整洁净、色泽一致、无裂缝等缺陷。

(3)木装饰线。木装饰线的品种、规格及外形应符合建筑装饰设计要求。从材质上分为硬杂木条、白木条、水曲柳木条、核桃木线、柚木线、桐木线等，长度为2～5 m。

(4)胶合剂。有白乳胶、脲醛树脂胶或骨胶等。

3. 施工工艺流程

弹线分格→检查预埋件→拼装木龙骨架→墙面防潮→固定龙骨→铺钉罩面板→磨光→油漆。

4. 施工要点

(1)弹线分格。根据设计图、轴线在墙上弹出木龙骨的分挡、分格线。竖向木龙骨的间距应与胶合板等块材的宽度相适应，板缝应在竖向木龙骨上。

(2)检查预埋件。在墙上加木橛或预先砌入木砖。木砖(或木橛)的位置应符合龙骨分挡尺寸。木砖的间距，横竖一般不大于400 mm，如木砖位置不适用可补设。

(3)拼装木龙骨架。通常使用25 mm×30 mm的方木，按分挡加工出凹槽榫，在地面进行拼装，制成木龙骨架。在开凹槽榫之前应先将方木料拼放在一起，刷防腐涂料，待防腐涂料干后，再加工凹槽榫。拼装木龙骨架的方格网规格通常是300 mm×300 mm或400 mm×400 mm(方木中心线距离)。对于面积不大的木墙身，可一次拼成木骨架后，安装上墙。对于面积较大的木墙身，可分做几片拼装上墙。

(4)墙面防潮。在木龙骨与墙之间要刷一道热沥青，并干铺一层油毡，以防湿气进入而使木墙裙、木墙面变形。

(5)固定龙骨。立起木龙骨靠在墙面上，用吊垂线或水准尺找垂直度，确保垂直。用水平直线法检查木龙骨架的平整度。待垂直度、平整度都达到要求后，即可用圆钉将木龙骨钉固在木楔上。钉圆钉时应配合校正垂直度、平整度。木龙骨与板的接触面必须表面平整，钉木龙骨时背面要垫实，与墙的连接要牢固。

(6)铺钉罩面板。先在木龙骨上刷胶黏剂，将面板粘在木龙骨上，然后再用射钉枪钉，使面板和木龙骨粘贴牢固。待胶黏剂干后，将小钉拔出。

(7)磨光、油漆。罩面板安装完毕后，应进行全面扩平及严格的质量检查，并对木墙裙进行打磨、批填腻子、刷底漆、磨光滑、涂刷清漆。

二、金属薄板饰面施工

1. 基本构造

金属薄板又称金属墙板，其种类有铝合金饰面板、不锈钢饰面板、铝塑板、钛金板。金属薄板做室内墙体饰面，具有质轻、坚硬、色彩丰富、装饰效果好等特点。金属薄板饰面的基本构造如图3-9所示。

2. 材料质量要求

(1)面板、骨架材料和连接件材料、防水密封膏的规格、型号和颜色应符合设计要求。

(2)饰面板表面无划伤。饰面板应分类堆放，防止碰坏变形。检查产品合格证书、性能检测报告和进场验收记录。

(3)曲面板的弧度应用圆弧样板检查是否符合要求。

3. 施工工艺流程

放线→固定骨架的连接件→固定骨架→骨架安装检查→金属板安装→收口处理。

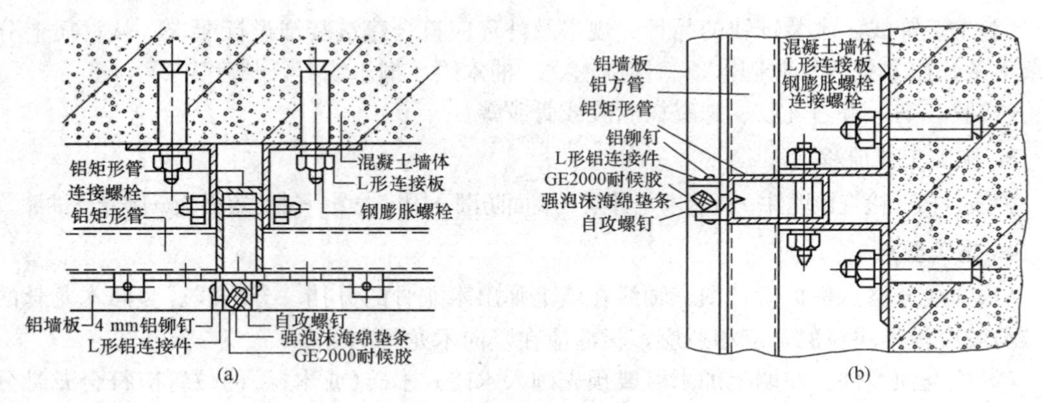

图 3-9　金属薄板饰面构造

(a)水平部分；(b)竖直部分

4. 施工要点

(1)放线。金属薄板墙面的骨架由横竖杆件拼成，可以是铝合金型材，也可以是型钢。为了保证骨架的施工质量和准确性，首先要将骨架的位置弹到基层上。放线时，应以土建施工单位提供的中心线为依据。

(2)固定骨架的连接件。骨架的横竖杆件通过连接件与结构固定。连接件与结构之间，可以用结构预埋件焊牢，也可在墙上埋设膨胀螺栓。无论用哪一种固定法，都要尽量减少骨架杆件尺寸的误差，保证其位置的准确性。

(3)固定骨架。当采用木龙骨时，墙面木龙骨可以是木方(30 mm×50 mm)或厚夹板条，用木楔螺钉法或直接采用水泥钢钉与墙体固定；当采用金属龙骨时，与主体结构的固定可采用膨胀螺栓或射钉通过金属连接件等构造措施。

(4)骨架安装检查。骨架安装质量影响着金属板的安装质量，因此安装完毕，应对中心线、表面标高等影响金属板安装质量的因素作全面的检查。有些高层建筑的大面积外墙板，甚至用经纬仪对横竖杆件进行贯通，从而进一步保证板的安装精度。要特别注意变形缝、沉降缝、变截面的处理，使之满足要求。

(5)金属板安装。根据板的截面类型，可以将板通过螺钉拧到骨架上，也可将板卡在特制的龙骨上。板与板之间，一般留出一段距离，常用的间隙为 10～20 mm，至于缝的处理，有的用橡皮条锁住，有的注入硅密封条。金属板安装完毕，在易于污染或易于碰撞的部位应加强保护。对于污染问题，多用塑料薄膜进行覆盖。而易于划破、碰撞的部位，则设一些安全保护栏杆。

(6)收口处理。各种材料饰面，都有一个如何收口的问题。如水平部位的压顶，端部的收口，伸缩缝、沉降缝的处理，两种不同材料的交接处理等。在金属墙板中，多用特制的金属型板对上述这些部位进行处理。

三、玻璃装饰板饰面施工

1. 基本构造

建筑物内墙柱面使用玻璃装饰板进行装饰，可使饰面层显得格外整洁、亮丽。同时，玻璃装饰板还起到了扩大室内空间、反射景物、创造环境气氛的作用。玻璃装饰板饰面基本构造如图 3-10 所示。

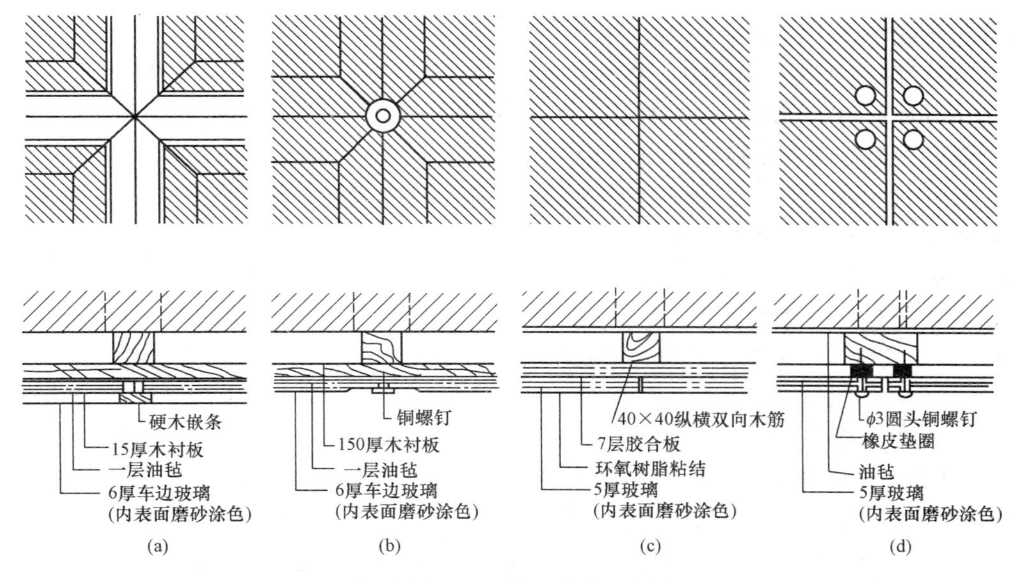

图 3-10　玻璃装饰板饰面构造

(a)嵌条；(b)嵌钉；(c)粘贴；(d)螺钉

2. 材料质量要求

(1)玻璃装饰板应表面平整、边缘整齐、厚度均匀、光学畸变小，不应有污垢、裂缝、色差等缺陷。

(2)安装玻璃装饰板的螺钉、钉子、连接件、锚固件宜使用镀锌件或做防锈处理，接触砖石、混凝土的木龙骨和预埋的木砖应做防腐处理。

3. 施工工艺与要点

玻璃装饰板的施工要点可参考木质罩面板与金属薄板饰面的施工工艺流程和施工要点。

四、罩面板类饰面工程实例

××宾馆木制墙面施工方案

1. 材料质量要求

(1)工程中使用的木质板材和胶黏剂等材料，应检测甲醛及其他有害物质含量。甲醛释放量应符合国家标准《室内装饰装修材料人造板及其制品中甲醛释放量限量》(GB 18580—2017)的规定。

(2)各种木制品材料的含水率应符合国家标准的有关规定。

2. 施工工艺流程

基层清理→基层弹线→铺涂防潮层→木龙骨安装→衬板安装→面板安装→面板清理→面板油漆。

3. 施工操作要点

(1)基层处理。先将基层浮灰等进行清理，对于墙面平整度、垂直度不满足要求的要进行修复。

(2)基层弹线。根据图纸要求在清理完毕的基层上先弹好木制墙面的位置线，然后在木制墙面位置线中弹出饰面板分格线。

(3)墙面防潮处理及木作防火处理。在施工部位墙面用冷底子油满刷两遍且均匀，注意防止污染其他部位。同时，用木楔子进行防腐处理并晾干待用，用防火涂料将木龙骨及夹板背面满刷三遍，防火涂料要刷均匀到位，严禁漏刷。干铺油毡一层。

(4)木制骨架制作安装。根据饰面分格线，在墙面上安装预先制作的木龙骨网片，木龙骨网片采用开口榫连接。木龙骨选用30 mm×20 mm的松木龙骨，间距不大于400 mm，木龙骨经防火及防腐处理后，用圆钉与墙内木楔固定。检查木龙骨平整、垂直度，阴阳角方正度，木龙骨有无松动现象。

(5)面板粘贴。将颜色花纹经过挑选一致的面板背面满刷白乳胶，并用蚊钉抢把饰面板固定在木制骨架上，同时用靠尺找平直，阴阳角方正，注意拼缝的顺直和高低差，及时清理掉面板上多余的胶。

(6)装饰线条安装。将颜色一致的线条背面满刷白乳胶，固定到位。注意线条的接花，45°对角及时进行整理，达到线条顺直、正确合理。

(7)饰面油漆。安装完毕的饰面板做好成品保护，根据设计要求进行饰面油漆。

第四节　涂料类饰面工程施工技术

涂料类饰面是指在墙面基层上，经批刮腻子处理使墙面平整，然后将所选定的建筑涂料刷于墙的表面所形成的一种饰面。涂料类饰面与其他种类的饰面相比，具有工期短、工效高、材料用量少、自重轻、造价低等优点，因而应用十分广泛。建筑涂料的品种繁多，较为常用的包括油漆及其新型水性漆、天然岩石漆、乳胶漆等。

一、油漆及其新型水性漆涂饰施工

涂料施工

随着现代化学工业的发展，我国目前已有近百种标准型号的油漆涂料。油漆是指以动植物油脂、天然与人造树脂或有机高分子合成树脂为基本原料而制成的溶剂型涂料。传统的溶剂型油漆虽然存在着污染环境、浪费能源以及成本高等问题，但其仍有一定的应用范围，还有其自身明显的优势。聚氨酯水性漆是一种取代传统溶剂油基漆的典型产品，这种产品是采用航天高科技及先进工艺设备，以甲苯三异氰酸酯、聚醚和扩链剂等为主要原料经预聚、扩链、中和、乳化等工序精制而成的单组分水性漆。聚氨酯水性漆以清水为分散剂，无毒、无刺激性气味，对环境无污染，对人体无毒害，属于一种“环保型”产品；涂装后漆膜坚硬丰满，韧性较好，表面平整，漆膜光滑，附着力强，耐磨耐候，干燥迅速，质量可靠。

1. 传统溶剂型清漆与聚氨酯水性漆的性能对比

传统溶剂型清漆与聚氨酯水性漆的性能对比见表3-5。

2. 施工工艺流程

基层清除→嵌批→润粉→着色→打磨→配料→油漆施涂。

表 3-5　传统溶剂型清漆与聚氨酯水性漆的性能对比

项目	聚氨酯水性漆	传统溶剂型清漆
环保性能	无毒、无臭、无污染、涂装后即可投入使用	有毒、有异味、有污染，涂饰后有害成分较长时间内难以散尽
有机溶剂	不含苯、醛、酯等有害溶剂	含有苯、醛、酯等有害溶剂
稀释剂	清水	香蕉水、二甲苯
施工技术	施工简单，容易掌握，不需要特殊技巧	操作复杂，不易掌握，须有专业技术
施工工期	全套涂饰过程一般需 2～3 d	全套涂饰过程一般需 4～8 d
显示性能	漆膜透明，可真实展现木纹效果	漆膜易发黄变色
安全性	运输贮存和使用较安全	运输、贮存和使用时容易发生燃烧爆炸等事故
单位面积用量	0.03～0.05 kg/m²(以一遍涂层计)	0.08～0.13 kg/m²(以一遍涂层计)
单位面积费用	20～35 元/m²	18～32 元/m²
涂膜附着力	特强	较强
干燥时间	表面干燥 15 min，实干小于 3 h	表面干燥 30 min，完全固化 12 h
稳定性	稳定	容易变干
流平性	优，涂刷无痕迹	较差，容易产生涂刷痕迹

3. 施工要点

(1)基层清除。基层清除工作是确保油漆涂刷质量的关键基础性工作，方法主要有手工清除、机械清除、化学清除和高温清除。其目的是清除被涂饰基层面上的灰尘、油渍、旧涂膜、锈迹等各种污染和疏松物质，或者改善基层原有的化学性质，以利于油漆涂层的附着效果和涂装质量。

(2)嵌批。嵌批是指在涂饰工程的基层表面涂抹刮平腻子。操作过程中不能随意减少腻子涂抹刮平的遍数，同时，必须待腻子完全干燥并打磨平整后才可进入下道工序，否则会严重影响饰面涂层的附着力和涂膜质量。

(3)润粉。润粉是指在木质材料面的涂饰工艺中，采用填孔料以填平管孔并封闭基层和适当着色，同时，可起到避免后续涂膜塌陷及节省涂料的作用。

(4)着色。在木质基面上涂刷着色剂，使之更符合装饰工程的色调要求，着色分水色、酒色和油色三种不同的做法。

(5)打磨。打磨是使用研磨材料对被涂饰物表面及涂饰过程的涂层表面进行研磨平整的工序，确保油漆涂层的平整光滑、附着力以及被涂饰物的棱角、线脚、外观质量等符合要求。

(6)配料。配料是确保饰面施工质量和装饰效果极其重要的环节，是指在施工现场根据设计、样板或操作所需，将油漆涂料饰面施工的原材料合理地按配合比调制出工序材料，如色漆调配、基层填孔料及着色剂的调配等。

(7)油漆施涂。

1)溶剂型油漆的施涂。主要采用刷涂、喷涂(包括空气喷涂和高压无气喷涂)、滚涂或擦涂的方法，应确保涂层的厚度和质量。

2)聚氨酯水性漆的施涂。要点如下：

①木质材料表面涂饰清漆时，可按下述工序进行：

a. 刷涂清漆1遍，补钉眼，用180号以上砂纸磨平；

b. 喷涂清漆1遍；

c. 采用复合底漆(取代普通腻子的作用)刮涂2遍，用400号以上砂纸磨平；

d. 喷涂清漆2～3遍，用1 000号以上砂纸磨平；

e. 喷涂防水清漆1遍。

②木质材料表面施涂色漆时，可按下述工序进行：

a. 先刷涂清漆1遍，补钉眼，用180号以上砂纸磨平；

b. 再喷涂清漆1遍；

c. 采用复合底漆(取代普通腻子的作用)刮涂2遍，用400号以上砂纸磨平；

d. 喷涂有色漆2～3遍，用400号以上砂纸磨平；

e. 喷涂清漆2～3遍，用1 000号以上砂纸磨平；

f. 最后喷涂防水清漆1遍。

③被涂饰物的面为水平面或平放状态时，漆层涂饰可以略厚；立面涂饰时要注意均匀薄刷，防止产生流坠。

④在进行最后一遍涂刷时，允许加入适量的清洁水将漆料调稀，以便涂刷均匀和较好地覆盖。

⑤根据施工环境空气中的干湿度，适当控制每遍漆层的厚薄及间隔时间，北方地区空气干燥时，涂饰可以略厚，间隔时间稍短；南方地区湿度较大时，涂饰可以略薄，间隔时间可以适当加长。

二、天然岩石漆涂饰施工

天然岩石漆也称为真石漆、石头漆、花岗石漆等，是由天然石料与水性耐候树脂混合加工制成的新产品，是资源再生利用的一种高级水溶性建筑装饰涂料。这种涂料不仅具有凝重、华美和高档的外观效果，而且具有坚硬耐用、防火隔热、防水耐候、耐酸碱、不褪色等优良特点，可用于混凝土、砌筑体、金属、塑料、木材、石膏、玻璃钢等材质表面的涂装，设计灵活，应用自由，施工简易。

1. 涂饰基层的要求

(1)被涂基体的表面不可有油脂、脱模剂或疏松物等影响涂膜附着力的物质，如果有此类物质应彻底清除。

(2)结构体不能有龟裂或渗漏，必要部位应先做好修补和防水处理。

(3)建筑基体应确保其干燥，新墙体应在干燥后24 h以上才可进行涂料的施涂。

(4)基层表面有旧涂膜时，应先做涂料附着力及溶剂破坏实验，合格后才能进行涂饰施工。否则，必须将旧涂膜清除干净。

(5)若被涂饰基层为木质材料时，应注意封闭木材色素的渗出对涂料饰面的影响，宜先涂布底漆两遍或两遍以上，直至木质材料基层表面看不出有渗透色现象为止。

2. 天然岩石漆的施工要点

在正式施工前，应对基层进行认真检查，确保基层符合涂料涂饰的要求。同时，应按设计要求进行试喷，作出小面积样板，以确定操作技巧及色彩和花样的控制标准。

(1)喷涂或滚涂底漆 1～2 遍，确保均匀并完全遮盖被涂的基层。

(2)待底漆涂层完全干燥(常温下一般为 3～6 h)后，即可均匀喷涂主涂层涂料 1～2 遍，一般掌握 6～8 kg/m^2 的用量，涂层厚度为 1.5～3.0 mm，应能够完全覆盖底漆表面。

(3)待主漆涂层彻底干燥后，均匀喷涂或滚涂罩面漆，面漆一般为特殊水溶性矿物盐及高分子的结合物。这样可以增加美感并延长饰面的寿命。

(4)岩石漆喷涂施工时，需使用相应的专门喷枪，并应按下述方法操作：

1)检查各紧固连接部位是否有松动现象；

2)调整控制开关以控制工作时的气压；

3)旋转蝶形螺帽，变动气嘴前后位置，以调整饰面的粒状(花点)大小；

4)合理控制喷枪的移动速度；

5)气嘴口径有 1.8 mm 和 2.2 mm 等多种，涂料嘴内径可分为 4 mm、6 mm、8 mm 等，可按需要配套选用；

6)用完后注意及时洗净、清除气管与固定节间的残余物，以防止折断气管。

7)在岩石漆的主涂层干燥后，应注意检查重要大面部位，以及窗套、线脚、廊柱或各种艺术造型转角细部，是否有过分尖利锐角影响美观和使用安全，否则应采取必要的磨除技术措施。

三、乳胶漆涂料施工

(一)“水性封墙底漆”施工

“水性封墙底漆”为改良的丙烯酸共聚物乳胶漆产品，适用于砖石建筑结构墙体的表面、混凝土墙体的表面、水泥砂浆抹灰层表面及各种板材表面，特别适用于建筑物内外结构高碱性表面作基层封闭底漆，可有效地保护饰面层乳胶漆漆膜不受基体的化学侵蚀而遭破坏变质。

1.“水性封墙底漆”的技术性能

“水性封墙底漆”具有附着力强、防霉抗藻性能好、抗碱性能优异、抗风化粉化、固化速度快等突出优点。该产品的主要技术性能，见表 3-6。

表 3-6 “水性封墙底漆”主要技术性能

项目	技术性能指标
容器中的状态	均匀白色粘稠液体
固体含量/%	>50(体积计)
表面密度/(kg·L^{-1})	1.42±0.03
黏度(K 值，KUB 法)/(MPa·s)	80～85
涂膜表面干燥时间/min	10(30 ℃)
涂层重涂时间/h	5
盖耗比(理论值，30 μm 干膜厚度计)/(m^2·L^{-1})	12.7

2.“水性封墙底漆”的基层处理

“水性封墙底漆”采用刷涂或滚涂方式进行施涂，要求被封闭的基层应确保表面洁净、干燥，并应整体稳固。因此，对基层的处理应注意以下事项：

(1)对于基层表面的灰尘粉末，应当彻底清除干净，室外可用高压水冲洗，室内可用湿布擦净。

(2)旧漆膜或模板脱模剂等，采用相应的物理化学方法进行清除，如冲洗、刮除、火焰清除等。

(3)基层不平整或残留灰浆，应采用剔凿或机具进行打磨；必要时采用相同的水泥砂浆予以修补平整。

(4)基层的含水率必须控制在小于6%；并严格防止建筑基体的渗漏缺陷。

(5)基层表面的霉菌，采用高压水冲洗；或用抗霉溶剂清除后，再用清水彻底冲洗干净。

(6)对于油脂污渍，可用中性清洁剂及溶剂清除，再用清水彻底洗净。

(二)丝绸乳胶漆施工

柏纷牌丝绸乳胶漆为特殊改良的醋酸共聚乳胶漆内墙涂料，可用于混凝土、水泥砂浆及木质材料等各种表面的具有保护性能的涂膜装饰。漆面有丝绸质感及淡雅柔和的丝光效果。施工比较简易，具有防碱的性能。

1. 丝绸乳胶漆的技术性能

(1)固体含量。丝绸乳胶漆的固体含量与“水性封墙底漆”差不多，一般大于48%(体积计)。

(2)表观密度。丝绸乳胶漆的表观密度与“水性封墙底漆”相同，一般为(1.42±0.03)kg/L。

(3)黏度。丝绸乳胶漆比“水性封墙底漆”的黏度稍大些，一般为96 kU。

2. 丝绸乳胶漆的使用方法

丝绸乳胶漆可采用刷涂、滚涂或喷涂的方法施涂，可选用其色卡所示的标准色，也可由用户提出要求进行配制。其施工温度要求大于5 ℃；在“水性封墙底漆”干燥后，涂饰丝绸面漆两遍，二者间隔时间至少要2 h；可用清水进行稀释，但加水率不得大于10%。

所有工具在用完后应及时用清水冲洗干净，施工时尽可能避免直接接触皮肤。涂料贮存环境应当阴凉干燥，其保质期一般为36个月。

(三)珠光乳胶漆施工

珠光乳胶漆为改良的苯丙共聚物乳胶漆，继承了水性与油性漆的共同优点，是一种漆膜细滑并有光泽的装饰性涂料，可用于建筑内墙或建筑外墙。施工后形成的漆膜坚韧耐久，无粉化或爆裂等不良现象，不褪色，抗水性能佳，容易清洗，耐候性能优异。

1. 珠光乳胶漆的技术性能

(1)固体含量：(37±3)%(以体积计)。

(2)表观密度：(1.42±0.03)kg/L(白色)。

(3)干燥时间：30 min触干；1 h硬固。

(4)重涂时间：至少2 h。

2. 珠光乳胶漆的施工要点

(1)基层处理。做法同上述，必要时用防藻、防霉溶液清洗缺陷部位。

(2)涂底漆。在处理好的基层表面，宜涂刷一道封闭底漆。

(3)涂珠光漆。涂珠光乳胶漆可采用刷涂、滚涂或高压无气喷涂，先后涂饰2层。如需进行稀释，可用清水，但加水量应≤15%。涂布盖耗比的理论值为9.3 m^2/L(以40 μm的涂膜厚度计)。施工温度应大于5 ℃。

(四)外墙乳胶漆施工

1. 半光外墙乳胶漆

半光外墙乳胶漆5 100产品，是以苯丙乳液为基料的高品质半光水性涂料，对建筑外墙面提供保护和装饰作用。该产品具有优良的附着力，涂膜色泽持久，能抵御天气变化，能抵抗碱和一般化学品的侵蚀，不易黏尘，并具有防霉性能。

(1)技术参数。半光外墙乳胶漆的固体含量为40%；颜色按内墙产品的标准色选择，有6 000类、7 000类和8 000类标准颜色。涂层施工后2 h表干，8 h坚硬固结；当施工温度为25 ℃、相对湿度为70%时，重涂间隔时间至少在3 h以上。

(2)基层处理。基层应当清除污垢及黏附的杂质，其表面应保持洁净、干燥，并已经涂刷底漆。旧墙表面可用钢丝刷清除松浮或脱落的旧漆膜，在涂漆前用钢丝刷或高压洗墙机除去粉化漆膜，再涂刷底漆。

(3)施工操作。可以采用人工刷涂、滚涂、普通喷涂或无气喷涂，涂料不需要进行稀释。如果需要稀释时，普通喷涂为10份油漆加2份清水，其他做法为10份油漆加1份清水。涂料的理论耗用量为7.6 m^2/L(以涂膜厚度50 μm计)。

(4)注意事项。半光外墙乳胶漆的贮存和使用，应当注意以下事项：

1)该产品不能贮存于温度低于0 ℃的环境中，在涂饰施工时的温度不得低于5 ℃；

2)在涂饰过程中必须注意空气的流通，并应避免沾染皮肤及吸入过量的油漆喷雾；

3)如果涂料已沾染皮肤，应及时用肥皂和温水，或适当的清洗剂冲洗。如果被涂料沾染了眼睛，应立即用清水或稀释的硼酸冲洗至少10 min，并立即请医生治疗。

2. 高光外墙乳胶漆

高光外墙乳胶漆5 300型产品，是以纯丙烯酸为基料的高品质、高光泽外用乳胶漆，涂膜坚固，附着力强，具有特别的耐变黄性及优良的抗霉性能，色泽持久，能抵抗一般酸、碱、溶剂及化学品的侵蚀，并能抵御各种天气变化。

(1)主要技术参数。高光外墙乳胶漆产品的主要技术性能和施工参数如下。

1)固体含量一般为55%。

2)理论涂布耗用量9.0 m^2/L(以涂膜厚度50 μm计)。

3)重涂时间间隔在施工温度25 ℃、相对湿度为60%～70%情况下，最少6 h，最多不限。

4)涂膜干燥时间在施工温度25 ℃、相对湿度为70%情况下检测，表面干燥2 h，坚硬固结为24 h。

5)色彩选择按内墙乳胶漆6 000类、7 000类和8 000类标准颜色选定。

(2)基层处理。先清洁基层表面并保持干燥，旧墙面可用钢丝刷清除松软的旧漆膜或用高压洗墙机除去粉化旧漆膜。涂刷适当的底漆，干透后除去杂质。

(3)涂装施工。在涂装该产品时，施工的环境温度不得低于 5 ℃，并应注意以下要点：

1)可采用扫涂(刷涂)、滚涂、普通喷涂或高压无气喷涂的施工方法。

2)采用刷涂、滚涂及无气喷涂做法时，无须稀释涂料就可以施工。在采用普通喷涂施工时，如果需要对涂料加以稀释，可加入小于乳胶漆用量 20%的清洁水进行稀释。

3)施工时必须注意空气流通；应尽可能避免沾染皮肤或吸入过量的涂料喷雾。若已经沾染皮肤，应及时用肥皂和温水，或适当的清洗剂冲洗。如果被涂料沾染了眼睛，应立即用清水或稀释的硼酸冲洗至少 10 min，并立即请医生治疗处理。

(4)产品贮存。该产品应贮存于阴凉干燥的地方，贮存的环境温度不得低于 0 ℃；产品所贮存的位置，应是儿童不可接触到的地方。

四、涂料类饰面工程实例

××宾馆乳胶漆饰面施工方案

(一)施工准备

1. 材料质量要求

(1)涂料。设计规定的乳胶漆，应有产品合格证及使用说明。

(2)调腻子用料。滑石粉或大白粉、石膏粉、羧甲基纤维素、聚醋酸乙烯乳液。

(3)颜料。各色有机或无机颜料。

2. 主要施工机具

高凳、脚手板、小铁锹、擦布、开刀、胶皮刮板、钢片刮板、腻子托板、扫帚、小桶、大桶、排笔、刷子等。

3. 作业条件

(1)墙面应基本干燥，基层含水率不大于 10%。

(2)抹灰作业全部完成，过墙管道、洞口、阴阳角等处应提前抹灰找平修整，并充分干燥。

(3)门窗玻璃安装完毕，湿作业的地面施工完毕，管道设备试压完毕。

(4)冬期要求在采暖条件下进行，环境温度不低于 5 ℃。

(二)施工工艺

1. 施工工艺流程

清理墙面→修补墙面→刮腻子→刷第一遍乳胶漆→刷第二遍乳胶漆→刷第三遍乳胶漆。

2. 施工要点

(1)清理墙面。将墙面起皮及松动处清除干净，并用水泥砂浆补抹，将残留灰渣铲干净，然后将墙面扫净。

(2)修补墙面。用水石膏将墙面磕碰处及坑洼缝隙等处找平，干燥后用砂纸将凸出处磨掉，将浮尘扫净。

(3)刮腻子。刮腻子遍数可由墙面平整程度决定，一般情况为三遍，腻子质量配合比为乳胶：滑石粉(或大白粉)：2%羧甲基纤维素＝1：5：3.5。厨房、厕所、浴室用聚醋酸乙烯乳液：水泥：水＝1：5：1耐水性腻子。第一遍用胶皮刮板横向满刮，一刮板紧接着一刮板，接头不得留槎，每刮一刮板最后收头要干净利落。干燥后磨砂纸，将浮腻子及斑迹磨光，再将墙面清扫干净。第二遍用胶皮刮板竖向满刮，所用材料及方法同第一遍腻子，干燥后砂纸磨平并清扫干净。第三遍用胶皮刮板找补腻子或用钢片刮板满刮腻子，将墙面刮平刮光，干燥后用细砂纸磨平磨光，不得遗漏或将腻子磨穿。

(4)刷第一遍乳胶漆。涂刷顺序是先刷顶板后刷墙面，墙面是先上后下。先将墙面清扫干净，用布将墙面粉尘擦掉。乳胶漆用排笔涂刷，使用新排笔时，将排笔上的浮毛和不牢固的毛理掉。乳胶漆使用前应搅拌均匀，适当稀释，防止头遍漆刷不开。干燥后复补腻子，再干燥后用砂纸磨光，清扫干净。

(5)刷第二遍乳胶漆。操作要求同第一遍，使用前充分搅拌，如不很稠，不宜加水，以防透底。漆膜干燥后，用细砂纸将墙面小疙瘩和排笔毛打磨掉，磨光滑后清扫干净。

(6)刷第三遍乳胶漆。做法同第二遍乳胶漆。由于乳胶漆膜干燥较快，应连续迅速地操作，涂刷时从一头开始，逐渐刷向另一头，要上下顺刷、互相衔接，后一排笔紧接前一排笔，避免出现干燥后接头。

(三)成品保护

(1)涂料墙面未干前室内不得清刷地面，以免粉尘沾污墙面，漆面干燥后不得挨近墙面泼水，以免泥水沾污。

(2)涂料墙面完工后要妥善保护，不得磕碰损坏。

(3)涂刷墙面时，不得污染地面、门窗、玻璃等已完工程。

第五节　裱糊与软包饰面工程施工技术

裱糊与软包饰面工程是建筑工程中不可缺少的重要组成。裱糊工程是指在建筑物的内墙和柱子表面粘贴纸张、塑料壁纸、玻璃纤维墙布、锦缎等材料。裱糊主要是美化居住环境，对墙体有一定的保护作用。软包是指一种在室内墙表面用柔性材料加以包装的墙面装饰方法。软包除美化空间的作用外，更重要的是它具有吸声、隔声、防潮、防撞的功能。

一、裱糊饰面工程施工

1. 基本构造

裱糊饰面是指将各种墙纸、织物、金属箔、微薄木等卷材粘贴在内墙面的一种饰面。这类饰面装饰性好，且材料品种繁多、色彩丰富、花纹图案变化多端，广泛用于宾馆、会议室、办公室及家庭居室的内墙装饰。其中，墙纸类裱糊饰面的基本构造如图3-11所示。

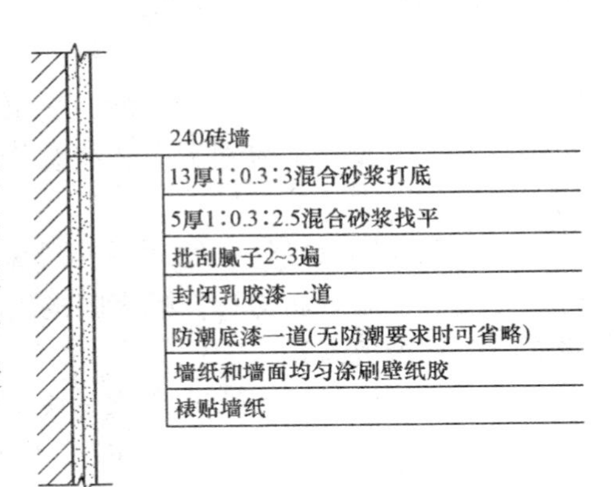

图3-11　墙纸饰面构造

2. 材料质量要求

(1)裱糊面材由设计规定，以样板的方式由甲方认定，并一次备足同批的面材，以免不同批次的材料产生色差，影响同一空间的装饰效果。

(2)壁纸、墙布的种类、规格、图案、颜色和燃烧性能等级必须符合设计要求及现行国家标准的有关规定。进场材料应检查产品的合格证书、性能检测报告，并做好进场验收记录。

(3)建筑材料和装修材料的检测项目不全或对检测结果有疑问时，必须将材料送有资格的检测机构进行检验，检验合格后方可使用。

(4)民用建筑工程室内装修所采用的水性涂料、水性胶黏剂、水性处理剂必须有总挥发性有机化合物(TVOC)和游离甲醛含量检测报告；溶剂型涂料、溶剂型胶黏剂必须有总挥发性有机化合物(TVOC)、苯、游离甲苯二异氰酸酯(TDI)(聚氨酯类)含量检测报告，并应符合设计要求和《民用建筑工程室内环境污染控制规范(2013 版)》(GB 50325—2010)的规定。

3. 施工工艺流程

基层处理→涂底胶→弹线、预拼→测量、裁纸→润纸→刷胶→裱糊→修整。

4. 施工要点

(1)基层处理。不同材质的基层应有不同的处理方法，具体要求如下：

1)混凝土及抹灰基层处理。混凝土墙面及用水泥砂浆、混合砂浆、石灰砂浆抹灰墙面裱糊壁纸、墙布前，要满刮腻子一遍，并用砂纸打磨。这些墙面的基层表面如有麻点、凹凸不平或孔洞时，应增加刮腻子和砂纸打磨的遍数。

处理好的底层应该平整光滑，阴、阳角线通畅、顺直，无裂纹、崩角，无砂眼、麻点。特别是阴角、阳角、窗台下、暖气炉片后、明露管道后及与踢脚连接处应仔细处理到位。

2)木质基层处理。木质基层要求接缝不显接槎，接缝、钉眼应用腻子补平，并满刮油性腻子两遍，用砂纸磨平。第一遍满刮腻子主要是找平大面，第二遍可用石膏腻子找平，腻子的厚度应减薄，可在该腻子五六成干时，用塑料刮板有规律地压光，最后用干净的抹布轻轻将表面灰粒擦净。

如果是要裱糊金属壁纸，批刮腻子应三遍以上，在找补第二遍腻子时采用石膏粉配猪血料调制腻子，其配合比为 10∶3(质量比)。批刮最后一遍腻子并打平后，用软布擦净。

3)石膏基层处理。纸面石膏板墙面裱糊塑料壁纸时，板面要先以油性石膏腻子找平。板面接缝处用嵌缝石膏腻子及穿孔纸带进行嵌缝处理；无纸面石膏板墙面裱糊壁纸时，应先在板面满刮一遍乳胶石膏腻子，以确保壁纸与石膏板面的黏结强度。

4)旧墙基层处理。首先，用相同砂浆修补旧墙表面脱灰、孔洞、空裂等较大缺陷，其次用腻子找补麻点、凹坑、接缝、裂纹，直到填平，然后满刮腻子找平。如果旧墙上有油漆或污渍，应先将其清理干净。注意修补的砂浆应与原基层砂浆同料、同色，避免基层颜色不一致。

5)不同基层对接处的处理。不同基层材料的相接处，如石膏板与木夹板、水泥抹灰面与木夹板、水泥基面与石膏板之间的对缝，应用棉纸带或穿孔纸带粘贴封口，防止裱糊的壁纸面层被拉裂撕开。

(2)涂底胶。为防止基层吸水过快，用排笔在基层表面先涂刷 1～2 遍胶水(801 胶∶水＝1∶1)或清油做底胶进行封闭处理，涂刷时要均匀、不漏刷。

(3)弹线、预拼。裱糊前应按壁纸的幅宽弹出分格线。分格线一般以阴角做取线位置，先用粉线在墙面上弹出垂直线，两垂线间的宽度应小于壁纸幅宽 10～20 mm。每面墙面的第一幅壁纸的位置都要挂垂线找直，作为裱糊时的准线，以确保第一幅壁纸垂直粘贴。有窗口的墙面要在窗口处弹出中线，然后由中线按壁纸的幅宽往两侧分线；如果窗口不在墙面的中间，为保证窗间墙的阳角花纹、图案对称，要弹出窗间墙的中心线，再往其两侧弹出分格线。壁纸粘贴之前，应按弹线的位置进行预拼、试贴，检查拼缝的效果，以便能够准确地决定裁纸的边缘尺寸及花纹、图案的拼接。

(4)测量、裁纸。壁纸裁割前，应先量出墙顶到墙脚的高度，考虑修剪量，两端各留出30～50 mm，然后剪出第一段壁纸。有图案的材料，应将图形自墙的上部开始对花，然后由专人负责，统筹规划小心裁割，并编上号，以便按顺序粘贴。裁纸下刀前应复核尺寸有无出入，确认以后，尺子压紧壁纸后不得再移动，刀刃紧贴尺边，一气呵成，中途不得停顿或变换持刀角度。裁好的壁纸要卷起来放，且不得立放。

(5)润纸。裁下的壁纸不要立即上墙粘贴，由于壁纸遇到水或胶液后，即会开始自由膨胀，为5～10 min后胀完，干后又自由收缩，自由胀缩的壁纸，其横向膨胀率为0.5%～1.2%，收缩率为0.2%～0.8%。因此，要先将裁下的壁纸置于水槽中浸泡几分钟，或在壁纸背面满刷一遍清水，静置至壁纸充分胀开，也可以采取将壁纸刷胶后叠起来静置10 min，让壁纸自身湿润，不然在墙面上会出现大量的气泡、皱褶而达不到裱糊的质量要求。

(6)刷胶。将浸过水的壁纸取出并擦掉纸面上的附着水，将已裁好的壁纸图案面向下铺设在台案上，一端与台案边对齐，平铺后多余部分可垂于台案下，然后分段刷胶黏剂，涂刷时要薄而匀，严防漏刷。

(7)裱糊。

1)裱糊时分幅顺序一般为从垂直线起至墙面阴角收口处止，由上而下，先立面(墙面)后平面(顶棚)，先小面(细部)后大面。顶棚梁板有高差时，壁纸裱贴应由低到高进行。须注意每裱糊2～3幅壁纸后，都应吊垂线检查垂直度，以避免出现累计误差。有花纹图案的壁纸，则采取将两幅壁纸花饰重叠对准，用合金铝直尺在重叠处拍实，从上而下切割的方法。切去余纸后，对准纸缝粘贴。阴、阳角处应增涂胶黏剂1～2遍，阳角要包实，不得留缝，阴角要贴平。与顶棚交接的阴角处应做出记号，然后用刀修齐，如图3-12所示。每张壁纸粘贴完毕后，应随即用清水浸湿的毛巾将拼缝中挤出的胶液全部擦干净，同时也进一步做好了敷平工作。壁纸的敷平可依靠薄钢片刮板或胶皮刮板由上而下抹刮，对较厚的壁纸则可用胶辊滚压来达到敷平目的。

2)为了防止使用时碰、划而使壁纸开胶，因而严禁在阳角处甩缝，壁纸要裹过阳角不小于20 mm。阴角壁纸搭缝时，应先裱糊压在里面的壁纸，再粘贴搭在上面的壁纸，搭接面应根据阴角垂直度而定，搭接宽度一般不小于2～3 mm。但搭接的宽度也不宜过大，否则会形成一个不够美观的褶痕。注意保持垂直无毛边。

3)遇有墙面卸不下来的设备或附件，裱糊壁纸时，可在壁纸上剪口。

4)顶棚裱糊，第一张纸通常应从房间长墙与顶棚相交之阴角处开始裱糊，以减少接缝数量，非整幅纸应排在光线不足处。裱糊前应事先在顶棚上弹线分格，并从顶棚与墙顶端交接处开始分排，接缝的方法类似于墙阴角搭接处理。裱糊时，将已刷好胶并按S形叠好的壁纸用木板支托起来，依弹线位置裱糊在顶棚上，裱糊一段，展开一段，直至全部裱糊至顶棚后，用滚筒滚压平实赶出空气，如图3-13所示。

(8)修整。壁纸裱糊完毕，应立即进行质量检查，发现不符合质量要求的问题，要采取相应的补救措施。

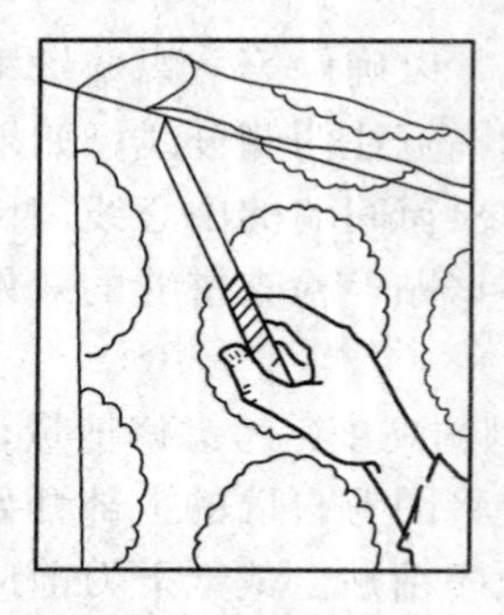

图 3-12　顶端修齐

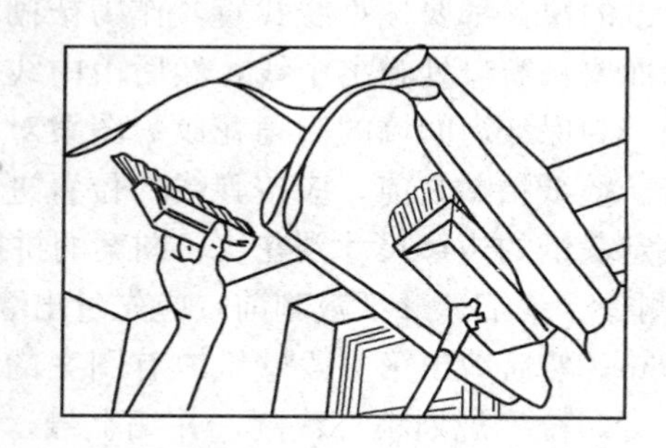

图 3-13　裱糊顶棚

1)壁纸局部出现皱纹、死褶时，应趁壁纸未干，用湿毛巾抹湿纸面，使壁纸润湿后，用手慢慢将壁纸舒平，待无皱折时，再用橡胶滚筒或胶皮刮板赶平。若壁纸已干结，则要撕下壁纸，把基层清理干净后，再重新裱贴。

2)壁纸面层局部出现空鼓，可用壁纸刀切开，补涂胶液重新压复贴牢，小的气泡可用注射器对其放气，然后注入胶液，重新粘牢修理后的壁纸面均需随手将溢出表面的余胶用洁净湿毛巾擦干净。

3)壁纸翘边、翻角，要翻起卷边的壁纸，查明原因。若查出基层有污物而导致黏结不牢，应立即将基层清理干净后，再补刷胶黏剂重新贴牢；若发现是胶黏剂的黏结力不够，要换用胶黏性大的胶黏剂粘贴。

4)裱糊施工中碰撞损坏的壁纸，可采取挖空填补的方法，填补时将损坏的部分割去，然后按形状和大小，对好花纹补上，要求补后不留痕迹。

二、软包饰面工程施工

软包饰面是室内高级装饰的一种做法，具有柔软、温馨、消声的特点，适用于多功能厅、KTV 间、餐厅、剧院、会议厅(室)等。

1. 基本构造

软包饰面基本构造如图 3-14 所示。

2. 材料质量要求

(1)软包面料、内衬材料及边框材料的颜色、图案、燃烧性能等级和木材的含水率应符合设计要求及国家现行标准的有关规定。

(2)检查产品合格证书、进场验收记录和性能检测报告。民用建筑工程所用无机非金属装修材料，其放射性指标限量应符合表 3-7 的规定。

3. 施工工艺流程

基层或底板处理→弹线、分格→钻孔打入木楔→墙面防潮→装钉木龙骨→铺设胶合板→粘贴面料→线条压边。

4. 施工要点

(1)基层或底板处理。在结构墙上预埋木砖，抹水泥砂浆找平层。如果是直接铺贴，则应先将底板拼缝用油腻子嵌平密实，满刮腻子 1～2 遍，待腻子干燥后，用砂纸磨平，粘贴前基层表面刷清油一道。

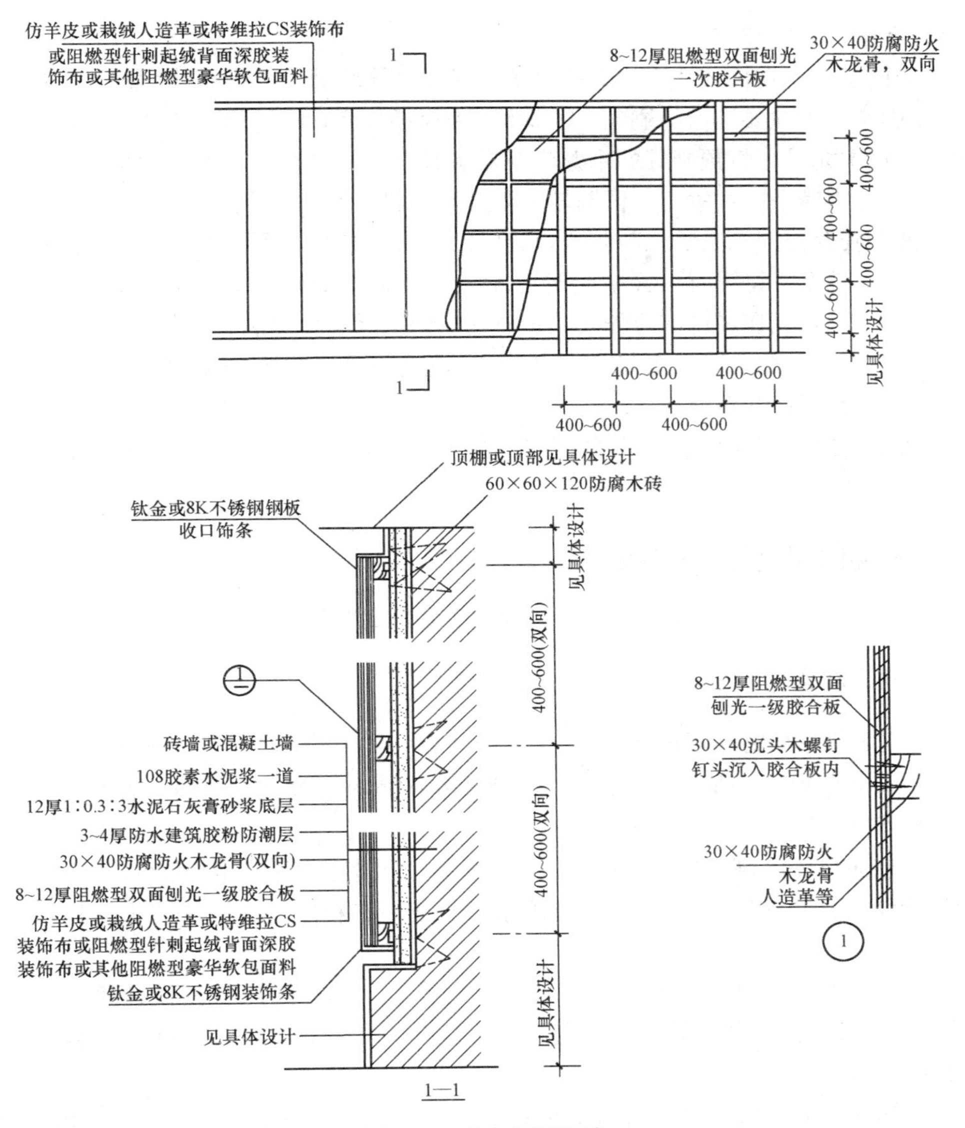

图 3-14　软包饰面构造

(2)弹线、分格。根据软包面积、设计要求、铺钉的木基层胶合板尺寸，用吊垂线法、拉水平线及尺量的办法，借助+50 cm水平线确定软包墙的厚度、高度及打眼的位置。分格大小为300～600 mm见方。

表 3-7　无机非金属装修材料放射性指标限量

测定项目	限量	
	A	B
内照射指数 I_{Ra}	≤1.0	≤1.3
外照射指数 I_{γ}	≤1.3	≤1.9

(3)钻孔打入木楔。孔眼位置在墙上弹线的交叉点，用冲击钻头钻孔。木楔经防腐处理

后，打入孔中，塞实塞牢。

(4)墙面防潮。在抹灰墙面涂刷冷底子油或在砌体墙面、混凝土墙面铺油毡或油纸做防潮层。涂刷冷底子油要满涂、刷匀，不漏涂；铺油毡、油纸要满铺、铺平，不留缝。

(5)装钉木龙骨。将预制好的木龙骨架靠墙直立，用水准尺找平、找垂直，用钢钉钉在木楔上，边钉边找平、找垂直。凹陷较大处应用木楔垫平钉牢。

(6)铺设胶合板。木龙骨架与胶合板接触的一面应平整，不平的要刨光。用气钉枪将三合板钉在木龙骨上。钉固时从板中向两边固定，接缝应在木龙骨上且钉头没入板内，使其牢固、平整。三合板在铺钉前应先在其板背涂刷防火涂料，涂满、涂匀。

(7)粘贴面料。如采取直接铺贴法施工时，应待墙面细木装修基本完成时，边框油漆达到交活条件，方可粘贴面料。

(8)线条压边。在墙面软包部分的四周进行木、金属压线条，盖缝条及饰面板等镶钉处理。

三、裱糊与软包工程实例

××饭店软包工程施工方案

(一)施工准备

1. 轻钢龙骨吊顶材料质量要求

(1)软包墙面木框、龙骨、底板、面板等木材的树种、规格、等级、含水率和防腐处理必须符合设计要求。

(2)软包面料、内衬材料及边框的材质、颜色、图案、燃烧性能等级应符合设计要求及现行国家标准的有关规定，具有防火检测报告。普通布料须进行两次防火处理，并经检测合格。

(3)龙骨一般用红白松烘干料，含水率不大于12%，厚度应根据设计要求，不得有腐朽、节疤、劈裂、扭曲等疵病，并预先经防腐处理。龙骨、衬板、边框应安装牢固，无翘曲，拼缝应平直。

(4)外饰面用的压条分格框料和木贴脸等面料，一般采用工厂经烘干加工的半成品料，含水率不大于12%。

(5)胶黏剂采用立时得粘贴，不同部位采用不同胶黏剂。

2. 主要施工机具

工作台、电锯、电刨、冲击钻、手枪钻、钢板尺、裁织革刀、毛巾、油工刮板、小辊、毛刷、排笔、擦布或棉丝、砂纸、盒尺、锤子、木工凿子、线锯、铝制水平尺、方尺、粉线包、墨斗、小白线、笤帚、托线板、线坠、红铅笔、工具袋等。

3. 作业条件

(1)结构工程已完工，并通过验收。

(2)室内已弹好+50 cm水平线和室内顶棚标高已确定。

(3)墙内的电器管线及设备底座等隐蔽物件已安装好，并通过检验。

(4)室内消防喷淋、空调冷冻水等系统已安装好，且通过打压试验合格。

(5)室内抹灰工程已经完成。

(二)施工工艺

1. 工艺流程

基层处理→弹线、预制木龙骨架→钻孔、打入木楔→防潮层→装钉木龙骨→铺钉胶合板→制作软包面层。

2. 操作要点

(1)基层处理。人造革软包要求基层牢固、构造合理。如果将它直接装设于建筑墙体及柱体表面，为防止墙体柱体的潮气使其基面板底翘曲变形而影响装饰质量，要求基层做抹灰和防潮处理。

(2)弹线、预制木龙骨架。用吊垂线法、拉水平线及尺量的办法，借助+50 cm 水平线，确定软包墙的厚度、高度及打眼位置等(用 25 mm×30 mm 的方木，按 300 mm 或 400 mm 见方的分挡)，采用凹槽榫工艺，制作成木龙骨框架。木龙骨架的大小，可根据实际情况加工成一片或几片拼装到墙上。做成的木龙骨架应刷涂防火漆。

(3)钻孔、打入木楔。孔眼位置在墙上弹线的交叉点，孔距为 600 mm 左右，孔深为 60 mm，用 $\phi 6 \sim \phi 20$ 冲击钻头钻孔。木楔经防腐处理后，打入孔中，塞实塞牢。

(4)防潮层。在抹灰墙面涂刷冷底子油或在砌体墙面、混凝土墙面铺沥青油毡或油纸做防潮层。涂刷冷底子油要满涂、刷匀，不漏涂；铺油毡、油纸，要满铺、铺平、不留缝。

(5)装钉木龙骨。将预制好的木龙骨架靠墙直立，用水准尺找平、找垂直，用钢钉钉在木楔上，边钉边找平，找垂直。凹陷较大处应用木楔垫平钉牢。

(6)铺钉胶合板。木龙骨架与胶合板接触的一面应刨光，使铺钉的三合板平整。用气钉枪将三合板钉在木龙骨上，钉固时从板中向两边固定，接缝应在木龙骨上且钉头没入板内，使其牢固、平整。三合板在铺钉前，应先在板背面涂刷防火涂料，要涂满、涂匀。

(7)制作软包面层。

1)在木基层上铺钉九厘板。依据设计图在木基层上划出墙、柱面上软包的外框及造型尺寸线，并按此尺寸线锯割九厘板拼装到木基层上，九厘板围出来的部分为准备做软包的部分。

2)按九厘板围出的软包的尺寸，裁出所需的泡沫塑料块，并用建筑胶粘贴于围出的部分。

3)从上往下用织锦缎包覆泡沫塑料块。先裁剪织锦缎和压角木线，木线长度尺寸按软包边框裁制，在 90°角处按 45°割角对缝，织锦缎应比泡沫塑料块周边宽 50～80 mm。将裁好的织锦缎连同作保护层用的塑料薄膜覆盖在泡沫塑料上，用压角木线压住织锦缎的上边缘，展平、展顺织锦缎以后，用气钉枪钉牢木线。然后拉捋、展平织锦缎，钉织锦缎下边缘木线。用同样的方法钉左右两边的木线。压角木线要压紧、钉牢，织锦缎面应展平不起皱。最后沿木线的外缘(与九厘板接缝处)裁下多余的织锦缎与塑料薄膜。

(三)成品保护

(1)施工过程中对已完成的其他成品注意保护，避免损坏。

(2)施工结束后将面层清理干净，现场垃圾清理完毕。清理时应避免扫起灰尘，造成软包二次污染。

(3)软包相邻部位需作油漆或其他喷涂时，应用纸胶带或废报纸进行遮盖，避免污染。

本章小结

墙柱属于建筑物的竖向构件，对建筑物的空间起着分隔和支撑的作用。墙柱装饰主要包括抹灰类饰面、贴面类饰面、罩面板类饰面、涂料类饰面及裱糊与软包饰面等。抹灰工程是墙柱面装饰中最常用、最基本的做法，一般分为一般抹灰和装饰抹灰；贴面类饰面工程按所在部位不同，可以分为外墙饰面工程和内墙饰面工程两部分；罩面板类饰面也称镶板类饰面，是指用竹木及其制品、石膏板、矿棉板、塑料板、玻璃、薄金属板材等材料制成的饰面板，通过镶、钉、拼、贴等施工方法构成的墙面饰面；涂料类饰面是指在墙面基层上，经批刮腻子处理使墙面平整，然后将所选定的建筑涂料刷于墙的表面所形成的一种饰面；裱糊与软包饰面工程是建筑工程中不可缺少的重要组成，裱糊工程是指在建筑物的内墙和柱子表面粘贴纸张、塑料壁纸、玻璃纤维墙布、锦缎等材料。通过本章内容的学习应掌握不同类型墙柱面装饰所用的施工材料要求和施工技术要求。

复习思考题

一、填空题

1. 用于一般抹灰施工的胶凝材料主要有________、________、________、________、________、________等。

2. 用于抹灰工程的细集料主要有________、________、________等。

3. 用于一般抹灰工程的纤维材料，主要有________、________和________等。

4. 干粘石的面层施工后应加强养护，在________h后，应洒水养护2～3 d。

5. 陶瓷马赛克的镶贴方法有________、________和________三种。

6. 石材贴挂饰面的施工方法主要有________、________等。

7. 木质罩面板主要由________及________两部分组成。

二、选择题

1. 抹灰用石灰必须先熟化成石灰膏，常温下石灰的熟化时间不得少于(　　)d，不得含有未熟化的颗粒。

A. 5　　B. 10　　C. 15　　D. 20

2. 用于一般抹灰工程的炉渣，其粒径不得大于(　　)mm。

A. 1.0～1.2　　B. 1.2～2.0　　C. 2.0～2.2　　D. 2.2～2.5

3. 用于抹灰工程的膨胀珍珠岩，宜采用中级粗细粒径混合级配，堆积密度宜为(　　)kg/m^3。

A. 60～100　　B. 80～100　　C. 80～150　　D. 100～150

4. 水刷石抹完第二天起要洒水养护，养护时间不少于(　　)d。

A. 5　　B. 7　　C. 9　　D. 11

5. 瓷砖镶贴施工要求瓷砖的吸水率小于(　　)%。

A. 10　　B. 12　　C. 14　　D. 16

6. 丝绸乳胶漆的固体含量一般大于(　　)%(体积计)。

A. 28　　B. 38　　C. 48　　D. 58

7. 半光外墙乳胶漆的固体含量为(　　)%。

A. 20　　B. 30　　C. 40　　D. 50

8. 为了防止使用时碰、划而使壁纸开胶，因而严禁在阳角处甩缝，壁纸要裹过阳角不小于(　　)mm。

A. 20　　B. 30　　C. 40　　D. 50

三、问答题

1. 简述内墙、外墙一般抹灰的工艺流程。
2. 外墙抹灰基层处理应做好哪些工作?
3. 斩假石抹灰饰面施工材料应符合哪些要求?
4. 假面砖抹灰饰面施工应符合哪些要求?
5. 使用专门喷枪进行天然岩石喷涂施工应如何操作?
6. 如何进行“水性封墙底漆”的基层处理?
7. 珠光乳胶漆施工应注意哪些?
8. 半光外墙乳胶漆的贮存和使用，应当注意哪些?

第四章　吊顶装饰施工技术

学习目标

了解吊顶装饰构造类型；熟悉不同类型吊顶的构造和施工工艺；掌握不同类型吊顶施工所用材料和施工技术要求。

能力目标

通过本章内容的学习，能够进行不同类型吊顶施工的材料选择，并能够根据设计和规范要求进行各类型吊顶的装饰施工。

吊顶又称为顶棚、天花板，吊顶的装饰效果直接影响整个建筑空间的装饰效果。吊顶按照安装方式不同可分为直接式吊顶、悬吊式吊顶和配套组装式吊顶；按照结构形式不同可分为活动式吊顶、固定式吊顶和开敞式吊顶。

吊顶

第一节　木龙骨吊顶施工技术

一、木龙骨吊顶基本构造

木龙骨吊顶是以木质龙骨为基本骨架，配以胶合板、纤维板等作为饰面材料组合而成的吊顶体系。木龙骨吊顶适用于小面积的、造型复杂的悬吊式顶棚，其施工速度快、易加工，但防火性能差，常用于家庭装饰装修工程。

木龙骨吊顶主要由吊点、吊杆、木龙骨和面层组成。其基本构造如图 4-1 所示。

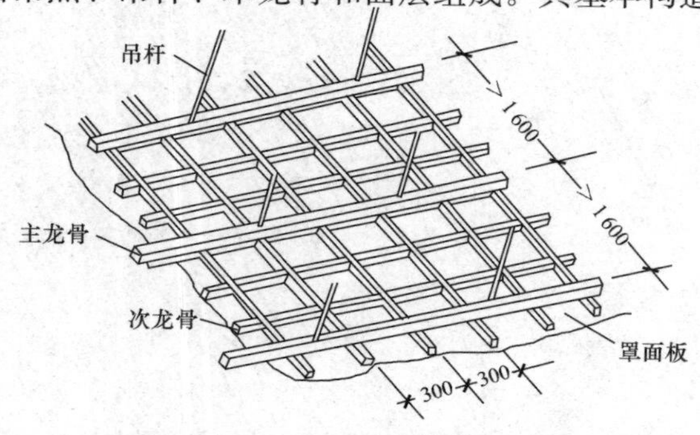

图 4-1　木龙骨吊顶基本构造

二、木龙骨吊顶材料质量要求

(1)木龙骨一般宜选用针叶树类木材，树种及规格应符合设计要求，进场后应进行筛选，并将其中腐蚀部分、斜口开裂部分、虫蛀及腐烂部分剔除，其含水率不得大于18%。

(2)饰面板的品种、规格、图案应满足设计要求。材质应按有关材料标准和产品说明书的规定进行验收。

三、木龙骨吊顶施工工艺流程

施工准备→放线定位→木龙骨处理→木龙骨拼接→安装吊点紧固体→安装边龙骨→主龙骨的安装与调整→安装饰面板。

四、木龙骨吊顶施工要点

木龙骨吊顶

(1)施工准备。在吊顶施工前，顶棚上部的电气布线、空调管道、消防管道、供水管道、报警线路等均应安装就位并调试完成；自顶棚至墙体各开关和插座的有关线路敷设业已布置就绪；施工机具、材料和脚手架等已经准备完毕；顶棚基层和吊顶空间全部清理无误之后方可开始施工。

(2)放线定位。施工放线主要包括确定标高线、天花造型位置线、吊挂点定位线、大中型灯具吊点等。

1)确定标高线。定出地面的基准线，如原地坪无饰面要求，基准线为原地坪线；如原地坪有饰面要求，基准线则为饰面后的地坪线。以地坪线基准线为起点，根据设计要求在墙(柱)面上量出吊顶的高度，并画出高度线作为吊顶的底标高。

2)确定造型位置线。吊顶造型位置线可先在一个墙面上量出竖向距离，再以此画出其他墙面的水平线，即得到吊顶位置的外框线，然后再逐步找出各局部的造型框架线；若室内吊顶的空间不规则，可以根据施工图纸测出造型边缘距墙面的距离，找出吊顶造型边框的有关基本点，将点再连接成吊顶造型线。

3)确定吊点位置线。平顶吊顶的吊点一般是按每平方米一个布置，要求均匀分布；有叠级造型的吊顶应在叠级交界处设置吊点，吊点间距通常为800～1 200 mm。上人吊顶的吊点要按设计要求加密。吊点在布置时不应与吊顶内的管道或电气设备位置产生矛盾。较大的灯具，要专门设置吊点。

(3)木龙骨处理。对建筑装饰工程中所用的木质龙骨材料要进行筛选并进行防腐与防火处理。一般将防火涂料涂刷或喷于木材表面，也可以将木材放在防火槽内浸渍。防火涂料的选择及使用规定见表4-1。

(4)木龙骨拼接。为了方便安装，木龙骨吊装前通常是先在地面上进行分片拼接。分片拼接前先确定吊顶骨架面上需要分片或可以分片安装的位置和尺寸，再根据分片的平面尺寸选取龙骨纵横型材(经防腐、防火处理后已晾干)；先拼接组合大片的龙骨骨架，再拼接小片的局部骨架。拼接组合的面积不可过大，否则不便吊装。对于截面尺寸为25 mm×30 mm的木龙骨，可选用市售成品凹方型材。如为确保吊顶质量而采用现场制作木方，必须在木方上按中心线距为300 mm、开凿深度为15 mm、宽度为25 mm的凹槽。骨架的拼接即按凹槽对凹槽的方法咬口拼联，拼口处涂胶并用圆钉固定。

表 4-1　对选择及使用防火涂料的规定

序号	防火涂料种类	每平方米木材表面所用防火涂料的数量(以 kg 计)不得小于	特　征	基本用途	限制和禁止的范围
1	硅酸盐涂料	0.50	无抗水性，在二氧化碳的作用下分解	用于不直接受潮湿作用的构件上	不得用于露天构件及位于二氧化碳含量高的大气中
2	可赛银（酪素）涂料	0.70	—	用于不直接受潮湿作用的构件上	构件不得用于露天
3	掺有防火剂的油质涂料	0.60	抗水性良好	用于露天构件上	—
4	氯乙烯涂料和其他碳化氢为主的涂料	0.60	抗水性良好	用于露天构件上	—

(5)安装吊顶紧固件。木龙骨吊顶紧固件的安装方法主要有以下几种：

1)在楼板底板上按吊点位置用电锤打孔，预埋膨胀螺栓，并固定等边角钢，将吊杆与等边角钢相连接。

2)在混凝土楼板施工时做预埋吊杆，吊杆预埋在吊点位置上。

3)在预制混凝土楼板板缝内按吊点的位置伸进吊筋的上部并钩挂在垂直于板缝的预先安放好的钢筋段上，然后对板缝二次浇筑细石混凝土并做地面。

(6)安装边龙骨。沿吊顶标高线固定边龙骨，一般是用冲击电钻在标高线以上 10 mm 处墙面打孔，孔径为 12 mm，孔距为 0.5～0.8 m，孔内塞入木楔，将边龙骨钉固在墙内木楔上，边龙骨的截面尺寸与吊顶次龙骨尺寸一样。边龙骨固定后，其底边与其他次龙骨底边标高一致。

(7)主龙骨安装与调整。

1)分片吊装。将拼接组合好的木龙骨架托起至吊顶标高位置。对于高度低于 3 m 的吊顶骨架，可用高度定位杆做临时支撑；吊顶高度超过 3 m 时，可用钢丝在吊点上做临时固定。根据吊顶标高线拉出纵横水平基准线，作为吊顶的平面基准。将吊顶龙骨架略作移位，使之与基准线平齐。待整片龙骨架调正调平后，即将其靠墙部分与边龙骨钉接。

2)龙骨架与吊杆固定。吊杆在吊点位置的固定方法有多种，应根据选用的吊杆材料和构造而定，如以 ϕ6 钢筋吊杆与吊点的预埋钢筋焊接；利用扁铁与吊点角钢以 M6 螺栓连接；利用角钢作吊杆与上部吊点角钢连接等。吊杆与龙骨架的连接，根据吊杆材料的不同可分别采用绑扎、钩挂及钉固等，如扁铁及角钢杆件与木龙骨可用两个木螺钉固定。

3)分片龙骨架间的连接。当两个分片骨架在同一平面对接时，骨架的端头要对正，然后用短木方进行加固。对于一些重要部位或有附加荷载的吊顶，骨架分片间的连接加固应选用铁件。对于变标高的迭级吊顶骨架，可以先用一根木方将上下两平面的龙骨架斜拉就位，再将上下平面的龙骨用垂直的木方条连接固定。

4)龙骨架调整。龙骨安装后，要进行全面调整。用棉线或尼龙线在吊顶下拉出十字交叉的标高线，以检查吊顶的平整度及拱度，并且进行适当的调整。调整后，应将龙骨的所有吊挂件和连接件拧紧、夹牢。

(8)安装饰面板。

1)排板。为了保证饰面装饰效果，且方便施工，饰面板安装前要进行预排。胶合板罩面多为无缝罩面，即最终不留板缝，其排板形式有两种：一是将整板铺大面，分割板安排在边缘部位；二是整板居中，分割板布置在两侧。排板完毕应将板编号堆放，装订时按号就位。排板时，要根据设计图纸要求，留出顶面设备的安装位置，也可以将各种设备的洞口先在罩面板上画出，待板面铺装完毕，安装设备时再将面板取下来。

2)胶合板铺钉用16～20 mm长的小钉，钉固前先用电动或气动打枪机将钉帽砸扁。铺钉时，将胶合板正面朝下托起到预定的位置，紧贴龙骨架，从板的中间向四周展开钉固。钉子的间距控制在150 mm左右，钉头要钉入板面1～1.5 mm。

五、木龙骨吊顶工程实例

××公寓胶合板罩面吊顶施工

1. 材料质量要求

(1)普通胶合板的质量应符合国家标准《普通胶合板》(GB/T 9846—2015)及《胶合板按表面外观的分类》(ISO 2426)的要求。

(2)胶合板应符合设计品种、规格和尺寸，并符合顶棚装饰艺术的拼接分格图案的要求。

2. 施工工艺流程

木龙骨吊装施工工艺流程为：弹线→安装吊顶紧固件→木龙骨防火与防腐处理→划分龙骨分档线→固定边龙骨→龙骨架的拼装→分片吊装→龙骨架与吊点固定→龙骨架分片间的连接→龙骨架的整体调平→吊顶骨架质量检验→胶合板罩面安装→安装压条、面层刷涂料。

3. 施工要点

(1)主要应弹出标高线、吊顶造型位置线和其他控制线。

1)弹出标高线。根据楼层+500 mm标高水平线，顺墙的高度方向量出至顶棚设计标高，沿墙和柱的四周弹出顶棚标高水平线。根据吊顶的标高线，检查吊顶以上部位的设备、管道、灯具等对吊顶是否有影响。

2)吊顶造型位置线。有叠级造型的吊顶，依据弹出的标高线按设计造型在四面墙上角部弹出造型断面线，然后在墙面上弹出每级造型的标高控制线。检查叠级造型的构造尺寸是否满足设计要求，管道和设备等是否对吊顶造型有影响。

3)其他控制线。其他控制线主要是在顶板上弹出龙骨吊点位置线和管道、设备、灯具吊点的位置线。

(2)安装吊顶紧固件。

1)对于无预埋件的吊顶，可用金属胀铆螺栓或射钉将角钢块固定于楼板底(或梁底)作为安设吊杆的连接件。

2)对于小面积轻型木龙骨装饰吊顶，可用胀铆螺栓固定方木，方木的截面尺寸约为40 mm×50 mm，吊顶骨架直接与方木固定或采用木吊杆。

(3)木龙骨防火与防腐处理。

1)在木龙骨安装前应按规定选择的材料并实施在构造上的防潮处理，同时涂刷防腐防虫药剂。

2)将防火涂料涂刷或喷于木材的表面，或者将木材置于防火涂料槽内进行浸渍。

(4)划分龙骨分档线。按照设计要求的主次龙骨间距布置，即在已经弹好的顶棚标高水平线上划分龙骨分档位置线。

(5)固定边龙骨。沿吊顶标高线以上 10 mm 处在建筑结构的表面进行打孔，孔距为 500～800 mm，在孔内打入木楔，将边龙骨固定在木楔上。

(6)龙骨架的拼装。木龙骨在吊装前可先在地面进行分片拼接。

1)分片选择。确定吊顶骨架面上需要分片或可以分片的位置和尺寸，根据分片的平面尺寸选取龙骨纵横型材。

2)拼接。先拼接组合大片的龙骨骨架，再拼接组合小片的局部骨架。拼接组合的面积一般控制在 10 m^2 以内，否则不便吊装。

3)成品选择。对于截面尺寸为 25 mm×30 mm 的木龙骨，可以选用市售成品凹方型材；如果为确保吊顶质量而采用方木现场制作，应在方木上按中心线距为 300 mm，开凿深度为 15 mm、宽度为 25 mm 的凹槽。

(7)分片吊装。在进行分片吊装时可按以下步骤和要求操作：

1)木龙骨架的吊装一般先从一个墙角开始，将拼装好的木龙骨架托起至标高位，对于高度低于 3.0 m 的吊顶骨架，可在高度定位杆上作临时支撑，如图 4-2 所示。当吊顶骨架高度超过 3.0 m时，可用钢丝在吊点作临时固定。

2)用棒线绳或尼龙线沿吊顶标高线拉出平行或交叉的几条水平基准线，作为吊顶的平面基准。

3)将龙骨架向下慢慢移动，使之与基准线平齐，待整片龙骨架调正、调平后，先将其靠墙部分与沿墙龙骨钉接，再用吊筋与龙骨架固定。

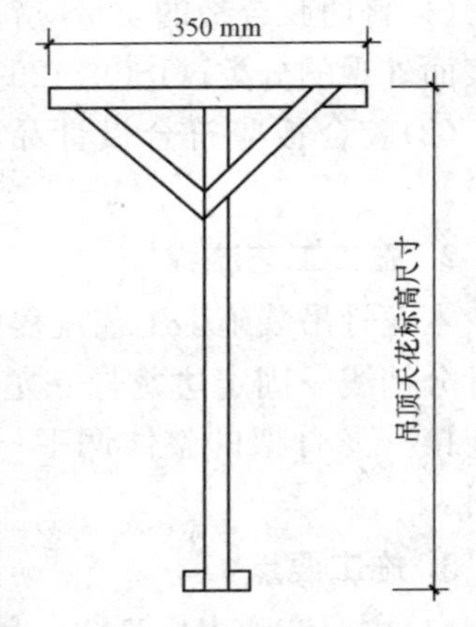

图 4-2　吊顶高度临时定位杆

(8)龙骨架与吊点固定。采用绑扎方法进行吊杆与龙骨架的连接。

(9)龙骨架分片间的连接。龙骨架分片吊装在同一平面后，要进行分片连接形成整体，其方法是：将端头对正，用短方木进行连接，短方木钉于龙骨架对接处的侧面或顶面，对于一些重要部位的龙骨连接，采用铁件进行连接加固。

(10)龙骨架的整体调平。各个分片连接加固后，在整个吊顶表面下拉出十字交叉的标高线，来检查并调整吊顶平整度，使得误差在规定的范围内。对于一些面积较大的木龙骨架吊顶，可采用起拱的方法来平衡吊顶的下坠。一般情况下，跨度在 7～10 m 起拱的量为 3/1 000；跨度在 10～15 m 起拱的量为 5/1 000。对于骨架底平面出现下凸的部分，要重新拉紧吊杆；对于骨架出现上凹现象的部位，可用木方杆件顶撑，尺寸准确后将方木两端固定。各个吊杆的下部端头，均按设计的长度准确尺寸截平，不得伸出骨架的底部平面。

(11)安装胶合板罩面。应采用圆钉钉固法进行胶合板罩面安装。

1)固定罩面板的钉距一般为 200 mm。装饰石膏板、钉子与板边距离应不小于 15 mm，钉子间距宜为 150～170 mm，与板面应垂直。钉帽嵌入石膏板深度宜为 0.5～1.0 mm，并应涂刷防锈涂料。钉眼应用腻子找平，再用与板面颜色相同的色浆涂刷。

2)软质纤维装饰吸声板，钉距为 80～120 mm，钉长为 20～30 mm，钉帽应进入板面 0.5 mm，钉眼用油性腻子抹平。

3)硬质纤维装饰吸声板，板材应首先用水浸透，自然晾干后安装，一般宜采用圆钉固定，对于大块板材，应使板的长边垂直于横向次龙骨，即沿着纵向次龙骨进行铺设。

4)塑料装饰罩面板，一般用 20～25 mm 宽的木条，制成 500 mm 的正方形木格，用小圆钉进行固定，再用 20 mm 宽的塑料压条或铝压条或塑料小花固定板面。

5)灰板条的铺设。板与板之间应留设 8～10 mm 的缝隙，板与板接缝应留 3～5 mm，板与接缝应相互错开，一般间距为 500 mm 左右。

(12)安装压条。待整个一间罩面板全部安装完毕后，先进行压条位置弹线，再按弹线进行压条安装，压条的固定方法可同罩面板，钉固间距一般为 300 mm，也可采用胶结料进行粘贴。

第二节　轻钢龙骨吊顶施工技术

轻钢龙骨吊顶是以轻钢龙骨作为吊顶的基本骨架，以轻型装饰板材作为饰面层的吊顶体系。轻钢龙骨吊顶轻质、高强、拆装方便、防火性能好，一般可用于工业与民用建筑物的装饰吸声顶棚吊顶。

一、轻钢龙骨吊顶构造

轻钢龙骨吊顶基本构造如图 4-3 所示。

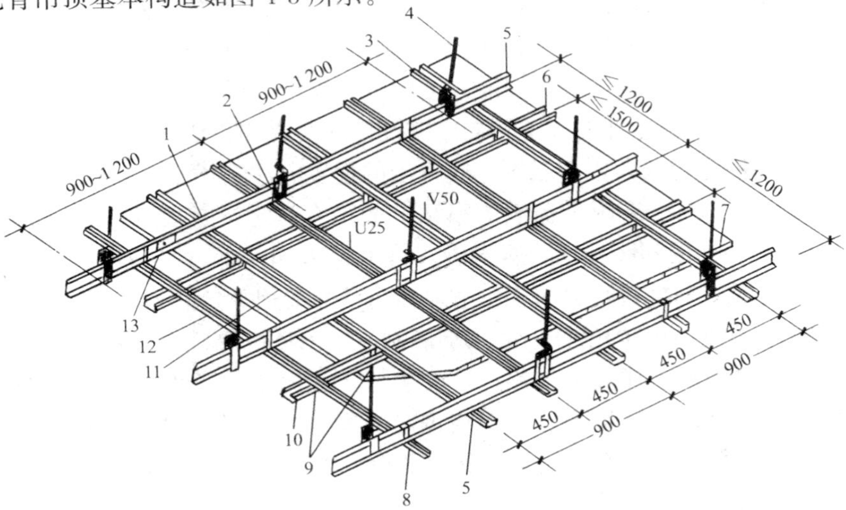

图 4-3　U 形轻钢龙骨吊顶构造

1—U50 龙骨吊挂；2—U25 龙骨吊挂；3—UC50、UC45 大龙骨吊挂件；
4—吊杆 φ8～φ10；5—UC50、UC45 大龙骨；
6—U50、U25 横撑龙骨中距应按板材端部设置横撑，但小于等于 1 500 mm；
7—吊顶板材；8—U25 龙骨；9—U50、U25 挂插件连接；10—U50、U25 横撑龙骨；
11—U50 龙骨连接件；12—U25 龙骨连接件；13—UC50、UC45 大龙骨连接件

二、轻钢龙骨吊顶材料质量要求

(1)轻钢龙骨。轻钢龙骨是采用镀锌钢板和薄钢板，经剪裁、冷弯、滚轧、冲压而成。轻钢龙骨按照龙骨的断面形状可以分为U形和T形。U形轻钢龙骨架是由主龙骨、次龙骨、横撑龙骨、边龙骨和各种配件组装而成。U形轻钢龙骨按照主龙骨的规格可以分为U38、U50、U60三个系列。

(2)罩面板。罩面板应具有出厂合格证。罩面板不应有气泡、起皮、裂纹、缺角、污垢和图案不完整等缺陷。表面应平整，边缘整齐，色泽一致。

(3)其他材料。安装吊顶罩面板的紧固件、螺钉、钉子宜为镀锌的。吊杆用的钢筋、角铁等应作防锈处理。胶黏剂的类型应按所用罩面板的品种配套选用，若现场配制胶黏剂，其配合比应由试验确定。其他如射钉、膨胀螺栓等应按设计要求选用。

三、轻钢龙骨吊顶施工工艺流程

施工准备→弹线→固定边龙骨→安装吊杆→安装主龙骨与调平→安装次龙骨→安装横撑龙骨→安装饰面板→检查修整。

四、轻钢龙骨吊顶施工要点

金属吊顶

(1)施工准备。根据施工房间的平面尺寸和饰面板材的种类、规格，按设计要求合理布局，排列出各种龙骨的位置，绘制出组装平面图。以组装平面图为依据，统计并提出各种龙骨、吊杆、吊挂件及其他各种配件的数量。复核结构尺寸是否与设计图纸相符，设备管道是否安装完毕。

(2)弹线。根据顶棚设计标高，沿内墙面四周弹水平线，作为顶棚安装的标准线，其水平允许偏差为±5 mm。无埋件时，根据吊顶平面，在结构层板下皮弹线定出吊点位置，并复验吊点间距是否符合规定；如果有埋件，可免去弹线。

(3)固定边龙骨。吊顶边部的支承骨架应按设计的要求加以固定。对于无附加荷载的轻便吊顶，其L形轻钢龙骨或角铝型材等，较常用的设置方法是用水泥钉按400～600 mm的钉距与墙、柱面固定。对于有附加荷载的吊顶，或是有一定承重要求的吊顶边部构造，有的需按900～1 000 mm的间距预埋防腐木砖，将吊顶边部支承材料与木砖固定。无论采用何种做法，吊顶边部支承材料底面均应与吊顶标高基准线相平且必须牢固可靠。

(4)安装吊杆。轻钢龙骨的吊杆一般用钢筋制作，吊杆的固定做法应根据楼板的种类不同而不同。预制钢筋混凝土楼板设吊筋，应在主体工程施工时预埋吊筋。如无预埋时应用膨胀螺栓固定，并应保证其连接强度；现浇钢筋混凝土楼板设吊筋，一般是预埋吊筋，或是用膨胀螺栓或用射钉固定吊筋，并应保证其强度。采用吊杆时，吊杆端头螺纹部分长度不应小于30 mm，以便于有较大的调节量。

(5)安装主龙骨与调平。轻钢龙骨的主龙骨与吊挂件连接在吊杆上，并拧紧固定螺母。一个房间的主龙骨与吊杆、吊挂件全部安装就位后，要进行平直的调整，轻钢龙骨的主龙骨调平一般以一个房间为一个单元，方法是先用60 mm×60 mm的方木按主龙骨的间距钉上圆钉，分别卡住主龙骨，对主龙骨进行临时固定，然后在顶面拉出十字线和对角线，拧动吊筋上面的螺母，作升降调平，直至将主龙骨调成同一平面。房间吊顶面积较大时，调平要使主龙骨中间部位略有起拱，起拱的高度一般不应小于房间短向跨度的1/200。

(6)安装次龙骨。次龙骨紧贴主龙骨安装，通长布置，利用配套的挂件与主龙骨连接，在吊顶平面上与主龙骨相垂直，它可以是中龙骨，有时则根据罩面板的需要再增加小龙骨，它们都是覆面龙骨。次龙骨的中距由设计确定，并因吊顶装饰板采用封闭式安装或是离缝及密缝安装等不同的尺寸关系而异。对于主、次龙骨的安装程序，由于其主龙骨在上，次龙骨在下，所以一般的做法是先用吊件安装主龙骨，然后再以挂件在主龙骨下吊挂次龙骨。挂件(或称吊挂件)上端钩住主龙骨，下端挂住次龙骨即将二者连接。

(7)安装横撑龙骨。横撑龙骨一般由次龙骨截取。安装时将截取的次龙骨端头插入挂插件，垂直于次龙骨扣在次龙骨上，并用钳子将挂搭弯入次龙骨内。组装好后，次龙骨和横撑龙骨底面(即饰面板背面)要齐平。横撑龙骨的间距根据饰面板的规格尺寸而定，要求饰面板端部必须落在横撑龙骨上，一般情况下间距为600 mm。

(8)安装饰面板。安装固定饰面板要注意对缝均匀、图案匀称清晰，安装时不可生扳硬装，应根据装饰板的结构特点进行，防止棱边碰伤和掉角。轻钢龙骨石膏板吊顶的饰面板材一般可分为两种类型：一种是基层板，需在板的表面做其他处理；另一种板的表面已经做过装饰处理(即装饰石膏板类)，将此种板固定在龙骨上即可。饰面板的固定方式也有两种，一种是用自攻螺钉将饰面板固定在龙骨上，但自攻螺钉必须是平头螺钉；另一种是饰面板成企口暗缝形式，用龙骨的两条肢插入暗缝内，靠两条肢将饰面板托挂住。

(9)检查修整。饰面板安装完毕后，应对其质量进行检查。如整个饰面板顶棚表面平整度偏差超过3 mm、接缝平直度偏差超过3 mm、接缝高低度偏差超过1 mm、饰面板有钉接缝处不牢固，均应彻底纠正。

五、轻钢龙骨吊顶工程实例

××大厦轻钢龙骨石膏板吊顶施工方案

(一)施工准备

(1)吊顶施工应在上一工序完成后进行。对于原有孔洞应填补完整，无裂漏现象。

(2)对上道工序安装的管线应进行工艺质量验收；所预留出口、风口高度应符合吊顶设计要求。

(二)施工工艺

1. 施工工艺流程

弹线→安装主龙骨吊杆→安装主龙骨→安装次龙骨→安装石膏板→涂料→饰面清理。

2. 施工要点

(1)弹线。根据楼层标高水平线、设计标高，沿墙四周弹顶棚的标高水平线，并沿顶棚的标高水平线，在墙上划好龙骨分档位置线。

(2)安装主龙骨吊杆。在弹好顶棚标高水平线及龙骨位置线后，确定吊杆下端头的标高，安装吊筋。间距宜为900～1 200 mm，吊点分布要均匀。

(3)安装主龙骨。间距宜为900～1 200 mm，主龙骨用与之配套的龙骨吊件与吊筋安装。

(4)安装边龙骨。边龙骨安装时用水泥钉固定，固定间距为300 mm左右。

(5)安装次龙骨。次龙骨间距为600 mm。

(6)安装纸面石膏板。纸面石膏板与轻钢龙骨固定的方式采用自攻螺钉固定法，在已安装好并经验收合格的轻钢骨架下面(即做隐蔽验收工作)安装纸面石膏板。安装纸面石膏板用自攻螺丝固定，固定间距为150～170 mm，自攻螺丝应均匀布置，并与板面垂直，钉头嵌入纸面石膏板深度以0.5 m为宜，钉帽应刷防锈涂料，并用石膏腻子抹平。

(7)刷防锈漆。轻钢龙骨架罩面板顶棚吊杆、固定吊杆铁件，在封罩面板前应刷防锈漆。

(三)成品保护

(1)吊顶施工应待吊顶内管线、设备施工安装完毕且办理好交接后，再调整龙骨、封罩面板，并做好吊顶内的管线、设备的保护，配合好各专业对灯具、喷淋头、烟感、回风、送风口等用纸胶带、塑料布进行粘贴、扣绑保护。

(2)轻钢骨架、饰面板及其他吊顶材料在进场、存放、使用过程中应严格管理，保证不变形、不受潮、不生锈。施工部位已安装的门窗、地面、墙面、窗台等应注意保护，防止损坏。

(3)已安装好的轻钢骨架上不得上人踩踏，其他工种的吊挂件不得吊于轻钢骨架上。

(4)一切结构未经设计审核，不能乱打乱凿。

(5)饰面板安装后，应采取保护措施，防止损坏、污染。

第三节　铝合金龙骨吊顶施工技术

铝合金龙骨吊顶属于轻型活动式吊顶，其饰面板用搁置、卡接、黏结等方法固定在铝合金龙骨上。铝合金龙骨吊顶具有外观装饰效果好、防火性能好等特点，较广泛地应用于大型公共建筑室内吊顶装饰。

一、铝合金龙骨吊顶构造

铝合金龙骨一般常用T形。T形铝合金龙骨吊顶的基本构造如图4-4所示。

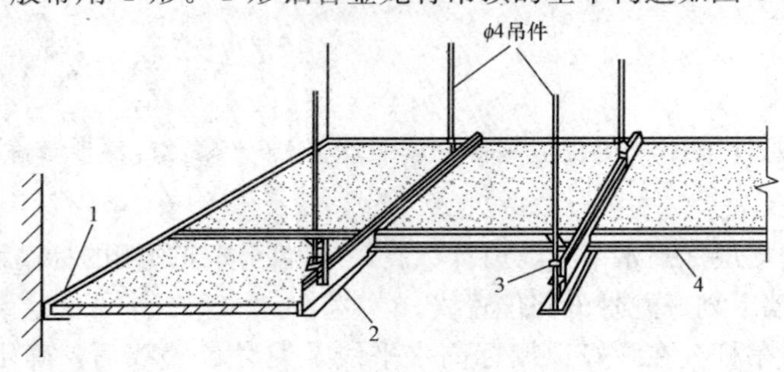

图4-4　T形铝合金龙骨基本构造(单位：mm)

1—边龙骨；2—次龙骨；3—T形吊挂件；4—横撑龙骨

二、铝合金龙骨吊顶材料质量要求

（1）主龙骨。铝合金主龙骨的侧面有长方形孔和圆形孔。方形孔供次龙骨穿插连接，圆形孔供悬吊固定，其断面及立面如图 4-5 所示。

（2）次龙骨。铝合金次龙骨的长度要根据罩面板的规格确定。在次龙骨的两端，为了便于插入主龙骨的方眼中，要加工成“凸头”形状，其断面及立面如图 4-6 所示。为了使多根次龙骨在穿插连接中保持顺直，在次龙骨的凸头部位弯了一个角度，使两根次龙骨在一个方眼中保持中心线重合。

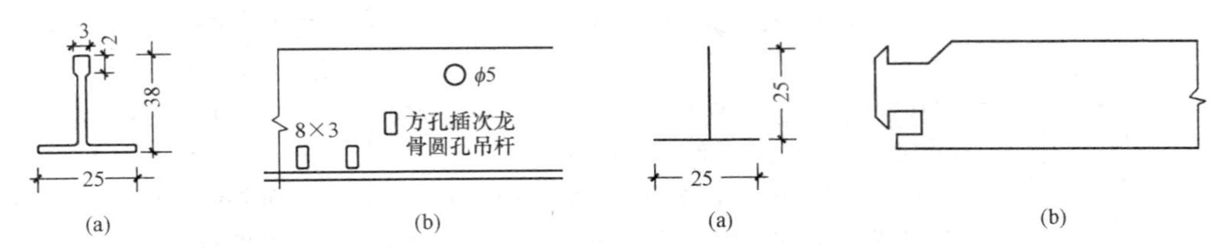

图 4-5　铝合金主龙骨断面及立面（单位：mm）

（a）断面；（b）立面

图 4-6　铝合金次龙骨断面及立面（单位：mm）

（a）断面；（b）立面

（3）边龙骨。铝合金边龙骨又称封口角铝，其作用是吊顶毛边检查部位等封口，使边角部位保持整齐、顺直。边龙骨有等肢与不等肢之分，一般常用 25 mm×25 mm 等肢角边龙骨，色彩应当与板的色彩相同。

三、铝合金龙骨吊顶施工工艺流程

施工准备→放线定位→固定悬吊体系→主、次龙骨的安装与调平→安装边龙骨→安装饰面板→检查修整。

四、铝合金龙骨吊顶施工要点

（1）施工准备。根据选用罩面板的规格尺寸、灯具口及其他设施的位置等情况，绘制吊顶施工平面布置图。一般应以顶棚中心线为准，将罩面板对称排列。小型设施应位于某块罩面板中间，大灯槽等设施占据整块或相连数块板位置，均以排列整齐美观为原则。

（2）放线定位。按位置弹出标高线后，沿标高线固定角铝（边龙骨），角铝的底面与标高线齐平。角铝的固定可以用水泥钉将其按 400～600 mm 的间隔直接钉在墙、柱面或窗帘盒上。龙骨的分格定位，应按饰面板尺寸确定，其中心线间距尺寸应大于饰面板尺寸 2 mm。

（3）固定悬吊体系。铝合金龙骨吊顶悬吊体系的固定方法，如图 4-7 所示。

（4）主、次龙骨的安装与调平。主龙骨通常采用相应的主龙骨吊挂件与吊杆固定，其固定和调平方法与 U 形轻钢龙骨相同。主龙骨的间距为 1 000 mm 左右。次龙骨应紧贴主龙骨安装就位。龙骨就位后，再满拉纵横控制标高线（十字中心线），从一端开始，边安装边调整，最后再精调一遍，直到龙骨调平和调直为止。如果面积较大，在中间还应考虑水平线适当起拱。调平时应注意一定要从一端调向另一端，要做到纵横平直。特别对于铝合金吊顶，龙骨的调平调直是施工工序比较麻烦的一道，龙骨是否调平，也是板条吊顶质量控制的关键。因为只有龙骨调平，才能使板条饰面达到理想的装饰效果。

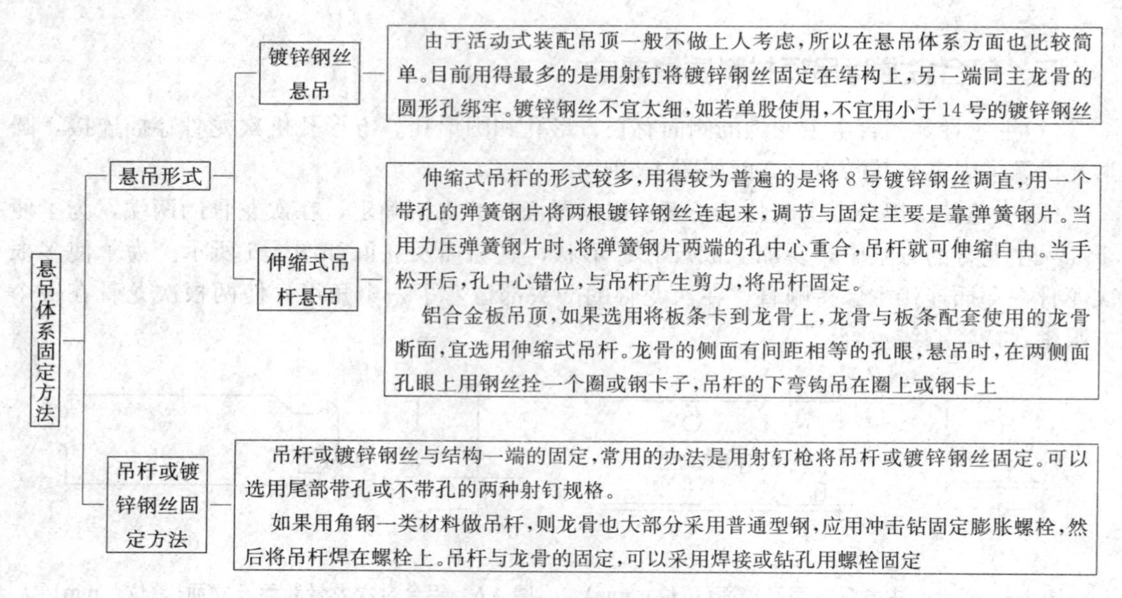

图 4-7　悬吊体系固定方法

(5)安装边龙骨。边龙骨宜沿墙面或柱面标高线钉牢，固定时，一般常用高强度水泥钉，钉的间距一般不宜大于 50 cm。如果基层材料强度较低，紧固力不满足时，应采取相应的措施加强，如改用膨胀螺栓或加大水泥钉的长度等办法。一般情况下，边龙骨不能承重，只起到封口的作用。

(6)安装饰面板。铝合金龙骨吊顶饰面板的安装方法通常有以下三种：

1)明装。即纵横 T 形龙骨骨架均外露，饰面板只需搁置在 T 形龙骨两翼上即可。

2)暗装。即饰面板边部有企口，嵌装后骨架不暴露。

3)半隐。即饰面板安装后外露部分。

(7)检查修整。饰面板安装完毕后，应进行检查，饰面板拼花不严密或色彩不一致要调换，花纹图案拼接有误要纠正。

五、铝合金龙骨吊顶工程实例

××周转用房铝合金龙骨石膏板吊顶施工

1. 材料质量要求

(1)铝合金龙骨 T 形骨架。铝合金骨架主件为大、中、小龙骨；配件有吊挂件、连接件、挂插件；零配件有吊杆、花篮螺钉、射钉、自攻螺钉。应按设计说明选用材料品种、规格，质量应符合设计要求。

(2)胶黏剂：应按主材的性能选用，使用前作黏结试验。

2. 施工机具

主要机具包括：电锯、无齿锯、射钉枪、手锯、手刨子、钳子、螺钉旋具、扳子、方尺、钢尺、钢水平尺等。

3. 作业条件

(1)应在现有的混凝土梁或板上，按设计要求间距：纵距 1 000 mm、横距 1 200 mm，打膨胀螺栓，安装 Φ6～Φ10 钢筋混吊杆，设计荷载为 8.5 kg/m^2(600 mm×600 mm 石膏罩面板 7 kg/m^2、国标 1 mm 50 铝合金 0.5 kg/m^2、0.8 mm 铝合金副龙骨 0.25 kg/m^2、6 mm 钢吊丝 0.25 kg/m^2)。

(2)安装完顶棚内的各种管线，确定好灯位、各种露明孔口位置。

(3)各种材料全部配套备齐。

(4)顶棚罩面板安装前应做完墙、地面作业工程项目。

(5)搭好顶棚施工操作平台架子。

(6)铝合金骨架顶棚在大面积施工前，应做样板间，对顶棚的起拱度、灯槽的构造处理、分块及固定方法等应经试装并经鉴定认可后方可大面积施工。

4. 施工工艺流程

弹线→安装大龙骨吊杆→安装大龙骨→安装中龙骨→安装小龙骨→安装罩面板→安装压条→刷防锈漆。

5. 施工要点

(1)弹线：根据楼层标高线，用尺竖向量至顶棚设计标高，沿墙、柱四周弹顶棚标高，并沿顶棚的标高水平线，在墙上划好分档位置线。

(2)安装大龙骨吊杆：在弹好顶棚标高水平线及龙骨位置线后，确定吊杆下端头的标高，按大龙骨位置及吊挂间距，将吊杆无螺栓丝扣的一端与楼板预埋钢筋连接固定。

(3)安装大龙骨。

1)配装好吊杆螺母。

2)在大龙骨上预先安装好吊挂件。

3)安装大龙骨：将组装吊挂件的大龙骨，按分档线位置使吊挂件穿入吊杆螺母，拧好螺母。

4)大龙骨相接：安装好连接件，拉线调整标高起拱和平直。

5)安装洞口附加大龙骨，按照图集相应节点构造设置连接卡。

6)固定边龙骨，采用射钉固定。

(4)安装中龙骨。

1)按已弹好的中龙骨分档线，卡放中龙骨吊挂件。

2)吊挂中龙骨：按设计规定的中龙骨间距，将中龙骨通过吊挂件，吊挂在大龙骨上。

3)当中龙骨长度需多根延续接长时，用中龙骨连接件，在吊挂中龙骨的同时将相对端头相连接调直固定。

(5)安装小龙骨。

1)按已弹好的小龙骨线分档线，卡装小龙骨吊挂件。

2)吊挂小龙骨：按设计规定的小龙骨间距，将小龙骨通过吊挂件，吊挂在中龙骨上。

3)当小龙骨长度需多根延续接长时，用小龙骨连接件，在吊挂小龙骨的同时，将相对端头相连接，并先调直后固定。

4)当采用 T 形龙骨组成铝合金骨架时，小龙骨应在安装罩面板时，每装一块罩面板先后各安装一根卡挡小龙骨。

(6)安装罩面板：在已安装好并经验收的铝合金骨架下面，按罩面板的规格、拉缝间隙进行分块弹线，从顶棚中间顺中龙骨方向开始先装一行罩面板，作为基准，然后向两侧分行安装，固定罩面板的自攻螺钉间距为 200～300 mm。

(7)刷防锈漆：铝合金骨架罩面板顶棚，焊接处未作防锈处理的表面(如预埋、吊挂件、连接件、钉固附件等)，在交工前应刷防锈漆。此工序应在封罩面板前进行。

本章小结

吊顶又称为顶棚，按照安装方式不同可分为直接式吊顶、悬吊式吊顶和配套组装式吊顶；按照结构形式不同可分为活动式吊顶、固定式吊顶和开敞式吊顶。木龙骨吊顶是以木质龙骨为基本骨架，配以胶合板、纤维板等作为饰面材料组合而成的吊顶体系。轻钢龙骨吊顶是以轻钢龙骨作为吊顶的基本骨架，以轻型装饰板材作为饰面层的吊顶体系。铝合金龙骨吊顶属于轻型活动式吊顶，其饰面板用搁置、卡接、黏结等方法固定在铝合金龙骨上。通过本章内容的学习应掌握不同吊顶施工所用的施工材料要求和施工技术要求。

复习思考题

一、填空题

1. 吊顶按照安装方式不同分为________、________和________。

2. 木龙骨吊顶主要由________、________、________和________组成。

3. U形轻钢龙骨按照主龙骨的规格可以分为________、________、________三个系列。

4. 横撑龙骨一般由________截取。

二、选择题

1. 木龙骨的含水率不得大于(　　)%。

A. 14　　B. 16　　C. 18　　D. 20

2. 对于截面为(　　)的木龙骨，可选用市售成品凹方型材。

A. 25 mm×30 mm　　B. 35 mm×40 mm

C. 25 mm×40 mm　　D. 35 mm×30 mm

3. 吊顶高度超过(　　)m时，可用钢丝在吊点上做临时固定。

A. 1　　B. 2　　C. 3　　D. 4

4. 横撑龙骨的间距根据饰面板的规格尺寸而定，要求饰面板端部必须落在横撑龙骨上，一般情况下间距为(　　)mm。

A. 500　　B. 600　　C. 700　　D. 800

三、问答题

1. 木龙骨吊顶施工前应进行放线定位，具体包括哪些内容？

2. 如何进行木龙骨吊顶紧固件安装？

3. 简述铝合金龙骨吊顶施工工艺流程。

4. 如何进行铝合金龙骨吊顶饰面板的安装？

第五章　隔墙与隔断装饰施工技术

学习目标

了解现代建筑常见的隔墙（断）的类型；熟悉常见隔墙（断）的构造及其施工工艺流程；掌握隔墙（断）施工常用材料和施工技术要求。

能力目标

通过本章内容的学习，能够按照设计和规范要求进行不同类型隔墙（断）施工材料的选择和各类型隔墙（断）的装饰施工。

隔墙（断）是分隔室内空间的非承重构件，隔断顾名思义是“隔而不断”的建筑构件，特点是透风或不隔视线。隔墙与隔断结构虽然不能承重，但由于其墙身薄、自重小，不仅可以提高平面利用系数，增加使用面积，拆装非常方便，而且还具有隔声、防潮、防火等功能，所以，在室内装饰装修中经常采用。

第一节　骨架隔墙工程施工技术

骨架隔墙是指以轻钢龙骨、木龙骨、石膏龙骨等为骨架，以纸面石膏板、人造木板、水泥纤维板等为墙面板的轻质隔墙。

一、轻钢龙骨纸面石膏板隔墙施工

1. 基本构造

轻钢龙骨纸面石膏板隔墙具有自重轻、强度高、防腐蚀性好等优点，在建筑装饰中应用非常广泛。其基本构造如图 5-1 所示。

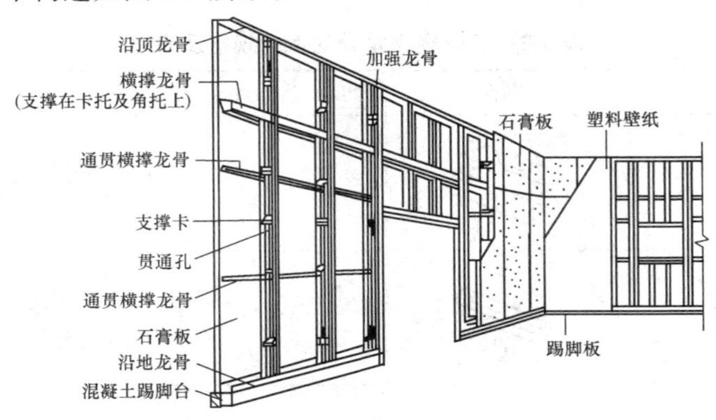

图 5-1　墙体轻钢龙骨纸面石膏板隔墙基本构造

2. 材料质量要求

(1)轻钢龙骨。轻钢龙骨是以薄壁镀锌钢带或薄壁冷轧退火卷带为原料，经冲压或冷弯而成的轻质隔墙板支撑骨架材料。墙体轻钢龙骨主要有 Q50、Q75、Q100、Q150 四个系列，其具体规格及尺寸见表 5-1。墙体轻钢龙骨配件的规格及尺寸见表 5-2。

表 5-1　墙体轻钢龙骨主件的规格及尺寸　　mm

序号	名称	类型	断面	型号												备注
				Q50			Q75			Q100			Q150			
				A	B	t	A	B	t	A	B	t	A	B	t	
1	横龙骨	U形	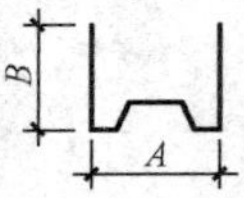	50(52)	40	0.8	75(77)	40	0.8	100(102)	40	0.8	150(152)	40	0.8	墙体与竖龙骨及建筑结构的连接构件
2	竖龙骨	C形	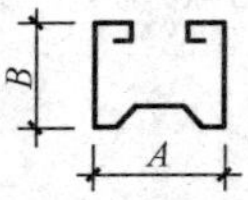	50	45(50)	0.8	75	45(50)	0.8	100	45(50)	0.8	150	45(50)	0.8	墙体的主要受力构件
3	通贯龙骨	U形	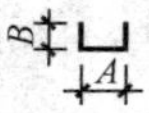	20	12	1.2	38	12	1.2	38	12	1.2	38	12	1.2	竖龙骨的中间连接构件
4	加强龙骨	C形	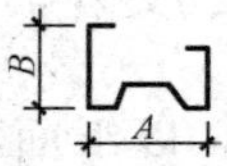	47.8	35(40)	1.5	62	35(40)	1.5	72.8(75)	35(40)	1.5	97.8	35	1.5	特殊构造中墙体的主要受力构件
5	沿顶(地)龙骨	U形	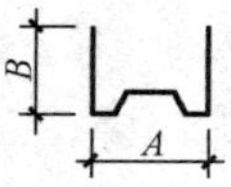	52	40	0.8	76.5	40	0.8	102	40	0.8	152	40	0.8	墙体与建筑结构楼地面连接构件
注：龙骨断面厚度(t)为 0.8 mm、1.2 mm、1.5 mm。																

表 5-2　墙体轻钢龙骨配件的规格及尺寸

序号	名　称	断面	断面尺寸 t/mm	备　注
1	支撑卡	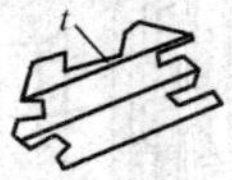	0.8	设置在竖龙骨开口一侧，用来保证竖龙骨平直和增强刚度
2	卡托	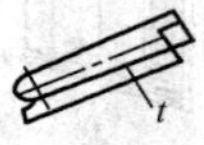	0.8	设备在竖龙骨开口的一侧，用以与通贯龙骨相连接

续表

序号	名　称	断面	断面尺寸 t/mm	备　注
3	角托		0.8	用作竖龙骨背面与通贯龙骨相连接
4	通贯横撑接件		1	用于通贯龙骨的加长连接

(2)纸面石膏板。纸面石膏板是以半水石膏和面纸为主要原料，掺入适量纤维、胶黏剂、促凝剂、缓凝剂，经料浆配制、成型、切割、烘干而成的一种轻质板材。纸面石膏板现有普通纸面石膏板、耐火石膏板、耐水石膏板和耐水耐火纸面石膏板四种类型。除耐水石膏板外，一般不宜用于厨房、厕所以及空气相对湿度经常大于70%的潮湿环境中。纸面石膏板的规格及尺寸见表5-3，其规格尺寸允许偏差见表5-4。

表5-3　纸面石膏板规格及尺寸

序号	板类及代号	板厚/mm	板宽/mm	板长/mm
1	CSP—1普通板	9 12	900	2 400、2 500、2 750、3 000
2	CSP—2防水板	12		2 400、2 500、2 750、3 000、3 500
3	CSP—3防火板			
4	LSP普通板	9.5	900 1 200	2 400、2 500、2 600、2 700、3 000、3 300
		12		
		15		
		18		
		25		
5	LSS防水板	9.5		
		12		
6	LSH防火板	12		
		15		

表5-4　纸面石膏板规格尺寸允许偏差

项　目	长　度/mm	宽　度/mm	厚　度/mm	
			9.5	≥12.0
尺寸偏差	0 −6	0 −5	±0.5	±0.6
注：板面应切成矩形，两对角线长度差应不大于5 mm。				

(3)填充及嵌缝材料。骨架隔墙所用的填充材料及嵌缝材料的品种、规格、性能应符合设计要求。骨架隔墙内的填充材料应干燥，且填充应密实、均匀、无下坠。

3. 施工工艺流程

墙位放线→墙垫施工→安装沿地、沿顶及沿边龙骨→安装竖龙骨→固定洞口及门窗框→安装通贯龙骨和横撑龙骨→安装一侧石膏板→安装电线及附墙设备管线→安装另一侧石膏板→接缝处理→连接固定设备、电气→踢脚台施工。

4. 施工要点

(1)墙位放线。根据设计图纸确定的隔断墙位，在楼地面弹线，并将线引测至顶棚和侧墙。

(2)墙垫施工。先对墙垫与楼、地面接触部位进行清理，然后涂刷界面处理剂一道，随即用 C20 素混凝土制作墙垫。墙垫上表面应平整，两侧应垂直。

(3)安装沿地、沿顶及沿边龙骨。横龙骨与建筑顶、地连接及竖龙骨与墙、柱连接，一般可选用 M5×35 的射钉固定；对于砖砌墙、柱体，应采用金属胀铆螺栓。射钉或电钻打孔时，固定点的间距通常按 900 mm 布置，最大不应超过 1 000 mm。轻钢龙骨与建筑基体表面接触处，一般要求在龙骨接触面的两边各粘贴一根通长的橡胶密封条，以起防水和隔声作用。沿地、沿顶和靠墙(柱)龙骨的固定方法，如图 5-2 所示。

(4)安装竖龙骨。竖向龙骨间距按设计要求确定。设计无要求时，可按板宽确定。例如，选用 90 cm、120 cm 板宽时，间距可定为 45 cm、60 cm。竖向龙骨与沿地、沿顶龙骨采用拉铆钉方法固定，如图 5-3 所示。

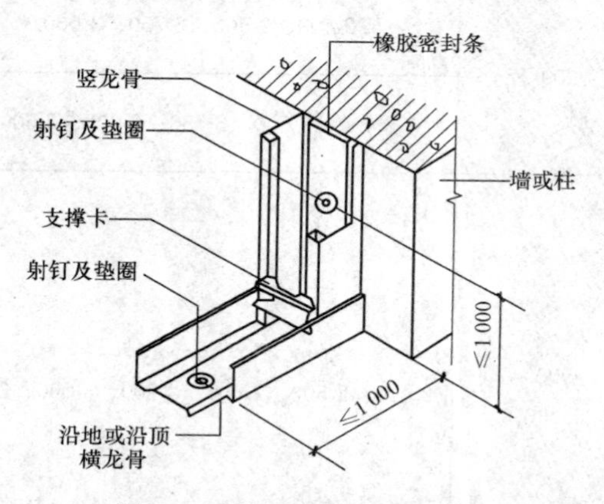

图 5-2　沿地(顶)及沿墙(柱)龙骨固定示意图(单位：mm)

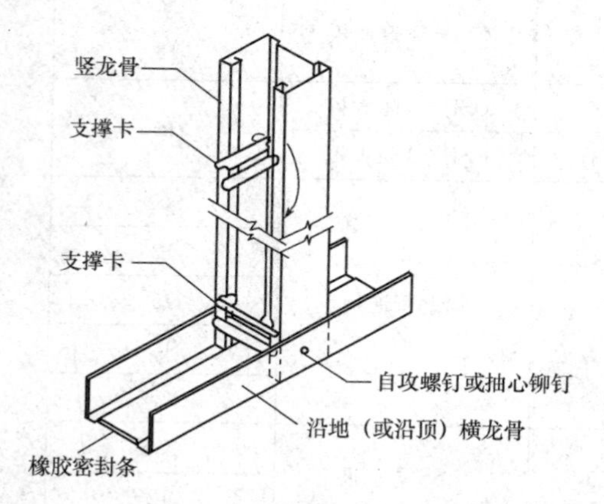

图 5-3　竖龙骨与沿地(顶)横龙骨固定示意图

(5)固定洞口及门窗框。门窗洞口处的竖龙骨安装应依照设计要求，采用双根并用或是扣盒子加强龙骨；如果门的尺度大且门扇较重时，应在门框外的上、下、左、右增设斜撑。

(6)安装通贯龙骨。通贯横撑龙骨的设置，一种是低于 3 m 的隔断墙安装 1 道；另一种是 3～5 m 的隔断墙安装 2～3 道。对通贯龙骨横穿各条竖龙骨进行贯通冲孔需要接长时应使用其配套的连接件。在竖龙骨开口面安装卡托或支撑卡与通贯横撑龙骨连接锁紧，根据需要在竖龙骨背面可加设角托与通贯龙骨固定。采用支撑卡系列龙骨时，应先将支撑卡安装于竖龙骨开口面，卡距为 400～600 mm，与龙骨两端的距离为 20～25 mm。

(7)安装横撑龙骨。隔断墙轻钢骨架的横向支撑，除采用通贯龙骨外，有的需设其他横撑龙骨。一般当隔墙骨架超过 3 m 的高度，或是罩面板的水平方向板端(接缝)并非落在沿顶沿地龙骨上时，应设横向龙骨对骨架加强，或予以固定板缝。具体做法是，可选用 U 形横龙骨或C形竖龙骨作横向布置，利用卡托、支撑卡(竖龙骨开口面)及角托(竖龙骨背面)与竖向龙骨连接固定。有的系列产品也可采用其配套的金属嵌缝条作横、竖龙骨的连接固定件。

(8)安装电线及附墙设备管线。按图纸要求施工，安装电气管线时不应切断横、竖向龙骨，也应避免沿墙下端走线。附墙设备安装时，应采取局部措施使之固定牢固。

(9)安装石膏板。

1)安装石膏板之前，应检查骨架牢固程度，应对预埋墙中的管道、填充材料和有关附墙设备采取局部加强措施、进行验收并办理隐检手续，经认可后方可封板。

2)石膏板安装应用竖向排列，龙骨两侧的石膏板应错缝排列。石膏板用自攻螺钉固定，顺序是从板的中间向两边固定。12 mm厚石膏板用长25 mm螺钉固定，两层12 mm厚石膏板用长35 mm螺钉固定。自攻螺钉在纸面石膏板上的固定位置是：距离纸包边的板边大于10 mm，小于16 mm，距离切割边的板边至少15 mm。板边的螺钉钉距为250 mm，边中的螺钉钉距为300 mm。钉帽略埋入板内，但不得损坏纸面。

3)石膏板对接缝应错开，隔墙两面的板横向接缝也应错开；墙两面的接缝不能落在同一根龙骨上。凡实际上可采用石膏板全长的地方，应避免有接缝，可将板固定好再开孔洞。

4)卫生间等湿度较大的房间隔墙应做墙垫并采用防水石膏板，石膏板下端与踢脚间留缝15 mm，并用密封膏嵌严。

(10)接缝处理。

1)暗缝接缝处理。首先扫尽缝中浮尘，用小开刀将腻子嵌入缝内与板缝取平。待腻子凝固后，刮约1 mm厚腻子并粘贴玻璃纤维接缝带，再用开刀从上往下沿一个方向压、刮平，使多余腻子从接缝带网眼中挤出。随即用大开刀刮腻子，将接缝带埋入腻子中，此遍腻子应将石膏板的楔形棱边填满找平。

2)明缝接缝处理。明缝接缝处理即为留缝接缝处理。按设计要求在安装罩面纸面石膏板时留出8～10 mm缝隙，扫尽缝中浮尘后，将嵌缝条嵌入缝隙，嵌平实后用自攻螺钉钉固。

(11)连接固定设备、电气。隔声墙中设置暗管、暗线时，所有管线均不得与相邻石膏板、龙骨(双排龙骨或错位排列龙骨)相碰。在两排龙骨之间至少应留5 mm空隙，在两排龙骨的一侧翼缘上粘贴3 mm厚、50 mm宽的毡条。

(12)踢脚台施工。当设计要求设置踢脚台(墙垫)时，应先对楼地面基层进行清理，并涂刷界面处理剂一遍，然后浇筑C20素混凝土踢脚台。上表面应平整，两侧面应垂直。踢脚台内是否配置构件钢筋或埋设预埋件，应根据设计要求确定。

二、木龙骨隔墙施工

1. 基本构造

木龙骨隔墙(隔断)一般采用木方材做骨架，采用木拼板、木条板、胶合板、纤维板、塑料板等作为饰面板。它可以代替刷浆、抹灰等湿作业施工，减轻建筑物自身质量，增强保温、隔热、隔声性能，并可降低劳动强度，加快施工进度。木龙骨轻质罩面板隔墙基本构造如图5-4所示。

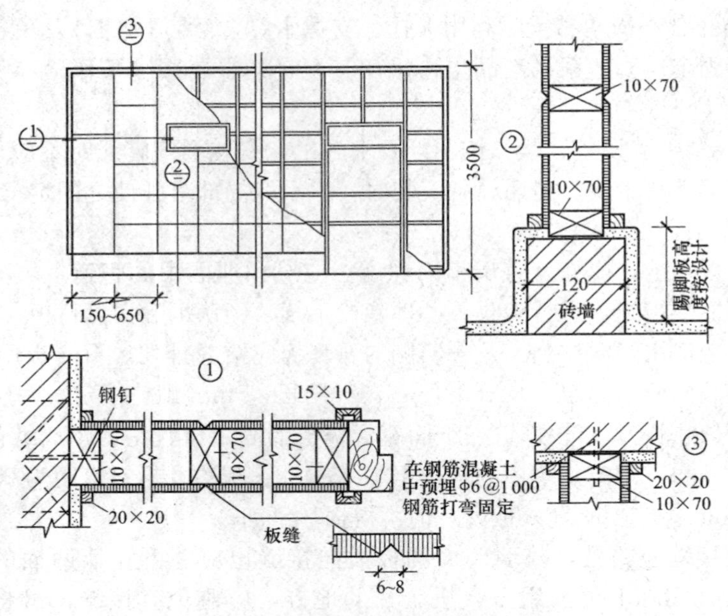

图 5-4　木龙骨轻质罩面板隔墙构造

1—下槛；2—上槛；3—横撑；4—立筋

2. 材料质量要求

(1)木骨架。方木的含水率应不大于 25%，通风条件较差的地方选用木方材的含水率应不大于 20%。应按消防要求对木龙骨做防火处理。

(2)罩面板。罩面板应具有出厂合格证。木骨架隔墙工程中常用的罩面板主要有：纸面石膏板、矿棉板、胶合板、纤维板等。罩面板表面应平整、边缘整齐，不应有污垢、裂缝、缺角、翘曲、起皮、色差和图案不完整等缺陷。胶合板、木质纤维板不应脱胶、变色和腐朽。

(3)防火材料。用某些阻燃剂或防火涂料对木材进行处理，使之成为难燃材料。常用阻燃剂有磷酸铵、氯化铵、硼酸等。阻燃剂处理木材的方法是将阻燃剂溶液浸注到木材内，从而抑止木材在高温下热分解或阻滞热传递，达到阻燃效果。用于木材防火的涂料为饰面型防火涂料，其涂在木材表面可起防火阻燃和装饰的作用。

3. 施工工艺流程

弹线分格→木龙骨防火处理→拼装木龙骨架→木龙骨架安装→罩面板安装。

4. 施工要点

(1)弹线分格。在地面和墙面上弹出墙体位置宽度线和高度线，找出施工的基准点和基准线，使施工中有所依据。

(2)木龙骨防火处理。隔墙所用木龙骨需进行防火处理。

(3)拼装木龙骨架。对于面积不大的墙身，可一次拼成木龙骨架后，再安装固定在墙面上。对于大面积的墙身，可将木龙骨架分片拼组安装固定。

(4)木龙骨架安装。

1)木龙骨架中，上、下槛与立柱的断面多为 50 mm×70 mm 或 50 mm×100 mm，有时也用 45 mm×45 mm、40 mm×60 mm 或 45 mm×90 mm。斜撑与横挡的断面与立柱相同，也可稍小一些。立柱与横挡的间距要与罩面板的规格相配合。一般情况下，立柱的间距可取 400 mm、450 mm 或 455 mm，横挡的间距可与立柱的间距相同，也可适当放大。

2)安装立筋时，立筋要垂直，其上下端要顶紧上下槛，分别用钉斜向钉牢，然后在立筋之间钉横撑。横撑可不与立筋垂直，将其两端头按相反方向锯成斜面，以便楔紧和钉牢。横撑的垂直间距宜为 1.2～1.5 m。在门樘边的立筋应加大断面或者是双根并用。

3)窗口的上、下边及门口的上边应加横楞木，其尺寸应比门窗口大 20～30 mm，在安装门窗口时同时钉上。门窗樘上部宜加钉人字撑。

(5)罩面板安装。

1)立筋间距应与板材规格配合，以减少浪费。一般间距取 40～60 cm，然后在立筋的一面或两面钉板。

2)用胶合板罩面时，钉长为 25～35 mm，钉距为 80～150 mm，钉帽应打扁，并钉入板面 0.5～1 mm，钉眼应用油性腻子抹平，以防止板面空鼓、翘曲，钉帽生锈。如用盖缝条固定胶合板，钉距不应大于 200 mm，钉帽应顺木纹钉入木条面 0.5～1 mm。

3)用硬质纤维板罩面时，在阳角应做护角。纤维板上墙前应用水浸透，晾干后安装。

三、石膏龙骨隔墙施工

1. 基本构造

石膏龙骨一般用于现装石膏板隔墙。当采用 900 mm 宽石膏板时，龙骨间距为 453 mm；当采用 1 200 mm 宽石膏板时，龙骨间距为 603 mm；隔声墙的龙骨间距一律为 453 mm，并错位排列。石膏板宽与龙骨间距见表 5-5。

表 5-5　石膏板宽与龙骨间距　　mm

类型	板　宽	龙骨间距	构　造
非隔声墙	900	453	453　453
	1 200	603	603　603
隔声墙	900	453	面层板宽 1 200 453　453
	1 200		

2. 材料质量要求

(1)龙骨。石膏龙骨隔墙所用龙骨的规格、品种应符合设计及规范要求，且应具备出厂合格证。

(2)罩面板。罩面板表面应平整、边缘整齐，不应有污垢、裂缝、缺角、翘曲、起皮、色差和图案不完整等缺陷。

(3)其他材料。罩面板所使用的螺钉、钉子宜镀锌。其他(如胶黏剂等)材料的品种、规格、断面尺寸、颜色、物理及化学性质应符合设计要求。

3. 施工工艺流程

放线→做垫墙→粘贴辅助龙骨→黏结竖龙骨和斜撑→安装吊挂件→罩面板安装。

4. 施工要点

(1)放线。按设计要求，在地面上画出隔墙位置线，将线引测到侧面墙、顶棚上或梁下面。

(2)做垫墙。当踢脚线采用湿作业时，为了防潮，隔墙下端应做墙垫(或称导墙)。墙垫可用素混凝土，也可砌 2～3 皮砖。墙垫的侧面要垂直，上表面要水平，与楼板的结合要牢固。

(3)粘贴辅助龙骨。按隔墙放线位置，沿隔墙四周(即墙垫上面、两侧墙面和楼板底面)粘贴辅助龙骨。辅助龙骨用两层石膏板条黏合，其宽度按隔墙厚度选择，在其背面满涂胶黏剂与基层粘贴牢固，两侧边要找直，多余的胶黏剂应及时刮净。如果隔墙采用木踢脚板且不设置墙垫时，可在楼地面上直接粘贴辅助龙骨，龙骨上粘贴木砖，中距为 300 mm，并做出标记，以便于踢脚板的安装。

(4)黏结竖龙骨和斜撑。如果隔墙上没有门窗口时，竖龙骨从墙的一端开始排列；如设有门窗口时，则从门窗口开始排列，向一侧或向两侧排列。用线坠或靠尺找垂直，先黏结安装墙两端龙骨，龙骨上下端满涂胶黏剂，上端与辅助龙骨顶紧，下端用一对木楔涂胶适度挤严，木楔周围用胶黏剂包上，龙骨上部两侧用黏石膏块固定。当隔墙两端龙骨安装符合要求后，在龙骨的一侧拉线 1～2 道，安装中间龙骨与线找齐。对于有门窗洞口的隔墙，必须先安装门窗洞口一侧的龙骨，随即立口，再安装另一侧的龙骨，不得后塞口。

斜撑用辅助龙骨截取，两端作斜面，蘸胶与龙骨黏合，其上端的上方和下端的下方应粘贴石膏板块固定，防止斜撑移动；墙高大于 3 m 时，需接长龙骨，接头两侧用长 300 mm 辅助龙骨(或两层石膏板条)粘贴夹牢，并设横撑一道。横撑水平安装，两端的下方应粘贴石膏板块固定。

(5)安装吊挂件。石膏龙骨石膏板隔墙面需要设置吊挂措施时，单层石膏板隔墙可采用挂钩吊挂，吊挂质量限于 5 kg 以内；也可采用 T 形螺栓吊挂，单层板的吊挂质量为 10～15 kg，双层板吊挂质量为 15～25 kg；也可在双层板墙体上黏结木块吊挂，吊挂质量可达 15～25 kg。采用伞形螺栓作吊挂时，单层板吊挂质量为 10～15 kg，双层板吊挂质量为 15～25 kg。

(6)罩面板安装。石膏龙骨隔墙一般都用纸面石膏板作为面板，固定面板的方法一是粘，二是钉。纸面石膏板可用胶黏剂直接粘贴在石膏龙骨上，粘贴方法是：先在石膏龙骨上满刷 2 mm 厚的胶黏剂，接着将石膏板正面朝外贴上去，再用 50 mm 长的圆钉钉上，钉距为 400 mm。

四、骨架隔墙工程实例

××宾馆轻钢龙骨纸面石膏板隔墙施工

1. 材料质量要求

(1)所用材料按要求在现场妥善存放，防止损坏、受潮。

(2)现场堆放的材料一律按环保贯标要求执行。

(3)在楼内材料运输过程中严禁碰撞损坏周围成品。

2. 施工机具

板锯、无齿锯、电钻、射钉枪、直流电焊机、激光水平放线仪、冲击钻等。

3. 作业条件

(1)主体结构已经验收，屋面已经做好防水层。

(2)室内弹出+50 cm标高线。

(3)作业的环境温度不应低于5 ℃。

(4)根据设计图和提出的备料计划，隔墙全部材料已经进场并配套齐全。

(5)主体结构墙、柱为砖砌体时，应在隔墙交接处按500 mm间距预埋防腐木砖。

(6)先做样板墙一道，经鉴定合格后在大面积施工。

4. 施工工艺流程

弹线、分档→龙骨安装、固定→电气铺管、安装附墙设备→龙骨检查校正补强→安装石膏罩面板→接缝及护角处理。

5. 施工要点

(1)弹线、分档：在土建基础墙体上应按照施工图纸设计要求的尺寸预先弹线确定竖向龙骨横撑龙骨及附加龙骨位置，弹线清楚，位置准确。

(2)龙骨安装、固定。

1)固定沿顶、沿地龙骨：沿弹线位置固定沿顶、沿地龙骨，用膨胀螺栓固定，固定点距应不大于600 mm，龙骨对接应保持平直。

2)固定边框龙骨：沿弹线位置固定边框龙骨，龙骨的边线应与弹线重合。龙骨的端部应固定，固定点间距应不大于1 000 mm，固定应牢固。边框龙骨与基体之间，应按设计要求安装密封条。

3)选用支撑卡系列龙骨时，应先将支撑卡安装在竖向龙骨的开口上，卡距为400～600 mm，与龙骨两端的距离为20～25 mm。

4)安装竖向龙骨应垂直，龙骨间距应按设计要求布置。设计无要求时，其间距可按板宽确定，如板宽为900 mm、1 200 mm时，其间距分别为453 mm、603 mm。

5)安装贯通系列龙骨时，低于3 000 mm的隔墙安装一道；3 000～5 000 mm的隔断安装两道；5 000 mm以上的隔断安装三道。

6)安装饰面板。饰面板横向接缝处，如不在沿顶、沿地龙骨上，应加横撑龙骨固定板缝。

7)门窗或特殊节点处，使用附加龙骨，安装应符合设计要求。

8)对于特殊结构的隔墙龙骨安装(如曲面、斜面隔断等)应符合设计要求。

(3)电气铺管、安装附墙设备：按图纸要求预埋管道和附墙设备。要求与龙骨安装同步进行，或在另一面石膏板封板前进行，并采取局部加强措施，固定牢固。

(4)龙骨检查校正补强：安装饰面板前，应检查隔断骨架的牢固程度，门窗框、各种附墙设备、管道安装和固定是否符合设计要求。如有不牢固处应进行加固。龙骨的立面垂直偏差应不大于3 mm，表面平整应不大于2 mm。

(5)安装石膏罩面板。

1)石膏板宜竖向铺设，长边(即包缝边)接缝应落在竖龙骨上。但隔墙为防火墙时石膏板应横向铺设。

2)龙骨两侧的石膏板及龙骨一侧的内外两层石膏板应错缝排列，接缝不得落在同一根龙骨上。

3)石膏板用自攻螺钉固定。沿石膏板周边螺钉间距不应大于 200 mm，中间部分螺钉间距不应大于 300 mm，螺钉与板边缘的距离应为 10～16 mm。

4)安装石膏板时，应从板的中部向板的四边固定，钉头略埋入板内，但不得损坏纸面。钉眼应用石膏腻子抹平。

5)石膏板宜使用整板。如需对接时，应紧靠，但不得强压就位。

6)隔墙端部的石膏板与周围的墙或柱应留有 3 mm 的槽口。施工时，先在槽口处加注嵌缝石膏，然后铺板，挤压嵌缝石膏使其和邻近表层紧密接触。

7)安装防火石膏板时，石膏板不得固定在沿顶、沿地龙骨上应另设横撑龙骨加以固定。

8)隔墙板的下端如用木踢脚板覆盖，罩面板应距离地面 20～30 mm；用大理石、水磨石踢脚板时，罩面板下端应与踢脚板上口齐平，接缝严密。

9)铺放墙体内的玻璃棉、矿棉板、岩棉板等填充材料，与安装另一侧纸面石膏板同时进行，填充材料应铺满铺平。

(6)接缝及护角处理。纸面石膏板接缝做法有三种形式，即平缝、凹缝和压条缝。一般做平缝较多，可按以下程序处理：

1)纸面石膏板安装时，其接缝处应适当留缝(一般为 5～8 mm)，且必须坡口与坡口相接。接缝内浮土应清除干净。

2)采用 WKF 接缝腻子时，先刷一道界面剂。用小刮刀把 WKF 接缝腻子嵌入板缝，板缝要嵌满嵌实，与坡口刮平。待腻子干透后，检查嵌缝处是否有裂纹产生，如产生裂缝要分析原因，并重新嵌缝。

在接缝坡口处刮约 1 mm 厚的 WFK 腻子，然后粘贴玻纤带，压实刮平。

当腻子开始凝固又且处于潮湿状态时，再刮一道 WFK 腻子，将玻纤带埋入腻子中，并将板缝填满刮平。

3)采用玻璃钢嵌缝时，用石膏胶泥腻子填嵌于板缝中，要求腻子填嵌密实、平整。低于坡口 1 mm 待石膏腻子干燥，进行砂纸打磨。打磨、清理后涂刷一道环氧树脂胶黏剂，粘贴玻纤带(玻纤带已事先涂环氧树脂胶黏剂固化)，要求粘贴平整无气泡。

第二节　板材隔墙工程施工技术

板材隔墙是指用高度等于室内净高的不同材料的板材(条板)组装而成的非承重分隔体。它具有不需要设置墙体龙骨骨架的特点。板材隔墙在室内建筑中使用率很高，可节省材料和降低工程造价。

一、石膏板隔墙施工

石膏板是以建筑石膏($CaSO_4 \cdot 1/2H_2O$)为主要原料生产制成的一种质量轻、强度高、厚度薄、加工方便、隔声、隔热和防火性能较好的建筑材料。我国常用石膏空心条板。它是以天然石膏或化学石膏为主要原料，掺加适量水泥或石灰、粉煤灰为辅助胶结料，并加入少量增强纤维，经加水搅拌制成料浆，再经浇筑成型，抽芯、干燥而成。随着科学技术的发展，石膏板在建筑装饰工程中应用越来越广泛，品种也越来越多。如纸面石膏板、装饰石膏板、石膏空心条板、纤维石膏板和石膏复合墙板等。其中，应用最广泛的是石膏空心条板和石膏复合墙板。

(一)石膏条板隔墙一般构造

石膏条板的一般规格，长度为2 500～3 000 mm，宽度为500～600 mm，厚度为60～90 mm。石膏条板表面平整光滑，且具有质量较轻(表观密度为600～900 kg/m^3)、比强度高(抗折强度为2～3 MPa)，隔热[热导率为0.22 W/(m^2 · K)]、隔声(隔声指数>300 dB)、防火(耐火极限为1～2.25 h)、加工性好(可锯、刨、钻)、施工简便等优点。其品种按照原材料不同，可分为石膏粉煤灰硅酸盐空心条板、磷石膏空心条板和石膏空心条板；按照防潮性能不同，可分为普通石膏空心条板和防潮石膏空心条板。

石膏空心条板一般用单层板作分室墙和隔墙，也可用双层空心条板，内设空气层或矿棉组成分户墙。单层石膏空心板隔墙，也可用割开的石膏板条做骨架。板条宽为150 mm，整个条板的厚度约为100 mm，墙板的空心部位可穿电线，板面上固定开关及插销等，可按需要钻成小孔，将圆木固定于上。

石膏空心条板隔墙板与梁(板)的连接，一般采用下楔法，即下部与木楔楔紧后，然后再填充干硬性混凝土。其上部固定方法有两种：一种为软连接；另一种为直接顶在楼板或梁下。为施工方便较多采用后一种方法。墙板之间，墙板与顶板以及墙板侧边与柱、外墙等之间均用108胶水泥砂浆黏结。凡墙板宽度小于条板宽度时，可根据需要随意将条板锯开再拼装黏结。空心板隔墙的隔声性能及外观和尺寸允许偏差见表5-6和表5-7。

表5-6　石膏珍珠岩空心条板隔墙隔声性能

构造	厚度/mm	单位面积质量/(kg · m^{-2})	隔声性能	
			指数	平均值
单层石膏珍珠岩空心板	60	38	31	31.35
双层石膏珍珠岩空心板，中间加空气层	60+50+60	76	40	40.76
双层石膏珍珠岩空心板，中间填棉毡	60+50+60	83	46	46.95

表5-7　石膏空心条板外观和质量允许偏差

项次	项目	技术指标
1	对角线偏差/mm	<5
2	抽空中心线位移/mm	<3
3	板面平整度	长度2 mm、翘曲不大于3 mm
4	掉角	掉角的两直角边长度不得同时大于60 mm×40 mm，若小于60 mm×40 mm，同板面不得有两处
5	裂纹	裂纹长度不得大于100 mm，若小于100 mm，在同一板面不得有两处
6	气孔	不得有三个以上大于10 mm的气孔

(二)石膏空心板隔墙施工

1. 施工工艺流程

石膏空心板隔墙的施工工艺流程为：结构墙面、地面和顶面清理找平→墙体位置放线、分档→配板、修补→架立简易支架→安装U形钢板卡(有抗震要求时)→配制胶黏剂→安装隔墙板→安装门窗框→安装设备和电气→板缝处理→板面装修。

2. 施工要点

(1)结构墙面、地面和顶面清理找平。清理隔墙板与顶面、地面、墙体的结合部位，凡凸出墙面的砂浆、混凝土块和其他杂物等必须剔除并扫净，隔墙板与所有的结合部位应找平。

(2)墙体位置放线、分档。在建筑室内的地面、墙面及顶面，根据隔墙的设计位置，弹好隔墙的中心线、两边线及门窗洞口线，并按照板的宽度进行分档。

(3)配板、修补。隔墙所用的石膏空心板应按下列要求进行配板和修补：

1)板的长度应按楼层结构净高尺寸减20～30 mm。

2)计算并测量门窗洞口上部及窗口下部的隔板尺寸，按此尺寸进行配板。

3)当板的宽度与隔墙的长度不适应时，应将部分板预先拼接加宽(或锯窄)成合适的宽度，放置在适当的位置。

4)隔板安装前要进行选板，如有缺棱掉角，应用与板材材性相近的材料进行修补，未经修补的坏板不得使用。

(4)架立简易支架。按照放线位置在墙的一侧(即在主要使用房间墙的一面)架立一个简单木排架，其两根横杠应在同一垂直平面内，作为竖立墙板的靠架，以保证墙体的平整度。简易支架支撑后，即可安装隔墙板。

(5)安装U形钢板卡(有抗震要求时)。当建筑结构有抗震要求时，应按照设计中的具体规定，在两块条板顶端的拼缝处设U形或L形钢板卡，将条板与主体结构连接。U形或L形钢板卡用射钉固定在梁和板上，随安板随固定U形或L形钢板卡。

(6)配制胶黏剂。条板与条板拼缝、条板顶端与主体结构黏结，宜采用1号石膏型胶黏剂。胶黏剂要随配随用，常温下应在30 min内用完，过时不得再加水加胶重新配制和使用。

(7)安装隔墙板。非地震区的条板连接，可采用刚性黏结，如图5-5所示；地震地区的条板连接，可采用柔性结合连接，如图5-6所示。

隔墙板的安装顺序，应从与结构墙体的结合处或门洞口处向两端依次进行安装，安装的步骤如下：

1)为使隔墙条板与墙面、顶面和地面黏结牢固，在正式安装条板前，应当认真清刷条板侧面上的浮灰和杂物。

2)在结构墙面、顶面、条板顶面、条板侧面涂刷一层1号石膏型胶黏剂，然后将条板立于预定的位置，用木楔(木楔背高为20～30 mm)顶在板底两侧各1/3处，再用手平推条板，使条板的板缝冒浆，一人用特制的撬棍(山字夹或脚踏板等)在条板底部向上顶，另一人快速打进木楔，使条板顶部与上部结构底面贴紧。

在条板安装的过程中，应随时用2 m靠尺及塞尺测量隔墙面的平整度，同时用2 m托线板检查条板的垂直度。

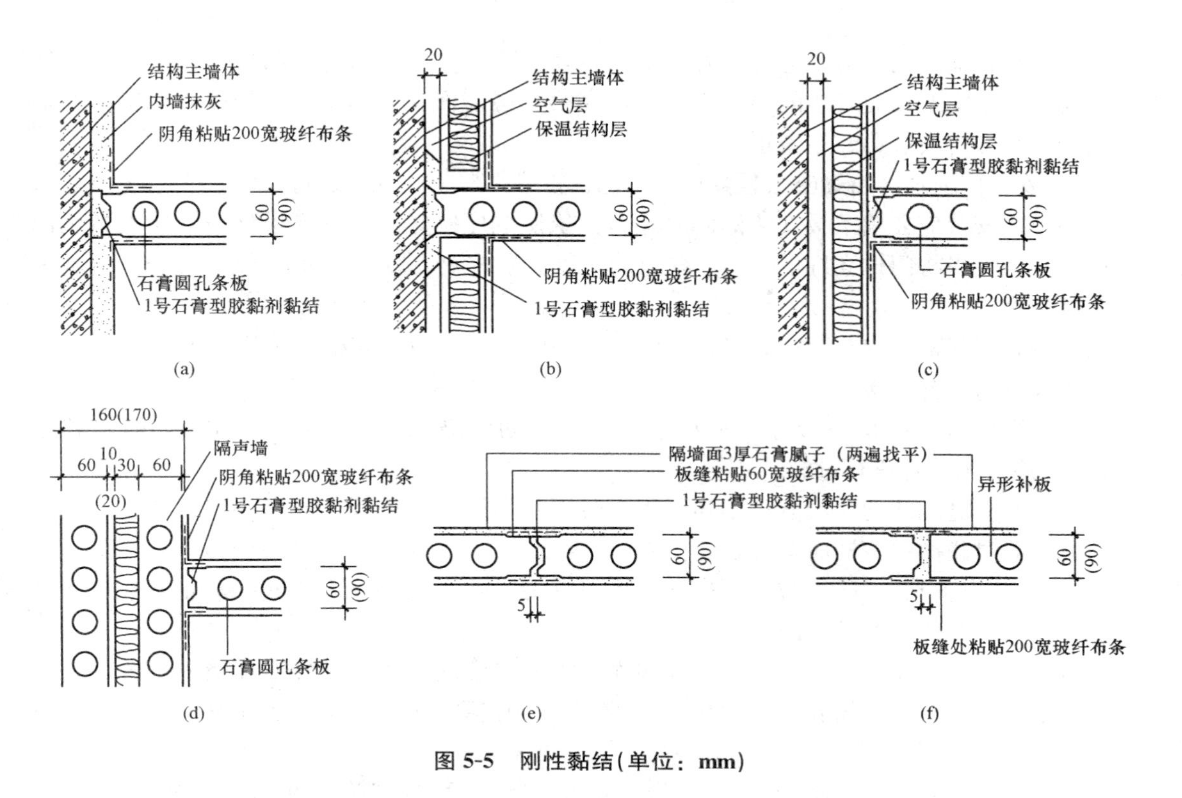

图 5-5　刚性黏结(单位：mm)

图 5-6　柔性结合连接(单位：mm)

3)隔墙条板黏结固定后，在 24 h 后用 C20 干硬性细石混凝土将条板下口堵严，细石混凝土的坍落度以 0～20 mm 为宜，当细石混凝土的强度达到 10 MPa 以上时，可撤去条板下的木楔，并用同等强度的干硬性水泥砂浆灌实。

4)双层板隔断的安装，应先立好一层条板，再安装第二层条板，两层条板的接缝要错开。隔声墙中需要填充轻质隔声材料时，可在第一层条板安装固定后，把吸声材料贴在墙板内侧，然后再安装第二层条板。

(8)安装门窗框。石膏空心板隔墙上的门窗框应按照下列规定进行安装：

1)门框安装应在墙条板安装的同时进行，依照顺序立好门框，当板材按顺序安装至门口位置时，应当将门框立好、挤严，缝隙的宽度一般控制在3～4 mm，然后再安装门框的另一侧条板。

2)金属门窗框必须与门窗洞口板中的预埋件焊接，木质门窗框应采用L形连接件，一端用木螺钉与木框连接，另一端与门窗口板中的预埋件焊接。

3)门窗框与门窗口条板连接应严密，它们之间的缝隙不宜超过3 mm，如缝隙超过3 mm时应加木垫片进行过渡。

4)将所有缝隙间的浮灰清理干净，用1号石膏型胶黏剂嵌缝。嵌缝一定要严密，以防止门窗开关时碰撞门窗框而造成裂缝。

(9)安装设备和电气。在石膏空心板隔墙中安装必要的设备和电气是一项不可缺少和复杂的工作，可按照下列要求进行操作：

1)安装水暖、煤气管卡。按照水暖和煤气管道安装图，找准其标高和竖向位置，划出管卡的定位线，然后在隔墙板上钻孔扩孔(不允许剔凿孔洞)，将孔内的碎屑清理干净，用2号石膏型胶黏剂固定管卡。

2)安装吊挂埋件。隔墙板上可以安装碗柜、设备和装饰物，在每一块条板上可设两个吊点，每个吊点的吊重不得大于80 kg。先在隔墙板上钻孔扩孔(不允许猛击条板)，将孔内的碎屑清理干净，用2号石膏型胶黏剂固定埋件，待完全干燥后再吊挂物体。

3)铺设电线管、稳接线盒。按电气安装图找准位置并划出定位线，然后铺设电线管、稳接线盒。所有电线管必须顺着空心石膏板的板孔铺设，严禁横铺和斜铺。稳接线盒，先在板面钻孔(防止猛击)，再用扁铲扩孔，孔径应大小适度方正。将孔内的碎屑清理干净，用2号石膏型胶黏剂稳住接线盒。

(10)板缝处理和板面装修。石膏空心板隔墙的板缝处理和板面装修应符合下列要求：

1)板缝处理。石膏空心板隔墙条板在安装10 d后，检查所有的缝隙是否黏结良好，对已黏结良好的板缝、阴角缝，先清理缝中的浮灰，用1号石膏型胶黏剂粘贴50 mm宽玻璃纤维网格带，转角隔墙在阳角处粘贴200 mm宽(每边各100 mm)玻璃纤维布一层。

2)板面装修。用石膏腻子将板面刮平，打磨后再刮第二道腻子，再打磨平整，最后做饰面层。在进行板面刮腻子时，要根据饰面要求选择不同强度的腻子。

3)隔墙踢脚处理。先在板的根部刷一道胶液，再做水泥或水磨石踢脚；如做塑料、木踢脚线，可先钻孔打入木楔，再用圆钉钉在隔墙板上。

4)粘贴瓷砖。墙面在粘贴瓷砖前，应将板面打磨平整，为加强黏结力，先刷108胶水泥浆一道，再用108胶水泥砂浆粘贴瓷砖。

(三)石膏复合墙板隔墙的施工

1. 石膏复合墙板隔墙一般构造

石膏面层的复合墙板是指用两层纸面石膏板或纤维石膏板和一定断面的石膏龙骨或木龙骨、轻钢龙骨，经过黏结、干燥而制成的轻质复合板材。常用石膏板复合墙板如图 5-7 所示。

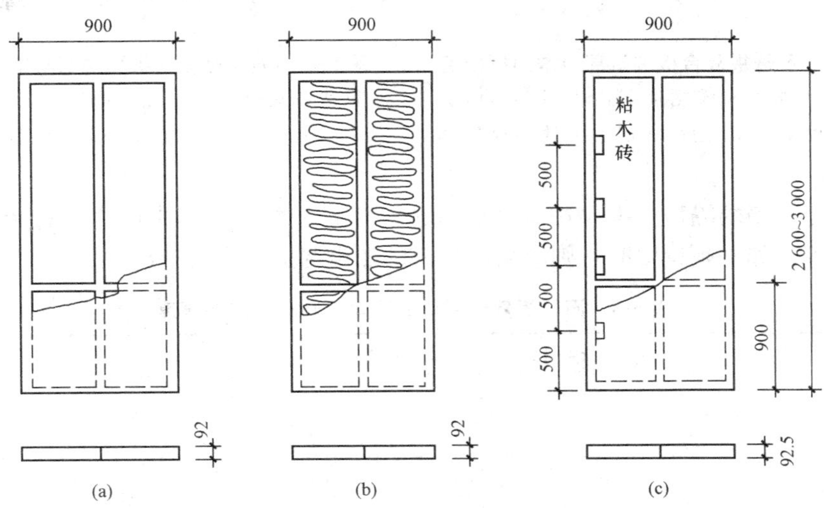

图 5-7 常用石膏板复合墙板示意(单位：mm)

石膏板复合墙板按照其面板不同，可分为纸面石膏板与无纸面石膏复合板；石膏板复合墙板按照其隔声性能不同，可分为空心复合板与实心复合板；石膏板复合墙板按照其用途不同，可分为一般复合板与固定门框复合板。纸面石膏复合板的一般规格：长度为 1 500～3 000 mm，宽度为 800～1 200 mm，厚度为 50～200 mm；无纸面石膏复合板的一般规格：长度为 3 000 mm，宽度为 800～900 mm，厚度为 74～120 mm。

2. 石膏复合墙板的安装施工

石膏板复合板一般用作分室墙或隔墙，也可用两块复合板中设空气层组成分户墙。隔墙墙体与梁或楼板连接，一般常采用下楔法，即墙板下端垫木楔，填干硬性混凝土。隔墙下部构造，可根据工程需要做墙基或不做墙基，墙体和门框的固定，一般选用固定门框用复合板，钢木门框固定于预埋在复合板的木砖上，木砖的间距为 500 mm，可采用黏结和钉钉结合的固定方法。墙体与门框的固定如图 5-8～图 5-11 所示。

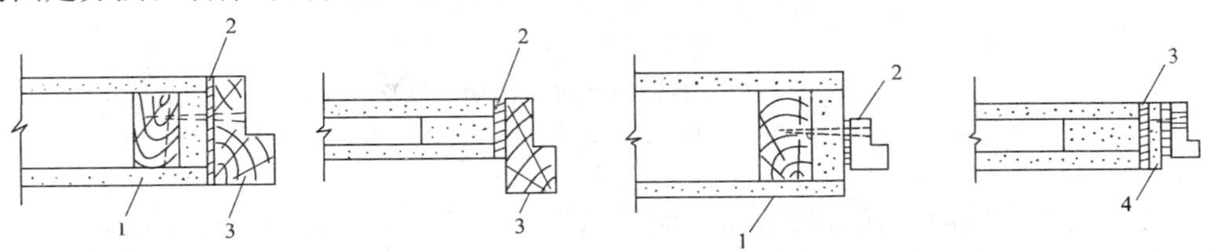

图 5-8 石膏板复合板墙与木门框的固定

1—固定门框用复合板；2—黏结料；3—木门框

图 5-9 石膏板复合板墙与钢门框的固定

1—固定门框用复合板；2—钢门框；3—黏结料；4—水泥刨花板

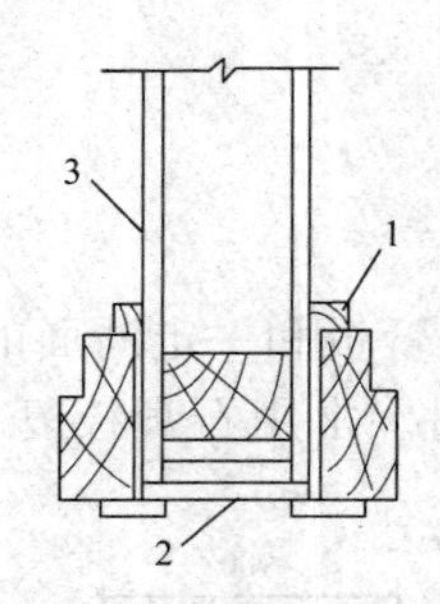

图 5-10　石膏板复合板墙端部与木门框固定

1—用 108 胶水泥砂浆粘贴木门口并用螺钉固牢；2—用厚石膏板封边；3—固定门框用复合板

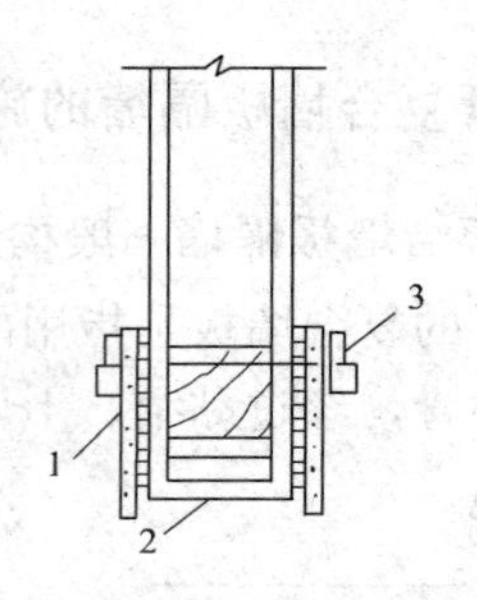

图 5-11　石膏板复合板墙端部与钢门框固定

1—粘贴 12 mm×105 mm 水泥刨花板，并用螺钉固定；2—用厚石膏板封边；3—用木螺钉固定门框

石膏板复合墙的隔声标准要按设计要求选定隔声方案。墙体中应尽量避免设电门、插座、穿墙管等，如必须设置时，则应采取相应的隔声构造，见表 5-8。

表 5-8　石膏板复合墙体的隔声、防火和限制高度

类别	墙厚/mm	质量/(kg·m^{-2})	隔声指数/dB	耐火极限/h	墙体限制高度/mm
非隔声墙	50	26.6	—	—	—
	92	27～30	35	0.25	3 000
隔声墙	150	53～60	42	1.5	3 000
	150	54～61	49	>1.5	3 000

石膏板复合板隔墙的安装施工顺序为：墙体位放线→墙基施工→安装定位架→复合板安装、并立门窗口→墙底缝隙填充干硬性细石混凝土。

在墙体放线以后，先将楼地面适度凿毛，将浮灰清扫干净，洒水湿润，然后现浇混凝土墙基；复合板安装应当从墙的一端开始排放，按排放顺序进行安装，最后剩余宽度不足整板时，必须按照所缺尺寸补板。补板的宽度大于 450 mm 时，在板中应增设一根龙骨，补板时在四周粘贴石膏板条，再在板条上粘贴石膏板；隔墙上设有门窗口时，应先安装门窗口一侧较短的墙板，随即立口，再安装门窗口的另一侧墙板。

一般情况下，门口两侧墙板宜使用边角比较方正的整板，在拐角两侧的墙板也应使用整板，如图 5-12 所示。

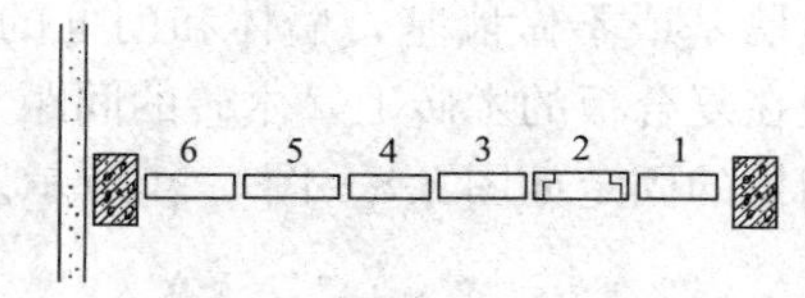

图 5-12　石膏板复合板隔墙安装次序示意

1、3—整板(门口板)；2—门口；4、5—整板；6—补板

在复合板安装时，在板的顶面、侧面和门窗口外侧面，应清除浮土后均匀涂刷胶黏料成“∧”状，安装时侧向面要严密，上下要顶紧，接缝内胶黏剂要饱满(要凹进板面 5 mm 左右)。接缝宽度为 35 mm，板底部的空隙不大于 25 mm，板下所塞木楔上下接触面应涂抹胶黏料。为保证位置和美观，木楔一般不撤除，但不得外露于墙面。

第一块复合板安装后，要认真检查垂直度，按照顺序进行安装时，必须将板上下靠紧，并用检查尺进行找平，如发现板面接缝不平，应及时用夹板校正，如图 5-13 所示。

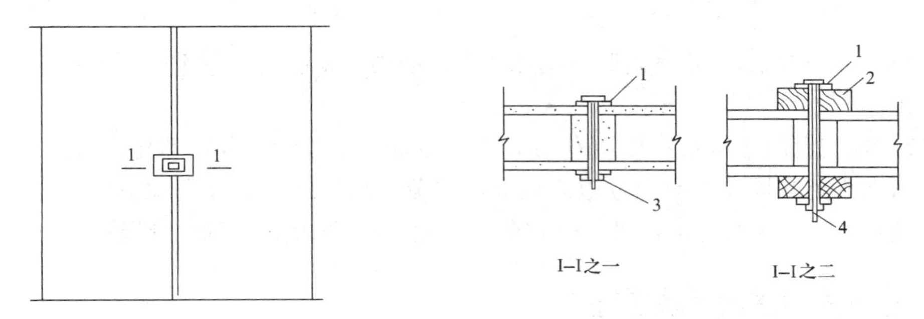

图 5-13　复合板墙板板面接缝夹板校正示意

1—垫圈；2—木夹板；3—销子；4—M6 螺栓

双层复合板中间留空气层的墙体，其安装要求为：先安装一道复合板，暴露于房间一侧的墙面必须平整；在空气层一侧的墙板接缝，要用胶黏剂勾严密封。安装另一面复合板前，插入电气设备管线的安装工作，第二道复合板的板缝要与第一道墙板缝错开，并使暴露于房间一侧的墙面平整。

二、加气混凝土板隔墙施工

加气混凝土条板是以钙质材料(水泥、石灰)、含硅材料(石英砂、尾矿粉、粉煤灰、粒化高炉矿渣、页岩等)和加气剂作为原料，经过磨细、配料、搅拌、浇筑、切割和蒸压养护(8 或 15 个大气压下养护 6～8 h)等工序制成的一种多孔轻质墙板。条板内配有适量的钢筋，钢筋宜预先经过防锈处理，并用点焊加工成网片。加气混凝土条板可以做室内隔墙，也可作为非承重的外墙板。由于加气混凝土能利用工业废料，产品成本比较低，能大幅度降低建筑物的自重，生产效率较高，保温性能较好，因此具有较好的技术经济效果。

加气混凝土条板按照其原材料不同，可分为水泥—矿渣—砂、水泥—石灰—砂和水泥—石灰—粉煤灰加气混凝土条板；加气混凝土隔墙条板的规格：厚度为 75 mm、100 mm、120 mm、125 mm；宽度一般为 600 mm；长度根据设计要求而定。条板之间黏结砂浆层的厚度，一般为 2～3 mm，要求砂浆饱满、均匀，以使条板与条板黏结牢固。条板之间的接缝可做成平缝，也可做成倒角缝。

加气混凝土条板隔墙一般采用垂直安装，安装要点如下：

(1)板的两侧应与主体结构连接牢固，板与板之间用黏结砂浆黏结，沿板缝上下各 1/3 处按 30°角钉入金属片，在转角墙和丁字墙交接处，在板高上下 1/3 处，应斜向钉入长度不小于 200 mm、直径为 8 mm 的铁件。

(2)加气混凝土条板上下部的连接，可采用刚性节点做法：在板的上端抹黏结砂浆，与梁或楼板的底部黏结，下部两侧用木楔顶紧，最后在下部的缝隙用细石混凝土填实。

(3)加气混凝土条板内隔墙的安装，应从门洞处向两端依次进行，门洞两侧宜用整块条板。无门洞时，应按照从一端向另一端顺序安装。板间黏结砂浆的灰缝宽度以 2～3 mm 为宜，一般不得超过 5 mm。板底部的木楔需要经过防腐处理，按板的宽度方向楔紧。

(4)加气混凝土条板隔墙安装，要求墙面垂直，表面平整，用 2 m 靠尺来检查其垂直度和平整度，偏差最大不应超过规定 4 mm。隔墙板的最小厚度，不得小于 75 mm；当厚度小于 125 mm 时，其最大长度不应超过 3.5 m。对双层墙板的分户墙，两层墙板的缝隙应相互错开。

(5)墙板上不宜吊挂重物，否则宜损坏墙板，如果确实需要吊挂重物，则应采取有效的措施进行加固。

(6)装卸加气混凝土板材应使用专用工具，运输时应对板材做好绑扎措施，避免松动、碰撞。板材在现场的堆放点应靠近施工现场，避免二次搬运。堆放场地应坚实、平坦、干燥，不得使板材直接接触地面。堆放时宜侧立放置，注意采取覆盖保护措施，避免雨淋。

三、石棉水泥复合板隔墙施工

石棉是指具有高抗张强度、高挠性、耐化学和热侵蚀、电绝缘和具有可纺性的矿物产品。石棉由纤维束组成，而纤维束又由很长、很细的能相互分离的纤维组成。石棉具有高度耐火性、电绝缘性和绝热性，是重要的防火、绝缘和保温材料。目前，石棉制品或含有石棉的制品有近 3 000 种，主要用于机械传动、制动以及保温、防火、隔热、防腐、隔声、绝缘等方面，其中较为重要的方面是汽车、化工、电器设备、建筑业等制造部门。

用于建筑隔墙的石棉水泥板的种类很多，按其表面形状不同有平板、波形板、条纹板、花纹板和各种异形板；除普通的素色板外，还有彩色石棉水泥板和压出各种图案的装饰板。石棉水泥面板的复合板，有夹带芯材的夹层板、以波形石棉水泥板为芯材的空心板、带有骨架的空心板等。

石棉水泥板是以石棉纤维与水泥为主要原料，经制坯、压制、养护而制成的薄型建筑装饰板材。这种复合板具有防水、防潮、防腐、耐热、隔声、绝缘等性能，板面质地均匀，着色力强，并可进行锯割、钻孔和钉固加工，施工比较方便，主要适用于现场装配板墙、复合板隔墙及非承重复合隔墙。

现装石棉水泥板面层的复合墙板安装工艺，基本上与石膏板复合板隔墙相同，但需注意以下几项：

(1)以波形石棉水泥板为芯材的复合板，是用合成树脂黏结料黏结起来的，采用石棉水泥小波板时，复合板的最小厚度一般为 28 mm。

(2)石棉水泥板在装运时，要用立架进行堆放，并用草垫塞紧，装饰时不得抛掷、碰撞，长距离运输需要钉箱包装，每箱不超过 60 张。

(3)堆放石棉水泥板的场地，应当坚实平坦，板应码垛堆放，堆放的高度不得超过 1.2 m，板的上面要用草垫或苫布进行覆盖，严禁在阳光下暴晒和雨淋。

四、钢丝网水泥板隔墙施工

钢丝网水泥板是以钢丝网或钢丝网和加筋为增强材，以水泥砂浆为基材组合而成的一种薄壁结构材料。室内隔墙所用钢丝网水泥板，其质量和技术性能应符合现行国家标准《钢丝网水泥板》(GB/T 16308—2008)中的规定。

1. 施工工艺流程

钢丝网水泥板隔墙的施工工艺流程为：结构墙面、顶面、地面清理和找平→进行施工放线→配夹心板及配套件→安装夹心板→安装门窗框→安埋件、敷设线管、稳接线盒→检查校正补强→面层喷刷处理剂→制备砂浆→抹一侧底灰→喷防裂剂→抹另一侧底灰→喷防裂剂→抹中层灰→抹罩面灰→面层装修。

2. 施工要点

(1)施工放线。按照设计的隔墙轴线位置，在地面、顶面、侧面弹出隔墙的中心线和墙体的厚度线，画出门窗洞口的位置。当设计有要求时，按设计要求确定埋件的位置，当设计无明确要求时，按 400 mm 间距画出连接件或锚筋的位置。

(2)配钢丝网架夹心板及配套件。当设计有要求时，按设计要求配钢丝网架夹心板及配套件；当设计无明确要求时，可按以下原则进行配置：

1)当隔墙的高度小于 4 m 时，宜整板上墙。拼板时应错缝拼接。当隔墙高度或长度超过 4 m 时，应按设计要求增设加劲柱。

2)对于有转角的隔墙，在墙的拐角处和门窗洞口处应采用折板；裁剪的配板，应放在与结构墙、加劲柱的结合处；所裁剪的板的边缘，宜为一根整钢丝，拼缝时应用 22 号镀锌钢丝绑扎固定。

3)各种配套用的连接件、加固件和埋件要配齐。凡是采用未镀锌的铁件，要刷防锈漆两道进行防锈处理。

(3)安装网架夹心板。当设计对钢丝网架夹心板的安装、连接、加固补强有明确要求时，必须按设计要求进行；当设计无明确要求时，可按以下原则施工：

1)连接件的设置。

①对墙、梁、柱上已预埋锚筋(一般为直径 10 mm、6 mm，长度为 300 mm，间距为 400 mm)应顺直，并刷防锈漆两道；

②地面、顶板、混凝土梁、柱、墙面未设置锚固筋时，可按 400 mm 的间距埋膨胀螺栓或用射钉固定 U 形连接件，也可打孔插筋作为连接件，即紧贴钢丝网架两边打孔，孔距为 300 mm，孔径为 6 mm，孔深为 50 mm，两排孔应错开，孔内插入直径为 6 mm 的钢筋，下部埋入 50 mm，上部露出 100 mm。地面上的插筋可以不用环氧树脂锚固，其余的孔应先进行清孔，再用环氧树脂锚固插筋。

2)安装夹心板。按照放线的位置安装钢丝网架夹心板，板与板的接缝处用箍码或 22 号镀锌钢丝绑扎牢固。

3)夹心板与混凝土墙、柱、砖墙连接处，以及阴角要用钢丝网加固，阴角角网总宽为 300 mm，一边用箍码或 22 号镀锌钢丝与钢丝网架连接，另一边用钢钉与混凝土墙、柱固定或用骑马钉与砖墙固定。

4)夹心板与混凝土墙、柱连接处的平缝，可用 300 mm 宽的平网加固，一边用箍码或 22 号镀锌钢丝与钢丝网架连接，另一边用钢钉与混凝土墙、柱固定。

5)用箍码或 22 号镀锌钢丝连接的，箍码或扎点的间距为 200 mm，并呈梅花形进行布点。

(4)门窗洞口加固补强及门窗框。安装当设计有明确要求时，必须按设计要求进行；当设计无明确要求时，可按以下原则施工：

1)门窗洞口加固补强。门窗洞口的加固补强，应按以下方法进行：

①门窗洞口各边用通长槽网和 2 根直径为 10 mm 钢筋加固补强，槽网总宽为 300 mm，直径长度为 10 mm 钢筋洞边加 400 mm；

②门洞口的下部，用 2 根直径为 10 mm 钢筋与地板上的锚筋或膨胀螺栓焊接；

③窗洞四角、门洞的上方两个角，用长度为 500 mm 的之字条按 45°方向双面加固。网

与网用箍码或22号镀锌钢丝连接，直径为10 mm的钢筋用22号镀锌钢丝绑扎。

2)门窗框的安装。根据门窗框的安装要求，在门窗洞口处按设计要求安放预埋件，以便连接门窗框。

(5)安装埋件、敷设线管、稳接线盒。

1)按照图纸要求埋设各种安埋件、敷设线管、稳接线盒等，并应与夹心板的安装同步进行，要确实固定牢固。

2)预埋件、接线盒等的埋设方法是按所需大小的尺寸抠去聚苯或岩棉，在抠洞的部位要喷一层EC－1表面处理剂，然后用1∶3水泥砂浆固定预埋件或稳住接线盒。

3)电线管等管道应用22号镀锌钢丝与钢丝网架绑扎牢固。

(6)检查校正补强。正式抹灰前，要详细检查夹心板、门窗框、各种预埋件、管道、接线盒的安装和固定是否符合设计要求。安装好的钢丝网架夹心板要形成一个稳固的整体，并做到基本平整、垂直。达不到设计要求的，要校正补强。

(7)制备水泥砂浆。水泥砂浆要用搅拌机搅拌均匀，稠度应合适。搅拌好的水泥砂浆应在初凝前用完，已凝固的砂浆不得二次掺水搅拌使用。

(8)抹一侧底灰。抹底灰应按以下规定进行：

1)抹一侧底灰前，先在夹心板的另一侧进行适当支顶，以防止抹底灰时夹心板出现晃动。抹灰前在夹心板上均匀喷一层EC－1表面处理剂，随即抹底灰。

2)抹底灰应按照现行国家标准《建筑装饰装修工程质量验收规范》(GB 50210—2018)中抹灰工程的规定进行。底灰的厚度为12 mm左右，底灰应基本平整，并用带齿的抹子均匀拉槽。抹完底灰后随即均匀喷一层EC－1表面防裂剂。

(9)抹另一侧底灰。在常温情况下，抹一侧底灰48 h后可拆去支顶，抹另一侧底灰，其操作方法同上。

(10)抹中层灰、罩面灰。在常温情况下，当两层底灰抹完48 h后可抹中层灰。操作应严格按抹灰工序的要求进行，按照阴角和阳角找方、设置标筋、分层赶平、进行修整、表面压光等工序的工艺作业。底灰、中层灰和罩面灰的总厚度为25～28 mm。

(11)进行面层装修。按照设计要求和饰面层的施工操作工艺，进行面层装修。

五、板材隔墙工程实例

××公寓蒸压加气混凝土板隔墙施工

1. 施工材料与机具

蒸压加气混凝土板材、专用胶粘剂、板材专用连接件、手提切割机、电动吊装机、泥板、拌料灰桶、尼龙吊带、运输车、钢管脚手架、移动脚手架等。

2. 施工工艺流程

弹线定位→清理安装位置上下端→弹条板安装分块线→配板、修补→安装条板。

3. 施工要点

(1)弹线定位：根据设计图纸尺寸的要求，将隔墙板的位置线弹好。

(2)清理安装位置的上下端，将安装条板的上下端清扫干净，缺楞掉角已修补牢固。下端混凝土带用水阴湿。

(3)弹条板安装分块线：在安装位置上将条板分块线、门位置线弹好。

(4)配板、修补：计算并量测门洞口上部的隔板尺寸，并按此尺寸配板。当板的宽度与隔墙的长度不相适应时，应将部分隔墙板预先拼接加宽(或锯窄)成合适的宽度，并放置在阴角处。有缺陷的板应修补。

(5)安装板条。

1)先配制胶粘剂，质量比为水泥：细砂：胶：水＝1：1：0.2：0.3。配制方法是先将水泥于细砂干拌均匀，再加入掺有胶的水溶液拌匀。胶粘剂应随用随拌，停止时间不能超过1 h，工具用毕应及时清洗干净。

2)安装时先在条板的上端及一个侧面，清扫干净，洇水，涂刮胶粘剂，将条板竖起直立，下端用撬棍垫起、扶稳，使板下端及侧边对准墙边线，再用托线板找正找直，调整后用力向侧面挤压，使条板接触面的胶粘剂均匀一致，最后用撬棍从下端撬紧，使条板上端于楼板底部预先刮的胶粘剂部位重合、粘紧，下部及时用木楔子楔紧，用C15半干硬性豆石混凝土将楔子之间空隙捻塞严实，养护3 d后，将木楔拆去，补捻豆石混凝土。

3)安装条板时各接触面均应刷胶粘剂，以利于粘结。

4)后塞门框的洞口，预留门洞的宽度以每边留20 mm的余量为宜。

第三节　玻璃隔墙(断)工程施工技术

玻璃隔墙(断)外观光洁、明亮，并具有一定的透光性。可根据需要选用彩色玻璃、刻花玻璃、压花玻璃、玻璃砖等，或采用夹花、喷漆等工艺。

一、玻璃隔断施工

1. 基本构造

玻璃隔断有底部带挡板、带窗台及落地等几种。其基本构造如图5-14所示。

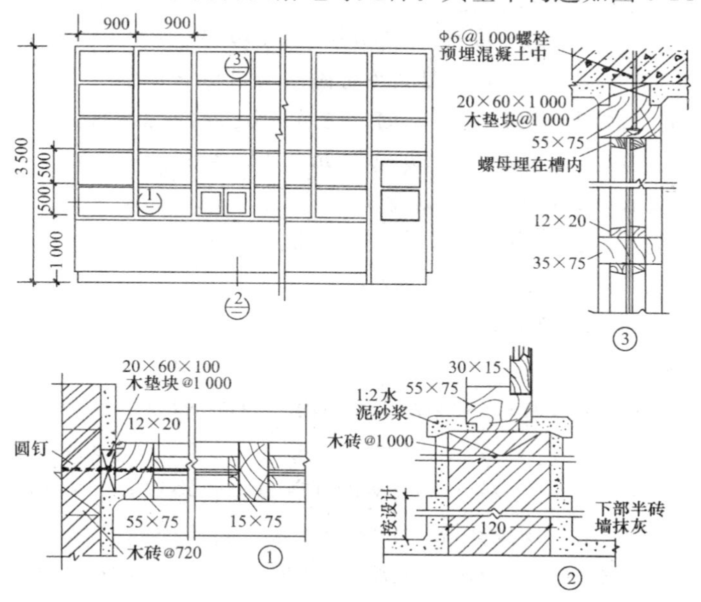

图5-14　玻璃隔断基本构造

2. 材料质量要求

(1)玻璃可以选用压花玻璃、磨砂玻璃、普通玻璃等。玻璃分块尺寸边长在 1 m 以内时，厚度选用 3 mm；在 1 m 及以上时，厚度选用 5 mm。玻璃表面无划痕、气泡、斑点等，并不得有裂缝、缺角、爆边等缺陷。

(2)骨架和装饰材料。金属材料、木材主要做支承玻璃的骨架和装饰条。

(3)钢筋。钢筋主要用于玻璃砖花格墙的拉结。

3. 施工要点

(1)墙位放线清晰，位置应准确。隔断基层应平整、牢固。

(2)拼花彩色玻璃隔断在安装前，应按拼花要求计划好各类玻璃和零配件需要量。把已裁好的玻璃按部位编号，并分别竖向堆放待用。安装玻璃前，应对骨架、边框的牢固程度进行检查；如有不牢固，应先加固。

(3)用木框安装玻璃时，在木框上要裁口或挖槽，其上镶玻璃，玻璃四周常用木压条固定。压条应与边框紧贴，不得弯棱、凸鼓。

(4)用铝合金框时，玻璃镶嵌后应用橡胶带固定玻璃。

(5)玻璃安装后，应随时清理玻璃面，特别是冰雪片彩色玻璃，要防止污垢积淤，影响美观。

二、玻璃砖隔墙施工

1. 基本构造

玻璃砖也称玻璃半透花砖，其形状是方扁体空心的玻璃半透明体，表面或内部有花纹出现。玻璃砖有实心砖与空心砖之分，玻璃砖隔墙常用于公共建筑之中。在近年来的家庭装饰中，玻璃砖隔墙也得到广泛的应用。

玻璃砖隔墙基本构造如图 5-15 所示。

2. 材料质量要求

(1)玻璃砖。实心玻璃砖一般厚度在 20 mm 以上。其规格多为 100 mm×100 mm×100 mm 和 300 mm×300 mm×100 mm。空心玻璃砖是由两块玻璃在高温下封接制成，中间充以干燥的空气，具有优良的保温隔热、抗压耐磨、透光折光等性能，有正方形、矩形及各种异形产品。玻璃砖的尺寸可按需要加工，以 115 mm、145 mm、240 mm、300 mm 居多。

(2)水泥。宜用 32.5 级或以上白水泥。

(3)砂子。选用筛余的白色砂砾，不含泥及其他颜色的杂质。

(4)掺合料。白灰膏、石膏粉、胶粘剂。

(5)其他材料。墙体水平钢筋、玻璃丝毡、槽钢等。

3. 施工工艺流程

选砖排砖→做基础底脚→扎筋→砌砖→做饰边→表面清理。

4. 施工要点

(1)选砖排砖。根据弹好的位置线，首先要认真核对玻璃砖墙长度尺寸是否符合排砖模数。玻璃砖应挑选棱角整齐、规格相同、对角线基本一致、表面无裂痕和磕碰的砖。

(2)做基础底脚。根据需要砌筑的玻璃砖墙尺寸，计算玻璃砖的数量和排列，两玻璃砖对缝砌筑的留缝间距为 5～10 mm，根据排砖作出基础底脚，它应略小于玻璃砖墙的厚度。

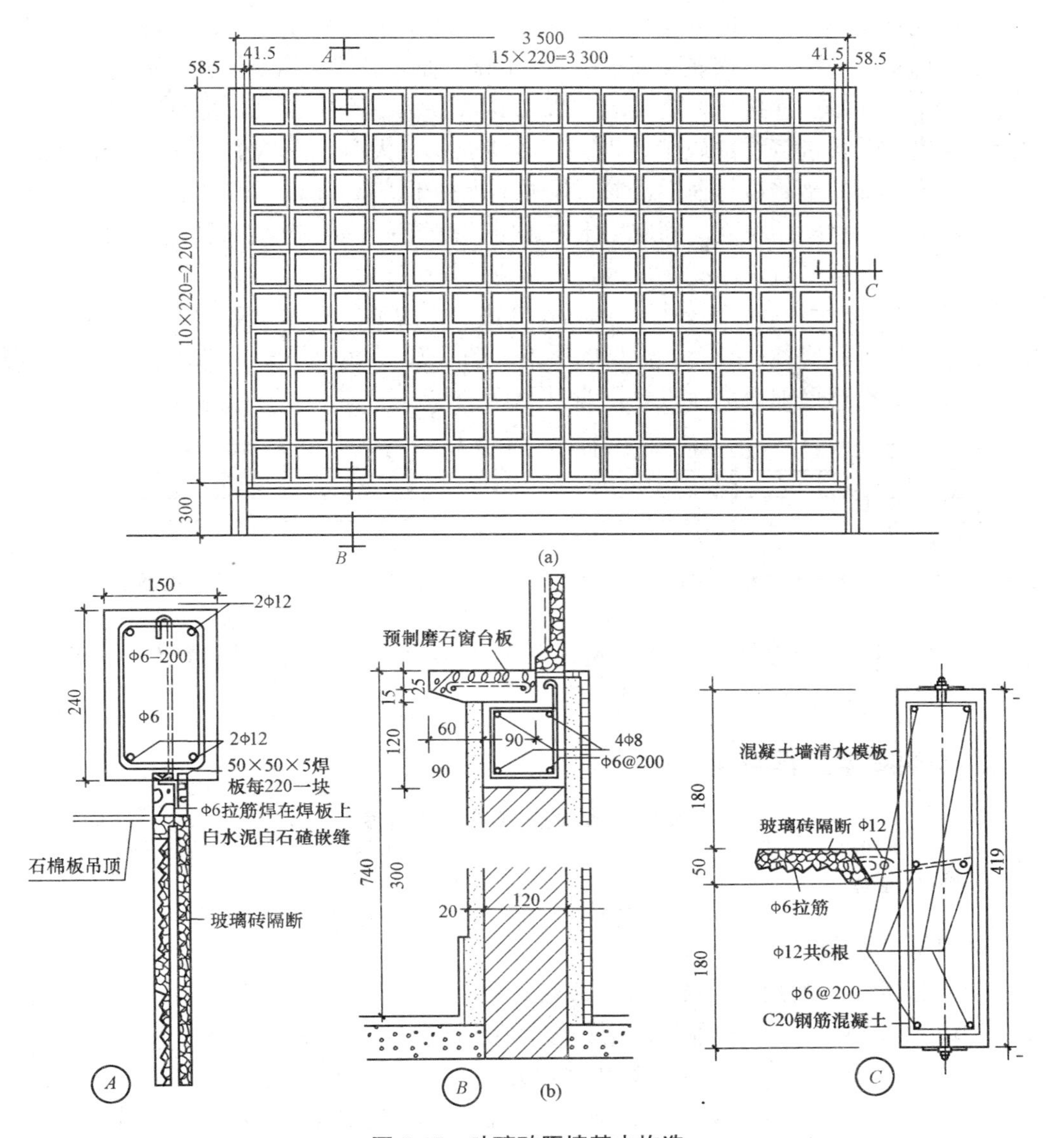

图 5-15　玻璃砖隔墙基本构造

(a)玻璃砖隔断立面；(b)构造节点

(3)扎筋。室内玻璃砖隔墙的高度和长度均超过 1.5 m 时，应在垂直方向上每 2 层空心玻璃砖水平布 2 根 Φ6(或 Φ8)的钢筋(当只有隔墙的高度超过 1.5 m 时，放 1 根钢筋)，在水平方向上每 3 个缝至少垂直布 1 根钢筋(错缝砌筑时除外)。

(4)砌砖。砌砖时，应按上、下层对缝的方式，自下而上砌筑，两玻璃砖之间的砖缝不得小于 10 mm，也不得大于 30 mm。玻璃砖砌筑用砂浆按白水泥：细砂＝1：1 或白水泥：108 胶＝100：7(质量比)的比例调制。白水泥浆要有一定稠度，以不流淌为好。每层玻璃砖在砌筑之前，宜在玻璃砖上放置垫木块，其长度有两种：玻璃砖厚度为 50 mm 时，木垫块长 35 mm 左右；玻璃砖厚度为 80 mm 时，木垫块长 60 mm 左右。每块玻璃砖上放 2 块垫木块，卡在玻璃砖的凹槽内。砌筑时，将上层玻璃砖压在下层玻璃砖上，同时使玻璃砖的中间槽卡在木垫块上，两层玻璃砖的间距为 5～8 mm，每砌筑完一层后，用湿布将玻璃砖面上沾着的水泥浆擦去。水泥砂浆铺砌时，水泥砂浆应铺得稍厚一些，慢慢挤揉，立缝灌砂浆一定要捣实。缝中承力钢筋间隔小于 650 mm，伸入竖缝和横缝，并与玻璃砖上下、两侧的框体和结构体牢固连接。玻璃砖墙宜以 1.5 m 高为一个施工段，待下部施工段胶结料达到设计强度后，再进行上部施工。当玻璃砖墙面积过大时，应增加支撑。最上层的空心玻璃砖应深入顶部的金属型材框中，深入尺寸不得小于 10 mm 且不得大于 25 mm。空心玻璃砖与顶部金属型材框的腹面之间应用木楔固定。砌筑完毕应进行表面勾缝，先勾水平缝，再勾垂直缝，缝面应平滑，深度应一致，表面应擦拭干净。

(5)做饰边。玻璃砖墙若无外框，则需作饰边。饰边通常有木饰边和不锈钢饰边。木饰边可根据设计要求作成各种线形，常见的形式如图 5-16 所示。不锈钢饰边常用的有单柱饰边、双柱饰边、不锈钢钢板槽饰边等，如图 5-17 所示。

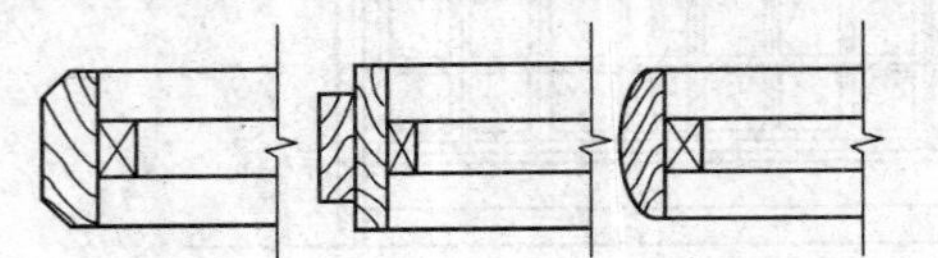
图 5-16　玻璃砖墙常见木饰边

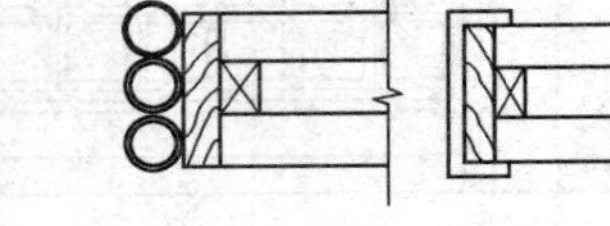
图 5-17　不锈钢饰边常见形式

(6)表面清理。玻璃砖隔墙安装完成后，应对其表面进行清洁，不得留有油灰、浆灰、密封膏、涂料等斑污。

三、玻璃隔墙工程实例

××大厦玻璃隔断施工方案

(一)施工准备

1. 材料质量要求

(1)玻璃隔断工程所用材料的品种、规格、性能、图案和颜色应符合设计要求。玻璃板隔墙应使用安全玻璃。安全玻璃中的夹层玻璃必须符合《建筑用安全玻璃　第 3 部分：夹层玻璃》(GB 15763.3—2009)的规定；钢化玻璃必须符合《建筑用安全玻璃　第 2 部分：钢化玻璃》(GB 15763.2—2005)的规定。玻璃应无裂痕、缺损和划痕。进场材料应有产品合格证书和性能检测报告。

(2)铝合金建筑型材应符合《铝合金建筑型材》(GB 5237.1～5237.5—2017)的规定，槽钢应符合《热轧型钢》(GB/T 706—2016)的规定，所用钢筋应符合现行国家标准中规定的 HPB300 级钢筋的要求。

(3)水泥应采用符合现行国家标准《通用硅酸盐水泥》(GB 175—2007)规定的 42.5 级硅酸盐水泥。

白水泥应采用符合现行国家标准《白色硅酸盐水泥》(GB/T 2015—2017)规定的 32.5 级白色硅酸盐水泥。

(4)配制砌筑砂浆用砂的粒径不得大于 3 mm，配制勾缝砂浆用砂的粒径不得大于 1 mm。

2. 主要施工机具

空气压缩机、电圆锯、曲线锯、电动气泵、冲击钻、手电钻、手提式电刨、木刨、扫槽刨、线刨、射钉枪、螺钉旋具(螺丝刀)、铝合金靠尺、水平尺、粉线包、墨斗、小白线、卷尺、方尺、线坠、托线板、玻璃吸盘、胶枪等。

3. 作业条件

(1)主体结构完成及交接验收，并清理现场。

(2)砌墙时应根据顶棚标高在四周墙上预埋防腐木砖。

(3)木龙骨必须进行防火处理，并应符合有关防火规范的规定。直接接触结构的木龙骨应预先刷防腐漆。

(4)做隔断房间须在地面的湿作业工程前将直接接触结构的木龙骨安装完毕，并做好防腐处理。

(二)施工工艺

1. 木基架与玻璃板的安装

(1)玻璃与基架木框的结合不能太紧，玻璃放入木框后，在木框的上部和侧边应留有3 mm左右的缝隙，该缝隙是为玻璃热胀冷缩用的。对大面积玻璃板来说，留缝尤为重要，否则在受热变化时将会开裂。

(2)安装玻璃前，检查玻璃的角是否方正，检查木框的尺寸是否正确，是否有走形现象。在校正好的木框内侧，定出玻璃安装的位置线，并固定好玻璃板靠位线条。

(3)将玻璃装入木框内，其两侧距木框的缝隙应相等，并在缝隙中注入玻璃胶，然后钉上固定压条，固定压条最好用射钉枪钉。

对于面积较大的玻璃板，安装时应用玻璃吸盘器吸住玻璃，再用手握住吸盘器将玻璃提起来安装。

2. 玻璃与金属框架的安装

(1)玻璃与金属方框架安装时，先要安装玻璃靠位线条，靠位线条可以是金属角线，也可以是金属槽线。固定靠位线条通常是用自攻螺钉。

(2)根据金属框架的尺寸裁割玻璃，玻璃与框架的结合不能太紧密，应按小于框架3～5 mm的尺寸裁割玻璃。

(3)安装玻璃前，应在框架下部的玻璃放置面上，涂一层厚2 mm的玻璃胶。玻璃安装后，玻璃的底边就压在玻璃胶层上。或者放置一层橡胶垫，玻璃安装后，底边压在橡胶垫上。

(4)将玻璃放入框内，并靠在靠位线条上。如果玻璃面积较大，应用玻璃吸盘器安装。玻璃板距金属框两侧的缝隙相等，并在缝隙中注入玻璃胶，然后安装封边压条。

如果封边压条是金属槽条，而且为了表面美观不得直接用自攻螺钉固定时，可采用先在金属框上固定木条，然后在木条上涂环氧树脂胶(万能胶)，把不锈钢槽条或铝合金槽条卡在木条上，以达到装饰目的。如果没有特殊要求，可用自攻螺钉直接将压条槽固定在框架上。

(三)成品保护

(1)龙骨及玻璃安装时，应注意保护顶棚、墙内安装好的各种管线；龙骨的天龙骨不得固定在通风管道及其他设备上。

(2)施工部位已安装的门窗，已施工完的地面、墙面、窗台等应注意保护，防止损坏。

(3)木骨架材料，特别是玻璃材料，在进场、存放、使用过程中应妥善管理，使其不变形、受潮、损坏、污染。

(4)其他专业的材料不得置于已安装好的龙骨架和玻璃上。

第四节　其他隔墙(断)工程施工技术

一、铝合金隔墙(断)工程施工

铝合金各段使用铝合金框架为装饰和固定材料，将整块玻璃(单层或双层)安装在铝合金框架内，从而形成整体隔墙的效果。工程实践证明，铝合金和钢化玻璃墙体组合极具现代风格，体现简约、时尚、大气的风格。尤其钢化玻璃的采光性极好，实现室内明亮、通透的效果，并可灵活组成任意角度。

1. 铝合金龙骨材料要求

铝合金型材是在纯铝中加入锰、镁等合金元素经轧制而制成，其具有质轻、耐蚀、耐磨、美观、韧性好等诸多特点。铝合金型材表面经氧化着色处理后，可得到银白色、金色、青铜色和古铜色等几种颜色，其色泽雅致，造型美观，经久耐用，具有制作简单、连接牢固等优点。主要适合于写字楼办公室间隔、厂房间隔和其他隔断墙体。铝合金隔墙与隔断常用的铝合金型材有大方管、扁管、等边槽和等边角四种。铝合金隔断墙用铝型材见表5-9。

表5-9　铝合金隔墙与隔断用铝型材

序号	型材名称	外形截面尺寸长×宽/(mm×mm)	单位质量/(kg·m^{-1})	产品编号
1	大方管	76.20×44.45	10.894	4228
2	扁管	76.20×25.40	0.661	4217
3	等边槽	12.7×12.7	0.10	5302
4	等边角	31.8×31.8	0.503	6231

2. 铝合金隔墙(断)施工工艺

铝合金隔墙与隔断是用铝合金型材组成框架。其主要施工工序：弹线定位→画线下料→安装固定→安装饰面板及玻璃。

3. 铝合金隔墙(断)施工要点

(1)弹线定位。铝合金龙骨弹线定位主要包括：根据施工图确定隔墙在室内的具体位置；确定隔墙的高度；竖向型材的间隔位置等。铝合金龙骨弹线定位的顺序为：首先弹出地面位置线；再用垂直法弹出墙面位置和高度线，并检查与铝合金隔墙相接墙面的垂直度；然后，标出竖向型材的间隔位置和固定点位置。

(2)画线下料。铝合金龙骨的画线下料是要求非常细致的一项工作，画线的准确度很高，其精度要求长度误差为±0.5 mm。画线时，通常在地面上铺一张干净的木夹板，将铝合金型材放在木夹板上，用钢尺和钢针对型材画线。同时，在画线操作时注意不要碰伤型材表面。画线下料应注意以下几点：

1)应先从隔断墙中最长的型材开始，逐步到最短的型材，并应将竖向型材与横向型材分开画线。

2)画线前，应注意复核一下实际所需尺寸与施工图中所标注的尺寸是否有误差。如误差小于 5 mm，则可按施工图尺寸下料；如误差较大，则应按实量尺寸施工。

3)在进行铝合金龙骨画线时，要以沿顶部和沿地面所用型材的一个端头为基准，画出与竖向型材的各连接位置线，以保证顶、地之间竖向型材安装的垂直度和对位准确性。要以竖向型材的一个端头为基准，画出与横向型材各连接位置线，以保证各竖向龙骨之间横档型材安装的水平度。在画连接位置线时，必须画出连接部位的宽度，以便在连接宽度范围内安置连接铝角。

4)铝合金型材的切割下料，主要用专门的铝材切割机，切割时应夹紧铝合金型材，锯片缓缓与铝合金型材接触，切不可猛力下锯。切割时应根据画线切割，或留出线痕，以保证尺寸的准确。在进行切割中，进刀要用力均匀才能使切口平滑。在快要切断时，进刀用力要轻，以保证切口边部的光滑。

(3)安装固定。半高铝合金隔断墙，通常是先在地面组装好框架后，再竖立起来固定；全封铝合金隔断墙通常是先固定竖向型材，再安装横档型材来组装框架。铝合金型材相互连接主要是用铝角和自攻螺钉。铝合金型材、铝合金框架与地面、墙面的连接则主要是用铁脚固定法。

(4)安装饰面板和玻璃。铝合金型材隔墙在 1 m 以下的部分，通常采用铝合金饰面板，其余部分通常是安装安全玻璃。

二、彩色压型金属板面层复合板隔断施工

彩色压型钢板复合墙板是以波形彩色压型钢板为面层板，以轻质保温材料为芯层，经复合而制成的轻质保温墙板，它具有质量较轻、保温性能好、立面美观、施工速度快等优点，使用的压型钢板敷有各种防腐耐蚀涂层，所以，还具有耐久性好、抗蚀性强等特性。这种复合墙板的尺寸，可根据压型板的长度、宽度、保温设计要求及选用保温材料，而制作不同长度、宽度和厚度的复合板。

彩色压型钢板复合板的接缝构造，基本上有两种形式：一种是在墙板的垂直方向设置企口边；另一种是不设置企口边。按照其夹芯保温材料的不同，压型钢板复合板可以分为聚苯乙烯泡沫塑料板、岩棉板、玻璃棉板、聚氨酯泡沫塑料板等不同芯材的复合板。压型钢板复合板的构造如图 5-18 所示。

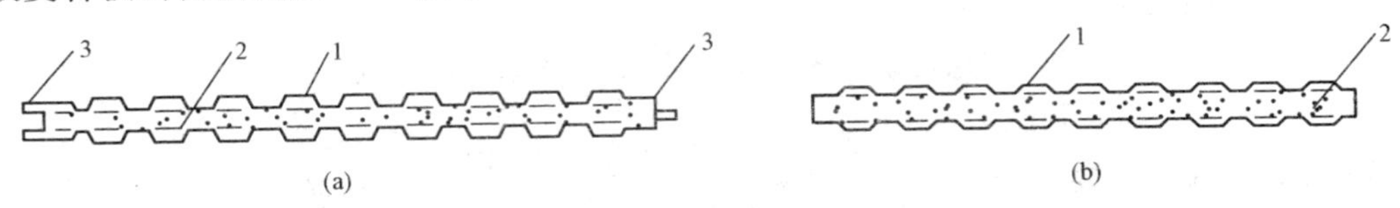

图 5-18　压型钢板复合板的构造

1—压型钢板；2—保温材料；3—企口边

我国生产的铝合金压型板(图 5-19)，一般规格为 3 190 mm×870 mm×0.6 mm，多与半硬质岩棉板(或其他轻质保温材料)和纸面石膏板组成复合墙板，主要用于预制和现场组

装外墙板，有的也可以用于室内隔墙。其复合墙板有两种构造形式：一是带空气间层板，即以铝合金压型板的大波向外，形成25 mm厚的空气间层；二是不带空气间层板，即以铝合金压型板的小波向外。

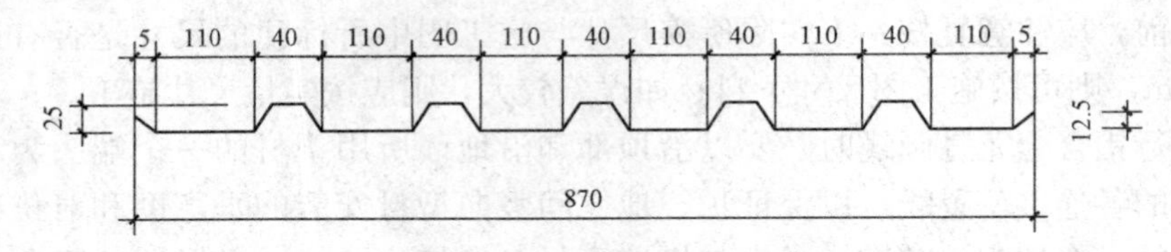

图5-19 铝合金压型板(单位：mm)

铝合金复合板墙板四周以轻钢龙骨为骨架，龙骨间距为：纵向870 mm，横向1 500 mm(带空气间层板)和3 000 mm(不带空气间层板)；石膏板和轻钢龙骨间用自攻螺钉固定，石膏板和岩棉板之间用白乳胶粘结，岩棉板与铝合金压型板之间用胶粘剂粘结，铝合金板与轻钢龙骨之间用抽芯铆钉固定；板的纵向自攻螺钉、抽芯铆钉的间距，应将长度平均分开，一般为250～300 mm；板两端的自攻螺钉、抽芯铆钉，按铝合金压型板的波均匀分布。

彩色压型钢板复合墙板是用两层压型钢板中间填放轻质保温材料作为保温层，在保温层中放两条宽50 mm的带钢筋箍，在保温层的两端各放三块槽形冷弯连接件和两块冷弯角钢串挂件，然后用自攻螺钉把压型板与连接件固定，钉距一般为100～200 mm。

三、活动隔墙(断)工程施工

活动式隔墙(断)使用灵活，在关闭时同其他隔墙一样能够满足限定空间、隔墙和遮挡视线等要求。有些活动式隔墙(断)，大面积或局部镶嵌玻璃，又具有一定的透光性，能够限定空间、隔声，而不遮挡视线。活动隔墙按照其操作方式不同，主要可分为拼装式活动隔墙、直滑式活动隔墙和折叠式活动隔墙。

1. 活动隔墙施工材料要求

(1)活动隔墙施工中所用的板材应根据设计要求选用，各种板材的技术指标应符合现行国家和行业标准中的相关规定。

(2)活动隔墙施工中所用的导轨槽、滑轮及其他五金配件应配套齐全，各种产品均应具有出厂合格证。

(3)活动隔墙施工中所用的防腐材料、填缝材料、密封材料、防锈漆、水泥、砂子、连接铁脚、连接板等，均应符合设计要求和现行标准的规定。

2. 活动隔墙施工工艺流程

定位放线→隔墙板两侧壁龛施工→上导轨安装→隔扇制作→隔扇安装→隔扇间连接→密封条安装→活动隔墙调试。

3. 活动隔墙施工要点

(1)定位放线。按照设计确定活动隔墙的位置，在楼地面上进行弹线，并将线引测至顶棚和侧面墙上，作为活动隔墙的施工依据。

(2)隔墙板两侧壁龛施工。为便于隔扇的安装和拆卸，活动隔墙一端要设一个槽形的补充构件，这样也有利于隔扇安装后掩盖住端部隔扇与墙面之间的缝隙。

(3)上导轨安装。为便于隔扇的装拆，隔墙的上部有一个通长的上槛(有槽形和T形两种)，用螺钉或钢丝固定在平顶上。

(4)隔扇制作。按设计要求进行隔扇的制作。

(5)隔扇安装。分别将隔扇两端嵌入上下槛导轨槽内。

(6)隔扇间连接。利用活动卡子连接固定隔扇，同时拼装成隔墙。

(7)密封条安装。隔扇底下应安装隔声密封条，靠隔扇的自重将密封条紧紧地压在楼地面上。

(8)活动隔墙调试。安装后，应进行隔墙的调试，保证隔墙推拉平稳、灵活、无噪声，不得有弹跳、卡阻现象。

四、活动隔墙(断)工程实例

××公寓直滑式活动隔墙的安装

1. 材料质量要求

(1)施工过程中所用的板材、导轨槽、滑轮及其他五金配件应根据设计要求选用，板材应符合相关国家标准和行业标准的规定，导轨槽、滑轮及其他五金配件应具有出厂合格证。

(2)施工中所用的防腐材料、填缝材料、密封材料、防锈漆、水泥、砂子、连接铁脚、连接板等，均应符合设计要求和现行标准的规定。

2. 施工机具

活动隔墙施工中所用的机具设备主要有：电锯、木工手锯、手提电钻、电动冲击钻、射钉枪、量尺、角尺、水平尺、线坠、钢丝刷、小灰槽、2 m 靠尺、开刀、2 m 托线板、专用撬棍、扳手、螺钉旋具、剪钳、橡皮锤、木楔、钻、扁铲等。

3. 施工作业条件

(1)建筑主体结构已验收，屋面防水工程试验合格。

(2)室内与活动隔墙相接的建筑墙面侧边已清理并修整平整，垂直度符合设计要求，按照施工规定已弹出+500 mm 标高线。

(3)设计无轨道的活动隔墙，室内抹灰工程(包括墙面、地面和顶棚)应施工完毕。

4. 施工工艺流程

定位放线→隔墙板两侧壁龛施工→上轨道安装→隔扇制作→隔扇安放、连接及密封条安装。

5. 施工要点

(1)定位放线。按照设计确定的活动隔墙位置，在楼地面上进行弹线，并将线引测至顶棚和侧面墙上，作为直滑式活动隔墙的施工依据。

(2)隔墙板两侧壁龛施工。活动隔墙的一端要设一个槽形的补充构件，补充构件的两侧各有一个密封条，与隔扇的两侧紧紧地相接。

(3)上轨道的断面为槽形。滑轮为四轮小车组。用螺栓将四轮小车组固定在隔扇上，隔扇与轨道之间用橡胶密封刷进行密封。

(4)隔扇的制作。直滑式隔墙隔扇的构造，其主体是一个木框架，两侧各贴一层木质纤维板，两层板的中间夹着隔声层，板的外面覆盖着聚乙烯饰面。隔扇的两个垂直边，用螺钉固定铝镶边。镶边的凹槽内，嵌有隔声用的泡沫聚乙烯密封条。直滑式隔墙的隔扇尺寸比较大，其宽度为 1 000 mm，厚度为 50～80 mm，高度为 1 000～3 500 mm。

(5)隔扇间安放、连接及密封条安装。图 5-20 所示为直滑式隔墙的立面图与节点图，后边的半扇隔扇与边缘构件用铰链连接着，中间各扇隔扇则是单独的。当隔扇关闭时，最前面的隔扇自然地嵌入槽形补充构件内。隔扇底下应安装隔声密封条，靠隔扇的自重将密封条紧紧地压在楼地面上，用以遮掩隔扇与楼地面之间的缝隙。

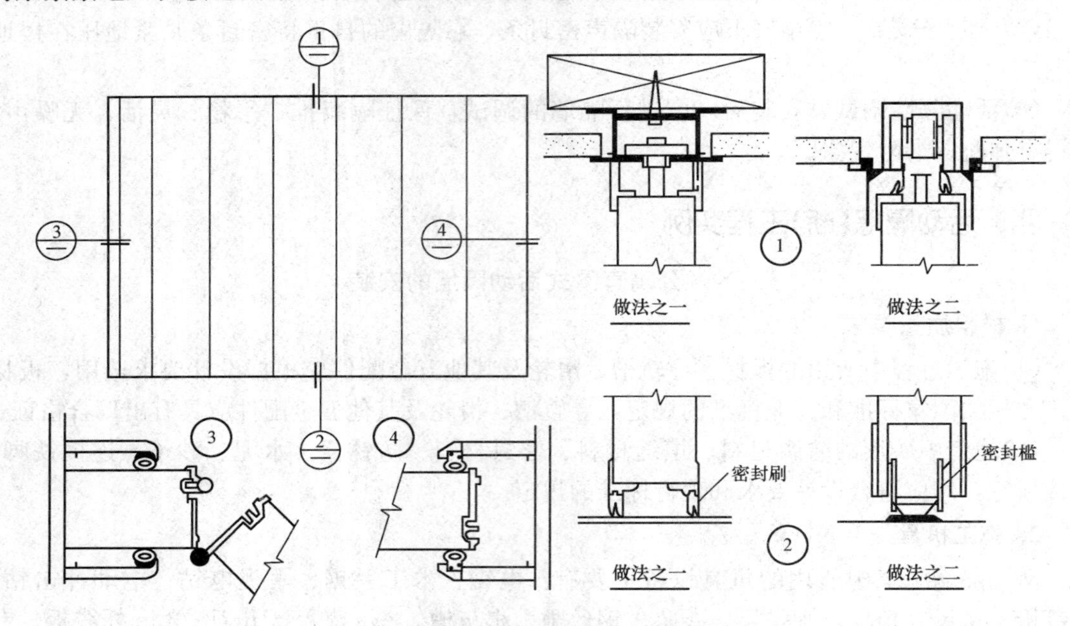

图 5-20　直滑式隔墙的立面图与节点图

本章小结

隔墙(断)是分隔室内空间的非承重构件。骨架隔墙是指以轻钢龙骨、木龙骨、石膏龙骨等为骨架，以纸面石膏板、人造木板、水泥纤维板等为墙面板的轻质隔墙；板材隔墙是指用高度等于室内净高的不同材料的板材(条板)组装而成的非承重分隔体；玻璃隔墙(断)外观光洁、明亮，并具有一定的透光性。可根据需要选用彩色玻璃、刻花玻璃、压花玻璃、玻璃砖等，或采用夹花、喷漆等工艺。除此之外，常见的隔墙(断)还有铝合金隔墙(断)、彩色压型金属板面层复合板隔断、活动隔墙(断)等。通过本章内容的学习，应掌握不同隔墙(断)施工所用的施工材料要求和施工技术要求。

复习思考题

一、填空题

1. ________是以薄壁镀锌钢带或薄壁冷轧退火卷带为原料，经冲压或冷弯而成的轻质隔墙板支撑骨架材料。

2. 石膏龙骨一般用于________。

3. 石膏龙骨隔墙一般都用纸面石膏板作为面板，固定面板的方法，一是________；二是________。

4. 石膏板是以________为主要原料生产制成的一种质量轻、强度高、厚度薄、加工方便、隔声、隔热和防火性能较好的建筑材料。

5. 石膏条板按照防潮性能不同，可分为________和________。

6. 石棉水泥板是以________与________为主要原料，经制坯、压制、养护而制成的薄型建筑装饰板材。

二、选择题

1. 石膏龙骨石膏板隔墙面需要设置吊挂措施时，单层石膏板隔墙可采用挂钩吊挂，吊挂质量限于(　　)kg以内。

A. 5　　B. 10　　C. 15　　D. 20

2. 石膏板复合墙板按照其面板不同，可分为(　　)。

A. 空心复合板与实心复合板　　B. 一般复合板与固定门框复合板

C. 纸面石膏板与无纸面石膏复合板　　D. 纸面石膏板与固定门框复合板

3. 石棉水泥板在长距离装运时，需要钉箱包装，每箱不超过(　　)张。

A. 60　　B. 70　　C. 80　　D. 90

4. 石棉水泥板的堆放高度不得超过(　　)m。

A. 1.2　　B. 1.5　　C. 2　　D. 2.2

5. 实心玻璃砖一般厚度在(　　)mm以上。

A. 5　　B. 10　　C. 15　　D. 20

三、问答题

1. 轻钢龙骨纸面石膏板隔墙施工时，如何进行石膏板的安装？

2. 木龙骨隔墙施工材料应符合哪些要求？

3. 木龙骨隔墙施工时，如何进行罩面板安装？

4. 石膏龙骨隔墙施工材料应符合哪些要求？

5. 石膏板隔墙所用的石膏空心板应如何进行配板和修补？

6. 石膏空心板隔墙上的门窗框应如何进行安装？

7. 加气混凝土条板隔墙安装应符合哪些要求？

第六章　幕墙工程装饰施工技术

学习目标

了解玻璃幕墙、金属幕墙和石材幕墙的构造；熟悉玻璃幕墙、金属幕墙和石材幕墙的施工工艺流程；掌握玻璃幕墙、金属幕墙和石材幕墙装饰施工所用材料与施工要求。

能力目标

通过本章内容的学习，能够进行玻璃幕墙、金属幕墙和石材幕墙装饰施工材料的选择，并能够按照设计和规范要求进行玻璃幕墙、金属幕墙和石材幕墙的装饰施工。

幕墙工程是现代建筑外墙非常重要的装饰工程，它新颖耐久、美观时尚、装饰感强，与传统装饰技术相比，具有施工速度快、工业化和装配化程度高、便于维修等特点，它是融建筑技术、建筑功能、建筑艺术、建筑结构为一体的建筑装饰构件。

第一节　玻璃幕墙工程施工技术

玻璃幕墙是现代建筑装饰中有着重要影响的饰面，具有质感强烈、形式造型性强和建筑艺术效果好等特点，但玻璃幕墙造价高，抗风、抗震性能较弱，能耗较大，对周围环境可能形成光污染。

一、玻璃幕墙的类型及其构造

玻璃幕墙主要由饰面玻璃、固定玻璃的骨架以及结构与骨架之间的连接和预埋材料三部分组成。玻璃幕墙根据骨架形式的不同，可分为全隐框玻璃幕墙、半隐框玻璃幕墙、挂架式玻璃幕墙。其基本构造见表6-1。

二、玻璃幕墙材料质量要求

1. 幕墙玻璃

玻璃幕墙工程技术规范

(1)全玻幕墙面板的厚度不宜小于10 mm；夹层玻璃单片的厚度不应小于8 mm；全玻幕墙玻璃肋的截面厚度不应小于12 mm，截面高度不应小于100 mm。

(2)幕墙玻璃应进行机械磨边处理，磨轮的数目应在180目以上。点支承幕墙玻璃的孔、板边缘应进行磨边和倒棱，磨边宜细磨，倒棱宽度不宜小于1 mm。

(3)玻璃幕墙采用单片低辐射镀膜玻璃时，应使用在线热喷涂低辐射镀膜玻璃；离线镀膜的低辐射镀膜玻璃宜加工成中空玻璃使用，且镀膜面应朝向中空气体层。

表 6-1 玻璃幕墙构造

序号	类 别	构 造
1	全隐框玻璃幕墙	全隐框玻璃幕墙的构造是在铝合金构件组成的框格上固定玻璃框，玻璃框的上框挂在铝合金整个框格体系的横梁上，其余三边分别用不同方法固定在立柱及横梁上，如图 1 所示。 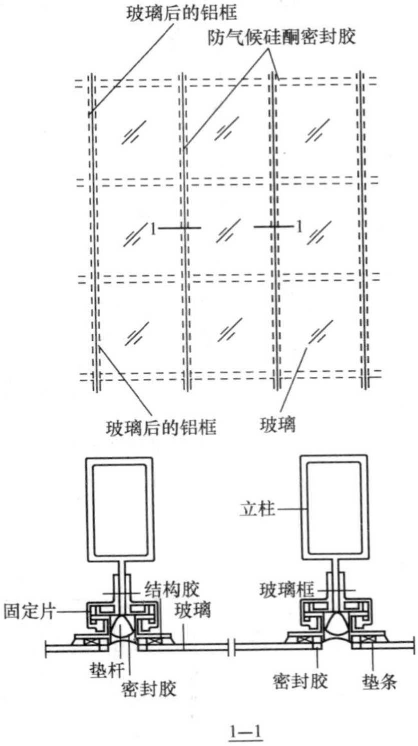 图 1 全隐框玻璃幕墙基本构造
2	半隐框玻璃幕墙	(1)竖隐横不隐玻璃幕墙。这种玻璃幕墙只有立柱隐在玻璃后面，玻璃安放在横梁的玻璃镶嵌槽内，镶嵌槽外加盖铝合金压板，盖在玻璃外面，如图 2 所示。 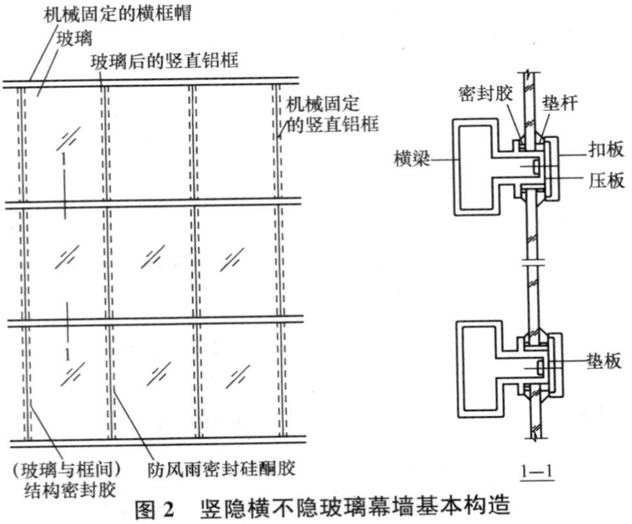 图 2 竖隐横不隐玻璃幕墙基本构造

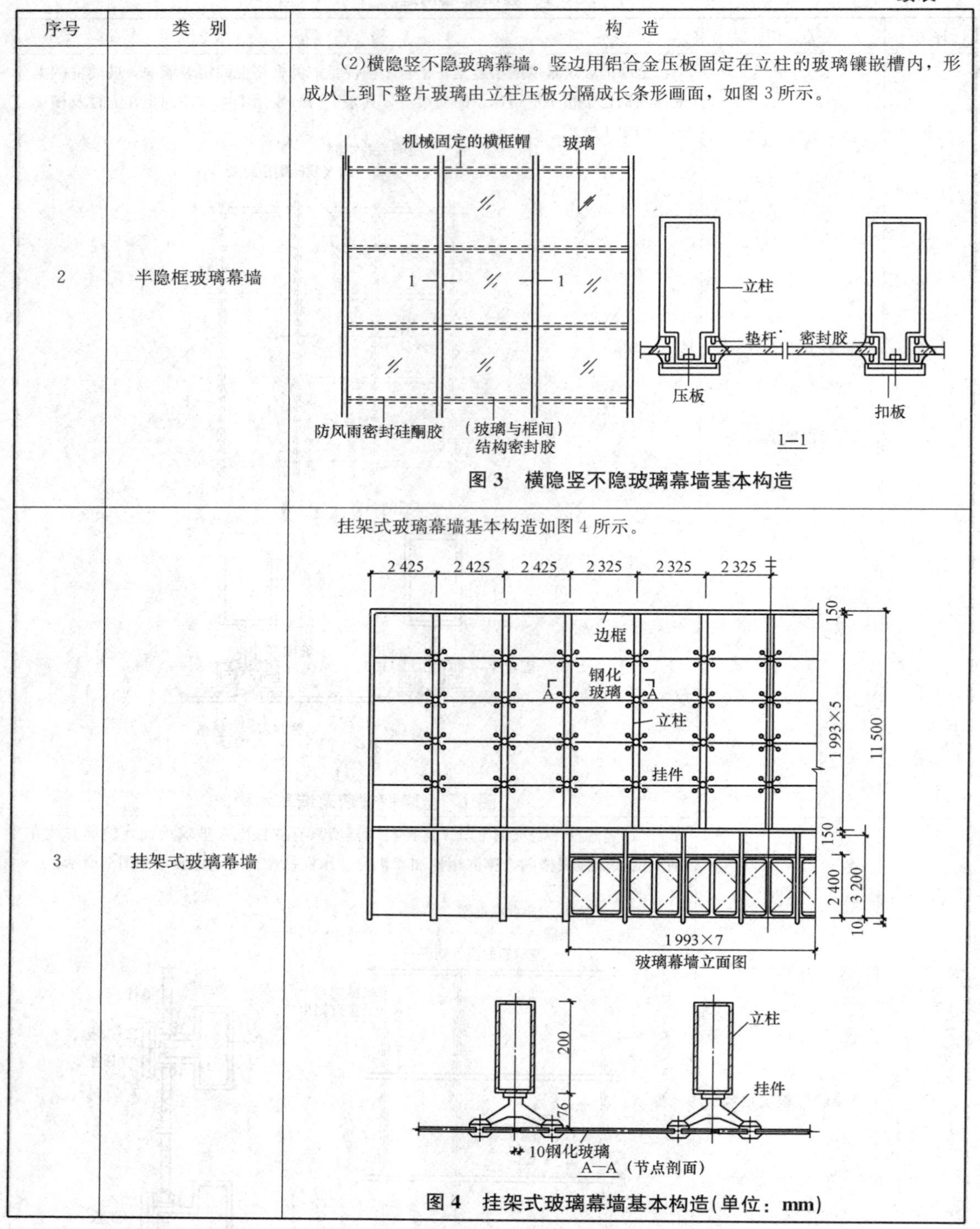

续表

序号	类别	构造
2	半隐框玻璃幕墙	(2)横隐竖不隐玻璃幕墙。竖边用铝合金压板固定在立柱的玻璃镶嵌槽内，形成从上到下整片玻璃由立柱压板分隔成长条形画面，如图 3 所示。 图 3　横隐竖不隐玻璃幕墙基本构造
3	挂架式玻璃幕墙	挂架式玻璃幕墙基本构造如图 4 所示。 图 4　挂架式玻璃幕墙基本构造(单位：mm)

(4)玻璃幕墙采用夹层玻璃时，应采用干法加工合成，其夹片宜采用聚乙烯醇缩丁醛(PVB)胶片；夹层玻璃合片时，应严格控制温、湿度。

(5)玻璃幕墙采用阳光控制镀膜玻璃时，离线法生产的镀膜玻璃应采用真空磁控溅射法生产工艺；在线法生产的镀膜玻璃应采用热喷涂法生产工艺。

(6)玻璃幕墙采用中空玻璃时，除应符合现行国家标准《中空玻璃》(GB/T 11944—2012)的有关规定，还应符合下列规定：

1)中空玻璃气体层厚度不应小于 9 mm。

2)中空玻璃应采用双道密封。

3)中空玻璃的间隔铝框可采用连续折弯形或插角形，不得使用热熔型间隔胶条。间隔铝框中的干燥剂宜采用专用设备装填。

4)中空玻璃加工过程应采取措施，消除玻璃表面可能产生的凹凸现象。

(7)有防火要求的幕墙玻璃，应根据防火等级要求，采用单片防火玻璃或其制品。

2. 铝合金型材

(1)铝合金框架体系多是经特殊挤压成型的幕墙骨架型材，按其竖梃截面高度，主要尺寸系列有 100 mm、120 mm、140 mm、150 mm、160 mm、180 mm、210 mm 等，截面宽度一般为 50～70 mm，壁厚为 2～5 mm，选用时需根据幕墙骨架受力情况由设计决定，按不同系列配套使用。其常用尺寸系列应用范围见表 6-2。

表 6-2　国产玻璃幕墙铝合金框材常用尺寸及应用范围

序号	名　称	竖框断面尺寸 $h\times b$ /(mm×mm)	主要特点	应用范围
1	简易通用型幕墙	采用铝合金门窗框料断面	简易、经济、框格通用性强	幕墙高度不大的建筑部位
2	MQ100 (100)系列	100×50 (限于单层玻璃)	构造简单、安装容易，连接支点可采用固定连接	楼层高≤3 m，框格宽度≤1.2 m，应用于强度 2 kN/m² 的 50 m 以下建筑
3	MQ120 (120 系列)	120×50	结构构造基本同于 100 系列，具有严密的“断汽桥”，不结露、不挂霜、节能，框格外加扣盖后可增强装饰美感	同 100 系列
4	MQ140 (140 系列)	140×50	制作及安装简易，维修方便	楼层高≤3.6 m，框格宽度≤1.2 m，应用于强度 2.4 kN/m² 的 80 m 以下建筑
5	MQ150 (150 系列)	150×(50～65)	结构精巧、功能完善，可根据建筑造型设计为圆形、齿形或梯形平面	楼层高≤3.9 m，框格宽度≤1.5 m，应用于强度 3.6 kN/m² 的 120 m 以下建筑
6	MQ150 A (150 A 系列)	150×(50～65)	在 MQ150 基础上予以改进，强度提高近 1/4，可在楼内镶装玻璃	同 150 系列
7	MQ150 B (150 B 系列)	150×(50～65)	幕墙各开启窗在关闭情况下难以分辨，故有隐形窗幕墙之称，增强了玻璃幕墙的美观	同 150 系列
8	MQ210 (210 系列)	210×(50～70)	属于重型较高标准的全隔热幕墙，性能和构造类似于 120 系列	楼层高≤3 m，框格宽度≤1.5 m，适用于强度≤25 kN/m² 的 100 m 以上建筑或作大分格结构的玻璃幕墙

注：1. 本表中 120～210 系列幕墙玻璃可采用单层或中空玻璃。

2. 根据使用需要，幕墙上可开设各种(上悬、中悬、下悬、平开、推拉等)通风换气窗。

(2)幕墙铝合金型材骨架材料，应符合国家标准《铝合金建筑型材》(GB 5237.1～5237.5—2017)规定的高精度级和《铝及铝合金阳极氧化膜与有机聚合物膜》(GB/T 8013.1～8013.3—2007)及其配套引用标准的规定。

(3)材料进场应提供型材产品合格证、型材力学性能检验报告(进口型材应有国家商检部门的商检证)，资料不全均不能进场使用。

3. 钢材

(1)比较大的幕墙工程，要以钢结构为主骨架，铝合金幕墙与建筑物的连接件大部分采用钢材，使用的钢材以碳素结构钢为主。玻璃幕墙采用的钢材应符合国家标准《碳素结构钢》(GB/T 700—2006)、《低合金高强度结构钢》(GB/T 1591—2008)、《彩色涂层钢板及钢带》(GB/T 12754—2006)的规定。

(2)玻璃幕墙的不锈钢宜采用奥氏体不锈钢。不锈钢的技术要求应符合现行国家标准的规定。

(3)幕墙高度超过 40 m 时，钢构件宜采用高耐候结构钢，并应在其表面涂刷防腐涂料。

(4)钢构件采用冷弯薄壁型钢时，其壁厚不得小于 3.5 mm，且承载力应进行验算，表面处理应符合现行国家标准《钢结构工程施工质量验收规范》(GB 50205—2001)的有关规定。

4. 五金件

(1)玻璃幕墙采用的标准五金件应符合现行国家及行业标准的规定。

(2)玻璃幕墙采用的非标准五金件应符合设计要求，并应有出厂合格证。

5. 胶黏剂

(1)明框幕墙的中空玻璃密封胶，可采用聚硫密封胶和丁基密封腻子。

(2)隐框及半隐框幕墙的中空玻璃所用的密封材料，必须采用结构硅酮密封胶及丁基密封腻子。

(3)结构硅酮密封胶必须有生产厂家出具的粘结性、相容性的试验合格报告，要求必须与相粘结和接触的材料相容，与玻璃、铝合金型材(包括它们的镀膜)的粘结力及耐久性均有可靠保证。

三、玻璃幕墙安装施工

(一)隐框玻璃幕墙安装施工

1. 施工工艺流程

施工准备→测量放线→立柱、横梁的安装→玻璃组件的安装→玻璃组件间的密封及周边收口处理→清理。

2. 施工要点

(1)施工准备。对主体结构的质量(如垂直度、水平度、平整度及预留孔洞、埋件等)进行检查，做好记录，如有问题应提前进行剔凿处理。根据检查的结果，调整幕墙与主体结构的间隔距离。

(2)测量放线。

1)确定立面分格定位线。依靠立面控制网测出各楼层每转角的实际与理论数据并准确做好记录，再与建施图标尺寸相对照，即可得出实际与理论的偏差数值。同时，以幕墙立面分格图为依据，用钢卷尺测量，对各个立面进行排版分格并用墨线标识。

2)建立幕墙立面沿控制线。将立面控制网平移至施工所在立面外墙，由此可统一确定各楼层的墙面位置并做标记。各层立面以此标记为分辨率，并用钢丝连线确定立面位置，立柱型材即可以立面位置为准进行安装。

3)确立水平基准线。以±0.000基准点为依据，用长卷尺测出各层的标高线，再用水平仪在同一层抄平，并做出标记，利用此标记即可控制埋件及立柱的安装水平度。

(3)立柱、横梁的安装。立柱先与连接件连接，然后连接件再与主体结构埋件连接，立柱安装就位、调整后应及时紧固。横梁(即次龙骨)两端的连接件及弹性橡胶垫，要求安装牢固，接缝严密，应准确安装在立柱的预定位置。同一楼层横梁应由上而下安装，安装完一层时应及时检查、调整、固定。

1)立柱常用的固定方法有两种：一种是将骨架立柱型钢连接件与预埋铁件依弹线位置焊牢；另一种是将立柱型钢连接件与主体结构上的膨胀螺栓锚固。

采用焊接固定时，焊缝高度不小于7 mm，焊接质量应符合现行国家标准《钢结构工程施工质量验收规范》(GB 50205—2001)的有关规定。焊接完毕后应进行二次复核。相邻两根立柱安装标高偏差不应大于3 mm；同层立柱的最大柱高偏差不应大于5 mm；相邻两根立柱固定点的距离偏差不应大于2 mm。采用膨胀螺栓锚固时，连接角钢与立柱连接的螺孔中心线的位置应达到规定要求，最后拧紧螺栓，连接件与立柱间应设绝缘垫片。

立柱与连接件(支座)接触面之间必须加防腐隔离柔性垫片。上、下立柱之间应留有不小于15 mm的缝隙，闭口形材可采用长度不小于250 mm的芯柱连接，芯柱与立柱应紧密配合。

立柱安装牢固后，必须取掉上、下两立柱之间用于定位伸缩缝的标准块，并在伸缩缝处打密封胶。

2)横梁杆件型材的安装，如果是型钢，可焊接，也可用螺栓连接。焊接时，因幕墙面积较大、焊点多，要排定一个焊接顺序，防止幕墙骨架的热变形。固定横梁的另一种办法是：用一个穿插件将横梁穿担在穿插件上，然后将横梁两端与穿插担件固定，并保证横梁、立柱间有一个微小间隙，便于温度变化伸缩。穿插件用螺栓与立柱固定。

同一根横梁两端或相邻两根横梁的水平标高偏差不应大于1 mm。同层水平标高偏差：当一幅幕墙宽度≤35 m时，不应大于5 mm；当一幅幕墙宽度>35 m时，不应大于7 mm。横梁的水平标高应与立柱的嵌玻璃凹槽一致，其表面高低差不大于1 mm。

(4)玻璃组件的安装。安装玻璃组件前，要对组件结构认真检查，结构胶固化后的尺寸要符合设计要求，同时要求胶缝饱满、平整、连续、光滑，玻璃表面不应有超标准的损伤及脏物。玻璃组件的安装方法如下：

1)在玻璃组件放置到主梁框架后，在固定件固定前要逐块调整好组件相互间的齐平及间隙的一致。

2)板间表面的齐平采用刚性的直尺或铝方通料来进行测定，不平整的部分应调整固定块的位置或加入垫块。

3)板间间隙的一致。可采用半硬材料制成标准尺寸的模块，插入两板间的间隙，确保间隙一致。

4)在组件固定后取走插入的模块，以保证板间有足够的位移空间。

5)在幕墙整幅沿高度或宽度方向尺寸较大时，注意安装过程中的积累误差，适时进行调整。

(5)玻璃组件间的密封及周边收口处理。玻璃组件间的密封是确保隐框幕墙密封性能的关键，密封胶表面处理是隐框幕墙外观质量的主要衡量标准，必须正确放置好组件位置和防止密封胶污染玻璃。逐层实施组件间的密封工序前，检查衬垫材料的尺寸是否符合设计要求。

(6)清理。要密封的部位必须进行表面清理工作。先要清除表面的积灰，然后用挥发性能强的溶剂擦除表面的油污等脏物，最后用干净布再清擦一遍，保证表面清理干净。

(二)半隐框玻璃幕墙安装施工

1. 施工工艺流程

测量放线→立柱、横梁装配→楼层紧固件安装→安装立柱并抄平、调整→安装横梁→安装保温镀锌钢板→安装层间保温矿棉→安装楼层封闭镀锌板→安装单层玻璃窗密封条、卡→安装单层玻璃→安装双层中空玻璃密封条、卡→安装双层中空玻璃→安装侧压力板→镶嵌密封条→安装玻璃幕墙铝盖条→清理。

2. 施工要点

(1)测量放线。对主体结构的垂直度、水平度、平整度及预留孔洞、埋件等进行检查，做好记录，如有问题应提前进行剔凿处理。根据检查的结果，调整幕墙与主体结构的间隔距离。校核建筑物的轴线和标高，依据幕墙设计施工图纸，弹出玻璃幕墙安装位置线。

(2)立柱、横梁的装配。安装前应装配好立柱紧固件之间的连接件、横梁的连接件，安装镀锌钢板、立柱之间接头的内套管、外套管以及防水胶等，然后装配好横梁与立柱连接的配件及密封橡胶垫等。

(3)立柱安装。立柱先与连接件连接，然后连接件与主体预埋件进行预安装，自检合格后需报质检人员进行抽检，抽检合格后方可正式连接。立柱的安装施工要点同前述隐框玻璃幕墙安装施工中立柱的安装施工要点。

(4)横梁安装。横梁的安装施工要点同前述隐框玻璃幕墙安装施工中横梁杆件型材的安装施工要点。

(5)幕墙其他主要附件安装。有热工要求的幕墙，保温部分宜从内向外安装。当采用内衬板时，四周应套装弹性橡胶密封条，内衬板与构件接缝应严密；内衬板就位后，应进行密封处理。固定防火保温材料应锚钉牢固，防火保温层应平整，拼接处不应留缝隙。冷凝水排出管及附件应与水平构件预留孔连接严密，与内衬板出水孔连接处应设橡胶密封条。其他通气留槽孔及雨水排出口等应按设计施工，不得遗漏。

(6)玻璃安装。由于骨架结构不同的类型，玻璃固定方法也有差异。型钢骨架，因型钢没有镶嵌玻璃的凹槽，一般要将玻璃安装在铝合金窗框上，然后再将窗框与型钢骨架连接。铝合金型材骨架在生产成型的过程中，已将玻璃固定的凹槽同整个截面一次挤压成型，所以，其玻璃安装工艺与铝合金窗框安装一样。立柱安装玻璃时，先在内侧安上铝合金压条，然后将玻璃放入凹槽内，再用密封材料密封。横梁装配玻璃与立柱在构造上不同，横梁支承玻璃的部分呈倾斜状，要排除因密封不严流入凹槽内的雨水，外侧须用一条盖板封住。

(三)挂架式玻璃幕墙安装施工

1. 施工工艺流程

测量放线→安装上部承重钢结构→安装上部和侧边边框→安装玻璃→玻璃密封→清理。

2. 施工要点

(1)测量放线。幕墙定位轴线的测量放线必须与主体结构的主轴线平行或垂直，其误差应及时调整，不得积累，以免幕墙施工和室内外装饰施工发生矛盾，造成阴、阳角不方正和装饰面不平行等缺陷。

(2)安装上部承重钢结构。上部承重钢结构安装时，应注意检查预埋件或锚固钢板的牢固性，选用的锚栓质量要可靠，锚栓位置不宜靠近钢筋混凝土构件的边缘，钻孔孔径和深度要符合锚栓厂家的技术规定。每个构件安装位置和高度都应严格按照放线定位与设计图纸要求进行。内金属扣夹安装必须通顺、平直，要用分段拉通线校核，对焊接造成的偏位要调直。外金属扣夹要按编号对号入座试拼装，同样要求平直。内外金属扣夹的间距应均匀一致，尺寸符合设计要求。所有钢结构焊接完毕后，应进行防腐处理。

(3)安装上部和侧边边框。安装时，要严格按照放线定位和设计标高施工，所有钢结构表面和焊缝刷防锈漆。将下部边框内的灰土清理干净，在每块玻璃的下部都要放置不少于两块氯丁橡胶垫块，垫块宽度同槽口宽度，长度不应小于 100 mm。

(4)安装玻璃。采用吊架自上而下地安装玻璃，并用挂件固定。安装前，应清洁镶嵌槽；中途暂停施工时，应对槽口采取护保措施。安装过程中，应随时检测和调整面板、玻璃肋的水平度和垂直度，使墙面安装平整。每块玻璃的吊夹应位于同一平面，吊夹的受力应均匀。玻璃两边嵌入槽口的深度及预留空隙应符合设计要求，左右空隙尺寸宜相同。玻璃宜采用机械吸盘安装，并应采取必要的安全措施。

(5)玻璃密封。用硅胶进行每块玻璃之间的缝隙密封处理，及时清理余胶。

四、玻璃幕墙工程实例

××大厦玻璃幕墙施工方案

(一)施工准备

1. 材料质量要求

(1)幕墙骨架。玻璃幕墙的骨架型材，如方钢管、角钢、槽钢、涂色镀锌钢板以及不锈钢、青铜等金属型材，必须符合设计要求，选用合格产品并应与铝合金框材相配合。

(2)预埋件、紧固件和连接件。幕墙的预埋件及各种连接件和螺栓等，多采用 Q235 低碳钢制作的角码、锚筋、锚板、型钢及钢板加工件，其材质应符合设计要求。

(3)幕墙玻璃。应采用安全玻璃(夹层玻璃、夹丝玻璃和钢化玻璃)，否则必须采取相应的安全措施。幕墙使用热反射镀膜玻璃时，应选用真空磁控阴极溅射镀膜玻璃(是将浮法玻璃板在真空磁控阴极溅射装置中形成金属氧化膜镀层，可根据功能要求生产不同透光率和反射率的单层或多层复合镀膜产品)；对于弧形玻璃幕墙，可考虑采用以热喷镀法生产的幕墙镀膜玻璃(在玻璃温度为 600 ℃左右时，将镀膜材料喷射到玻璃表面，镀膜材料受热分解为金属氧化膜而与玻璃牢固结合）。安装使用时应严格检查玻璃表面质量及其几何尺寸，玻璃的尺寸偏差、外观质量和性能等指标应符合现行国家标准的规定。

(4)垫块、填充、嵌缝及密封材料。定位垫块、填充材料、嵌缝橡胶条及密封胶等材料的品种、规格、截面尺寸和物理化学性质等，均应符合设计要求。

(5)玻璃幕墙的胶黏料。明框幕墙的中空玻璃密封胶，可采用聚硫密封胶和丁基密封腻子。隐框及半隐框幕墙的中空玻璃所用的密封材料，必须采用结构硅酮密封胶及丁基密封腻子。结构硅酮密封胶必须有生产厂家出具的粘结性、相容性的试验合格报告，要求必须与相粘结和接触的材料相容，与玻璃、铝合金型材(包括它们的镀膜)的附着力及耐久性均有可靠保证。

2. 主要施工机具

双头切割机、单头切割机、冲床、铣床、钻床、锣榫机、组角机、打胶机、玻璃磨边机、空压机、吊篮、卷扬机、电焊机、水准仪、经纬仪、胶枪、玻璃吸盘等。

3. 作业条件

(1)主体结构完工，并达到施工验收规范的要求，现场清理干净，幕墙安装应在二次装修之前进行。可能对幕墙施工环境造成严重污染的分项工程，应安排在幕墙施工前进行。

(2)应有土建移交的控制线和基准线。

(3)幕墙与主体结构连接的预埋件，应在主体结构施工时按设计要求埋设。

(4)吊篮等垂直运输设备安设就位，脚手架等操作平台搭设就位。

(二)施工工艺

1. 构件加工制作

玻璃幕墙在制作前应对建筑设计施工图进行核对，并应对已建建筑物进行复测，按实测结果调整幕墙并经设计单位同意后，方可加工组装。玻璃幕墙所采用的材料、零部件应符合规范规定，并应有出厂合格证。加工幕墙构件所采用的设备、机具应能达到幕墙构件加工精度的要求，其量具应定期进行计量检定。隐框玻璃幕墙的结构装配组合件应在生产车间制作，不得在现场进行。结构硅酮密封胶应打注饱满，不得使用过期的结构硅酮密封胶和耐候硅酮密封胶。

2. 构件式玻璃幕墙安装

(1)玻璃幕墙立柱的安装应符合下列要求：

1)立柱安装轴线偏差不应大于 2 mm。

2)相邻两根立柱安装标高偏差不应大于 3 mm，同层立柱的最大标高偏差不应大于 5 mm；相邻两根立柱固定点的距离偏差不应大于 2 mm。

3)立柱安装就位、调整后应及时稳固。

(2)玻璃幕墙横梁安装应符合下列要求：

1)横梁应安装牢固，设计中横梁和立柱间留有空隙时，空隙宽度应符合设计要求。

2)同一根横梁两端或相邻两根横梁的水平标高偏差不应大于 1 mm。同层标高偏差：当一幅幕墙宽度不大于 35 m 时，不应大于 5 mm；当一幅幕墙宽度大于 35 m 时，不应大于

7 mm。

3)当安装完成一层高度时，应及时进行检查、校正后固定。

(3)玻璃幕墙其他主要附件安装应符合下列要求：

1)防火、保温材料应铺设平整，拼接处不应留缝隙。

2)冷凝水排出管及其附件应与水平构件预留孔连接严密，与内衬板出水孔连接处应密封。

3)其他通气槽孔及雨水排出口等应按设计要求施工，不得遗漏。

4)封口应按设计要求进行封闭处理。

5)玻璃幕墙安装用的临时螺栓等，应在构件紧固后及时拆除。

6)采用现场焊接或高强度螺栓紧固的构件，应在紧固后及时进行防锈处理。

(4)幕墙玻璃安装应按下列要求进行：

1)玻璃安装前应进行表面清洁。除设计另有要求外，应将单片阳光控制镀膜玻璃的镀膜面朝向室内，非镀膜面朝向室外。

2)应按规定型号选用玻璃四周的橡胶条，其长度宜比边框内槽口长 1.5%～2%；橡胶条斜面断开后应拼成预定的设计角度，并应采用胶粘剂粘结牢固；镶嵌应平整。

(5)铝合金装饰压板的安装，应表面平整、色彩一致，接缝应均匀严密。

(6)硅酮建筑密封胶不宜在夜晚、雨天打胶，打胶温度应符合设计要求和产品要求，打胶前应使打胶面清洁、干燥。

(7)构件式玻璃幕墙中，硅酮建筑密封胶的施工应符合下列要求：

1)硅酮建筑密封胶的施工厚度应大于 3.5 mm，施工宽度不宜小于施工厚度的两倍；较深的密封槽口底部应采用聚乙烯发泡材料填塞。

2)硅酮建筑密封胶在接缝内应两对面粘结，不应三面粘结。

3. 全玻幕墙安装

(1)全玻幕墙安装前，应清洁镶嵌槽；中途暂停施工时，应对槽口采取保护措施。

(2)全玻幕墙安装过程中，应随时检测和调整面板、玻璃肋的水平度和垂直度，使墙面安装平整。

(3)每块玻璃的吊夹应位于同一平面，吊夹的受力应均匀。

(4)全玻幕墙玻璃两边嵌入槽口深度及预留空隙应符合设计要求，左右空隙尺寸宜相同。

(5)全玻幕墙的玻璃宜采用机械吸盘安装，并应采取必要的安全措施。

4. 点支承玻璃幕墙安装

(1)点支承玻璃幕墙支承结构的安装应符合下列要求：

1)钢结构安装过程中，制孔、组装、焊接和涂装等工序均应符合现行国家标准《钢结构工程施工质量验收规范》(GB 50205—2001)的有关规定。

2)轻型钢结构构件应进行吊装设计，并应试吊。

3)钢结构安装就位、调整后应及时紧固，并应进行隐蔽工程验收。

4)钢构件在运输、存放和安装过程中损坏的涂层以及未涂装的安装连接部位，应按现行国家标准《钢结构工程施工质量验收规范》(GB 50205—2001)的有关规定补涂。

(2)张拉杆、索体系中，拉杆和拉索预拉力的施加应符合下列要求：

1)钢拉杆和钢拉索安装时，必须按设计要求施加预拉力，并宜设置预拉力调节装置；

预拉力宜采用测力计测定。采用扭力扳手施加预拉力时，应事先进行标定。

2)施加预拉力应以张拉力为控制量；拉杆、拉索的预拉力应分次、分批对称张拉；在张拉过程中，应对拉杆、拉索的预拉力随时调整。

3)张拉前必须对构件、锚具等进行全面检查，并应签发张拉通知单。张拉通知单应包括张拉日期、张拉分批次数、每次张拉控制力、张拉用机具、测力仪器及使用安全措施和注意事项。

4)应建立张拉记录。

5)拉杆、拉索实际施加的预拉力值应考虑施工温度的影响。

(三)成品保护

(1)在加工与安装过程中，应特别注意轻拿、轻放，不能碰伤、划伤，加工好的铝材应贴好保护膜和标签。

(2)在铝合金框架安装过程中，注意对铝框外膜的保护，不得划伤。搭设外架子时注意对玻璃的保护，防止撞破玻璃。

(3)铝合金横、竖龙骨与各附件结合所用的螺栓孔，要预先用机械打好孔，不得用电焊烧孔。

(4)在安装过程中，要支搭安全网，防止构件下落。

(5)加强半成品、成品的保护工作，保持与土建单位的联系，防止已安装好的幕墙被划伤。

第二节 金属幕墙工程施工技术

金属幕墙一般悬挂在承重骨架的外墙面上。它具有典雅庄重、质感丰富以及坚固、耐久、易拆卸等优点，适用于各种工业与民用建筑。

一、金属幕墙的基本构造

金属幕墙的基本构造如图 6-1 所示。

二、金属幕墙材料质量要求

1. 铝合金板

幕墙工程中常用的铝合金板，按表面处理方法，可分为阳极氧化膜、氟碳树脂喷涂、烤漆处理等；按几何尺寸，可分为条形板、方形板及异形板；按常用的色彩，可分为银白色、古铜色、暖灰色、金色等；按板材构造特征，可分为单层铝板、复合铝板、蜂窝铝板等。铝合金板的主要规格及性能见表 6-3。

金属与石材幕墙工程技术规范

2. 钢板及不锈钢钢板

常用于金属板幕墙的钢板材一般为彩色涂层钢板和不锈钢钢板，其规格及性能见表 6-4。

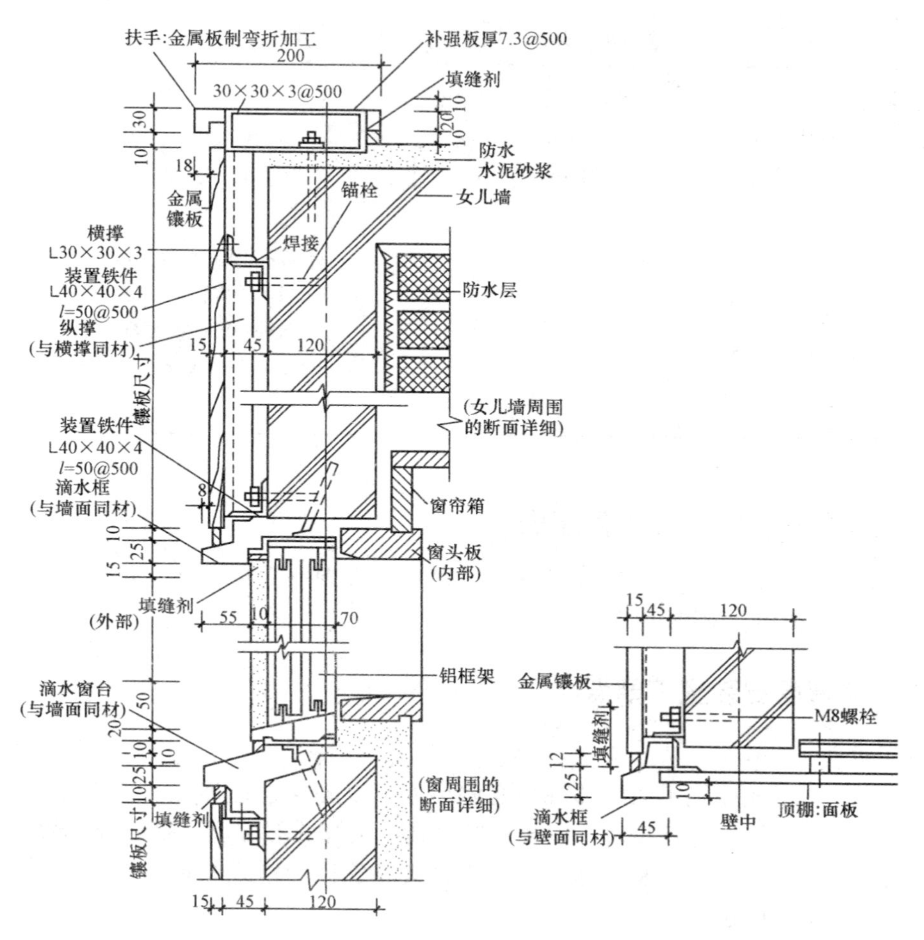

图 6-1　金属幕墙的基本构造

表 6-3　常用铝合金板规格及性能

板材类型	构造特点及性能	常用规格	技术指标
单层铝板	表面采用阳极氧化膜或氟碳树脂喷涂。多为纯铝板或铝合金板。为隔声保温，常在其后面加矿棉、岩棉或其他发泡材料	厚度 3～4 mm	(1)弹性模量 E：0.7×10^5 MPa。 (2)抗弯强度：84.2 MPa。 (3)抗剪强度：48.9 MPa。 (4)线膨胀系数：2.3×10^{-5}/ ℃
复合铝板	内外两层 0.5 mm 厚铝板中间夹 2～5 mm PVC或其他化学材料，表面滚涂氟碳树脂，喷涂罩面漆。其颜色均匀，表面平整，加工制作方便	厚度 3～6 mm	(1)弹性模量 E：0.7×10^5 MPa。 (2)抗弯强度：≥15 MPa。 (3)抗剪强度：≥9 MPa。 (4)延伸率：≥10%。 (5)线膨胀系数：24×10^{-5}～28×10^{-5}/ ℃
蜂窝铝板	两块厚 0.8～1.2 mm 及 1.2～1.8 mm 铝板夹在不同材料制成的蜂窝状芯材两面制成，芯材有铝箔芯材、混合纸芯材等。表面涂树脂类金属聚合物着色涂料，强度较高，保温、隔声性能较好	总厚度：10～25 mm。蜂窝形状有：波形、正六角形、扁六角形、长方形、十字形等	(1)弹性模量 E：4×10^4 MPa。 (2)抗弯强度：10 MPa。 (3)抗剪强度：1.5 MPa。 (4)线膨胀系数：22×10^{-5}～23.5×10^{-5}/ ℃

表 6-4 钢板、不锈钢钢板规格及性能

板材类型	构造特点及性能	常用规格	技术指标
彩色涂层钢板	在原板钢板上覆以 0.2～0.4 mm 软质或半硬质聚氯乙烯塑料薄膜或其他树脂，耐侵蚀，易加工	厚度 0.35～2.0 mm	(1)弹性模量 E：2.10×10^{5} MPa。 (2)线膨胀系数：1.2×10^{-5}/℃
不锈钢钢板	具有优异的耐蚀性，优越的成型性，不仅光亮夺目，还经久耐用	厚度 0.75～3.0 mm	(1)弹性模量 E：2.10×10^{5} MPa。 (2)抗弯强度：≥180 MPa。 (3)抗剪强度：100 MPa。 (4)线膨胀系统：1.2×10^{-5}～1.8×10^{-5}/℃

三、金属幕墙安装施工工艺流程

施工准备→安放预埋件→测量放线→对偏移铁件处理→立柱安装→横梁安装→幕墙防火、防雷→金属板安装→注胶密封→清理。

四、金属幕墙安装施工要点

1. 施工准备

施工前，应详细核查施工图纸和现场实测尺寸，以确保设计加工的完善，同时认真与结构图纸及其他专业图纸进行核对，以及时发现其不相符的部位，尽早采取有效措施修正。另外，应及时搭设脚手架或安装吊篮，并将金属板及配件用塔式起重机、外用电梯等垂直运输设备运至各施工面层上。

2. 安装预埋件

埋设预埋件前要熟悉图纸上幕墙的分格尺寸。根据工程实际定位轴线定位点后，应复核精度，如误差超过规范要求，应与设计协商解决。水平分割前应对误差进行分摊，误差在每个分格间分摊值不大于 2 mm，否则应书面通知设计室。为防止预埋铁件在浇捣混凝土的过程中移位，对预埋件应采用拉、撑、焊接等措施进行加固。

混凝土拆模板后，应找出预埋铁件。如有超过要求的偏位，应书面通知设计室，采取补救措施；对未镀锌的预埋件暴露在空气中的部分，要进行防腐处理。

3. 测量放线

由土建单位提供基准线(50 cm 线)及轴线控制点；复测所有预埋件的位置尺寸；根据基准线在底层确定墙的水平宽度和出入尺寸；经纬仪向上引数条垂线，以确定幕墙转角位置和立面尺寸；根据轴线和中线确定立面的中线；测量放线时应控制分配误差，不使误差积累；测量放线应在风力不大于 4 级的情况下进行；放线后应定时校核，以保证幕墙垂直度及立柱位置的正确性。

4. 立柱安装

立柱安装标高偏差不应大于 3 mm，轴线前后偏差不应大于 2 mm，左右偏差不应大于 3 mm。相邻两根立柱安装标高偏差不应大于 3 mm，同层立柱的最大标高偏差不应大于 5 mm，相邻两根立柱的距离偏差不应大于 2 mm。

5. 横梁安装

应将横梁两端的连接件及垫片安装在立柱的预定位置且安装牢固，其接缝应严密。相邻两根横梁的水平标高偏差不应大于 1 mm。同层标高偏差：当一幅幕墙宽度小于或等于 35 m 时，不应大于 5 mm；当一幅幕墙宽度大于 35 m 时，不应大于 7 mm。

6. 幕墙防火、防雷

幕墙防火应采用优质防火棉，抗火期要达到设计要求。防火棉用镀锌钢板固定，应使防火棉连续地密封于楼板与金属板之间的空位上，形成一道防火带，中间不得有空隙。

幕墙设计上应考虑使整片幕墙框架具有连续而有效的电传导性，并可按设计要求提供足够的防雷保护接合端。一般要求防雷系统直接接地，不与供电系统合用接地地线。

7. 金属板安装

将分放好的金属板分送至各楼层适当位置。检查铝(钢)框对角线及平整度，并用清洁剂将金属板靠室内面一侧及铝合金(型钢)框表面清洁干净。按施工图将金属板放置在铝合金(型钢)框架上，将金属板用螺栓与铝合金(型钢)骨架固定。金属板与板之间的间隙应符合设计要求，一般为 10～20 mm，用密封胶或橡胶条等弹性材料封堵，在垂直接缝内放置衬垫棒。

8. 注胶密封及清理

填充硅酮耐候密封胶时，需先将该部位基材表面用清洁剂清洗干净，密封胶须注满，不能有空隙或气泡。清洁中所使用的清洁剂应对金属板、铝合金(钢)型材等材料无任何腐蚀作用。

五、金属幕墙工程实例

××办公大楼金属幕墙施工方案

(一)施工准备

1. 材料质量要求

(1)铝合金材料及钢材。

1)幕墙采用的不锈钢宜采用奥氏体不锈钢钢材，其技术要求应符合现行国家标准的规定。

2)幕墙采用的铝合金钢材的表面处理层厚度及材质应符合现行国家标准《建筑幕墙》(GB/T 21086—2007)的有关规定。

3)铝合金幕墙用板材有铝合金单板、铝塑复合板、铝合金蜂窝板，应根据设计要求选用。铝合金板材应达到国家相关标准及设计的要求，并有出厂合格证。

4)铝合金板材表面进行氟碳树脂处理应符合下列规定：

①氟碳树脂含量不应低于 75%，其涂层厚度有大于 25 μm 和大于 40 μm，应根据设计选用。

②氟碳树脂涂层应无起泡、裂纹、剥落等现象。

5)单层铝板应符合现行国家标准的规定，幕墙用单层铝板厚度不应小于 2.5 mm。

6)铝塑复合板应符合下列规定：

①铝塑复合板的上、下两层铝合金板的厚度均应为 0.5 mm，其性能应符合现行国家标

准《建筑幕墙用铝塑复合板》(GB/T 17748—2016)规定的外墙板的技术要求；铝合金板与夹心层的剥离强度标准值应大于 7 N/mm。

②幕墙选用普通型聚乙烯铝塑复合板时，必须符合现行国家标准《建筑设计防火规范》(GB 50016—2014)的规定。

7)蜂窝铝板应符合下列规定：

①蜂窝铝板的厚度，根据设计要求分别选用厚度为 10 mm、12 mm、15 mm、20 mm 和 25 mm 的蜂窝铝板。

②厚度为 10 mm 的蜂窝铝板应由 1 mm 厚的正面铝合金板、0.5～0.8 mm 厚的背面铝合金板及铝蜂窝黏结而成；厚度在 10 mm 以上的蜂窝铝板，其正背面铝合金板厚度均应为 1 mm。

③钢构件采用冷弯薄壁型钢时，除应符合现行国家标准《冷弯薄壁型钢结构技术规范》(GB 50018—2002)的有关规定外，其壁厚不得小于 3.5 mm，表面处理应符合现行国家标准《钢结构工程施工质量验收规范》(GB 50205—2001)的有关规定。

(2)建筑密封材料。幕墙采用的橡胶制品宜采用三元乙丙橡胶、氯丁橡胶；密封胶条应为挤出成型，橡胶块应为压模成型。

(3)硅酮结构密封胶。

1)幕墙应采用中性硅酮结构密封胶；硅酮结构密封胶分单组分和双组分，其性能应符合现行国家标准《建筑用硅酮结构密封胶》(GB 16776—2005)的规定。

2)同一幕墙工程应采用同一品牌的单组分或双组分的硅酮结构密封胶，并应有保质年限的质量证书。

3)同一幕墙工程应采用同一品牌的硅酮结构密封胶和硅酮耐候密封胶配套使用。

4)硅酮结构密封胶和硅酮耐候密封胶应在有效期内使用。

2. 主要施工机具

双头切割机、单头切割机、冲床、铣床、钻床、锣榫机、组角机、打胶机、玻璃磨边机、空压机、吊篮、卷扬机、电焊机、水准仪、经纬仪、胶枪、玻璃吸盘等。

3. 作业条件

(1)主体结构完工，并达到施工验收规范的要求，现场清理干净。幕墙安装应在二次装修之前进行。可能对幕墙施工环境造成严重污染的分项工程应安排在幕墙施工前进行。

(2)应有土建移交的控制线和基准线。

(3)幕墙与主体结构连接的预埋件，应在主体结构施工时按设计要求埋设。

(4)吊篮等垂直运输设备安设就位，脚手架等操作平台搭设就位。

(二)施工工艺

1. 幕墙构件、金属板加工制作

(1)构件加工制作。

1)幕墙的金属构件加工制作应符合下列规定：

①幕墙结构杆件截料前应进行校正调整。

②幕墙横梁长度的允许偏差应为±0.5 mm，立柱长度的允许偏差应为±1.0 mm，端头斜度的允许偏差应为$-15'$。

③截料端头不得因加工而变形，并不应有毛刺。

④孔位的允许偏差应为±0.5 mm，孔距的允许偏差应为±0.5 mm，累计偏差不得大于±1.0 mm。

⑤铆钉的通孔尺寸偏差应符合现行国家标准《紧固件　铆钉用通孔》(GB/T 152.1—1988)的规定。

⑥沉头螺钉的沉孔尺寸偏差应符合现行国家标准《紧固件　沉头螺钉用沉孔》(GB/T 152.2—2014)的规定。

⑦圆柱头、螺栓的沉孔尺寸应符合现行国家标准《紧固件　圆柱头用沉孔》(GB/T 152.3—1988)的规定；螺丝孔的加工应符合设计要求。

2)钢构件表面防锈处理应符合现行国家标准《钢结构工程施工质量验收规范》(GB 50205—2001)的有关规定。

3)钢构件焊接、螺栓连接应符合国家现行标准《钢结构设计标准》(GB 50017—2017)的有关规定。

(2)金属板加工制作。

1)金属板材的品种、规格及色泽应符合设计要求；铝合金板材表面氟碳树脂涂层厚度应符合设计要求。

2)单层铝板的加工应符合下列规定：

①单层铝板弯折加工时，弯折外圆弧半径不应小于板厚的1.5倍。

②单层铝板加劲肋的固定可采用电栓钉，但应确保铝板外表面不应变形、褪色，固定应牢固。

③单层铝板的固定耳子应符合设计要求，固定耳子可采用焊接、铆接或铝板上直接冲压而成，并应位置准确、调整方便、固定牢固。

④单层铝板构件周边应采用铆接、螺栓或胶粘与机械连接相结合的形式固定，并应做到构件刚性好，固定牢固。

3)铝塑板的加工应符合下列规定：

①在切割铝塑复合板内层铝板和聚乙烯塑料时，应保留不小于0.3 mm厚的聚乙烯塑料，并不得划伤外层铝板的内表面。

②打孔、切口等外露的聚乙烯塑料及角缝，应采用中性硅酮耐候密封胶密封。

③在加工过程中铝塑复合板严禁与水接触。

4)蜂窝铝板的加工应符合下列规定：

①应根据组装要求决定切口的尺寸和形状，在切除铝芯时不得划伤蜂窝铝板外层铝板的内表面；各部位外层铝板上，应保留0.3～0.5 mm的铝芯。

②直角构件的加工，折角应弯成圆弧状，角缝应采用硅酮耐候密封胶密封。

③大圆弧角构件的加工，圆弧部位应填充防火材料。

④边缘的加工，应将外层铝板折合180°并将铝芯包封。

5)金属幕墙的女儿墙部分，应用单层铝板或不锈钢钢板加工成向内倾斜的盖顶。

6)金属幕墙吊挂件、安装件应符合下列规定：

①单元金属幕墙使用的吊挂件、支撑件，宜采用铝合金件或不锈钢钢件，并应具备可调整范围。

②单元幕墙的吊挂件与预埋件的连接，应用穿透螺栓。

③铝合金立柱的连接部位的局部壁厚不得小于 5 mm。

2. 金属幕墙安装

(1)金属幕墙立柱安装。

1)立柱安装标高偏差不应大于 3 mm，轴线前后偏差不应大于 2 mm，左右偏差不应大于 3 mm。

2)相邻两根立柱安装标高偏差不应大于 3 mm，同层立柱的最大标高偏差不应大于 5 mm，相邻两根立柱的距离偏差不应大于 2 mm。

(2)金属幕墙横梁安装。

1)应将横梁两端的连接件及垫片安装在立柱的预定位置且安装牢固，其接缝应严密。

2)相邻两根横梁的水平标高偏差不应大于 1 mm。同层标高偏差：当一幅幕墙宽度小于或等于 35 m 时，不应大于 5 mm；当一幅幕墙宽度大于 35 m 时，不应大于 7 mm。

(3)金属板安装。

1)应对横竖连接件进行检查、测量、调整。

2)金属板安装时，左右、上下的偏差不应大于 1.5 mm。

3)金属板宽缝安装时，必须有防水措施并应有符合设计要求的排水出口。

4)填充硅酮耐候密封胶时，金属板缝的宽度、厚度应根据硅酮耐候密封胶的技术参数，经计算确定。

(三)成品保护

(1)在加工与安装过程中，应特别注意轻拿、轻放，不能碰伤、划伤，加工好的铝材应贴好保护膜和标签。

(2)在铝合金框架安装过程中，注意对铝框外膜的保护，不得划伤。搭设外架子时注意对玻璃的保护，防止撞破玻璃。

(3)铝合金横、竖龙骨与各附件结合所用的螺栓孔，要预先用机械打好孔，不得用电焊烧孔。

(4)加强半成品、成品的保护工作，保持与土建单位的联系，防止已安装好的幕墙受划伤。

第三节　石材幕墙施工技术

石材板幕墙是利用金属挂件将石材饰面板直接悬挂在主体结构上，它是一种独立的围护结构体系。石材幕墙干挂法构造分类，基本上可分为直接干挂式、骨架干挂式、单元干挂式和预制复合板干挂式。前三类多用于混凝土结构基体，后者多用于钢结构工程。

一、石材幕墙基本构造

石材幕墙的基本构造如图 6-2～图 6-5 所示。

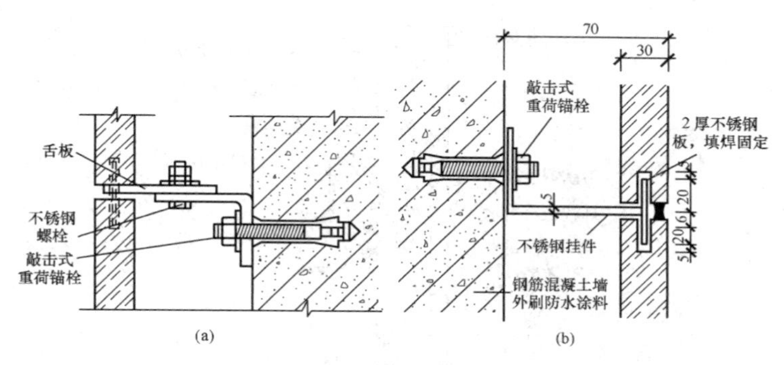

图 6-2 直接式干挂石材幕墙构造(单位：mm)

(a)二次直接法；(b)直接做法

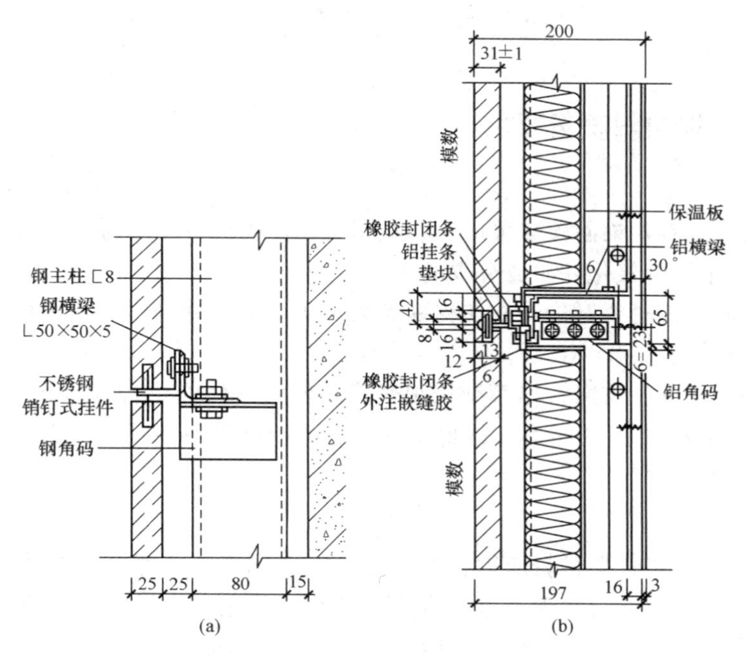

图 6-3 骨架式干挂石材幕墙构造(单位：mm)

(a)不设保温层；(b)设保温层

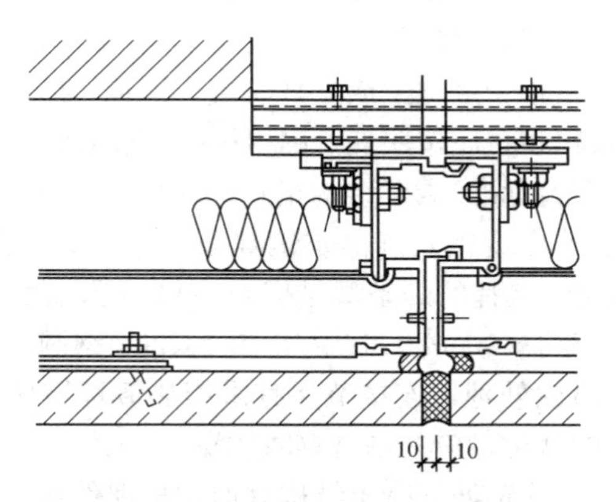

图 6-4 单元体石材幕墙构造(单位：mm)

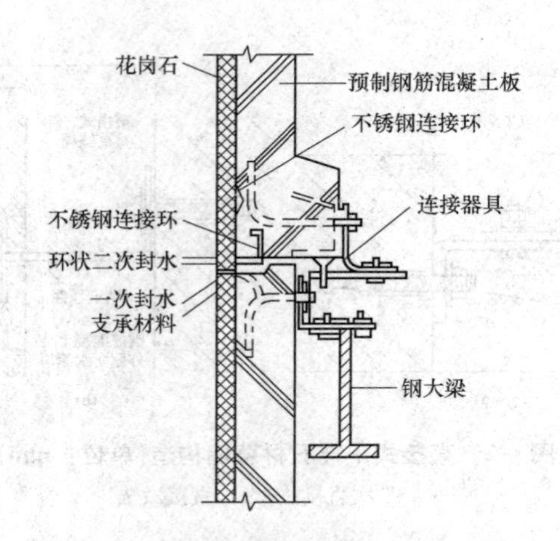

图 6-5　预制复合板干挂石材幕墙构造

二、石材幕墙材料质量要求

1. 石材

(1)石板材质。石材饰面板多采用天然花岗石，常用板材厚度为 25～30 mm。应选择质地密实、孔隙率小、含氧化铁矿成分少的品种。

(2)板材码放。板材要对称码放在型钢支架两侧，每一侧码放的板块数量不宜太多，一般 20 mm 厚的板材最多 8～10 块。

(3)块材表面处理。花岗石尽管结构很密实，但其晶体间仍存在肉眼无法察觉的空隙，所以仍有吸收水分和油污的能力，故而对重要工程项目，对饰面板有必要进行化学表面处理。

2. 金属骨架

石材幕墙所用金属骨架材料应以铝合金为主，个别工程为避免电化腐蚀，局部骨架也有采用不锈钢骨架，目前较多项目采用碳素结构钢。采用碳素结构钢应进行热浸镀锌防腐蚀处理，并在设计中避免用现场焊接连接，以保证石板幕墙的耐久性。

(1)铝合金型材。石材幕墙所用铝合金型材应符合国家标准《铝合金建筑型材》(GB/T 5237.1～5237.5—2017)中规定的高精级和《铝及铝合金阳极氧化膜与有机聚合物膜》(GB/T 8013.1～8013.3—2007)的规定，氧化膜厚度不应低于 AA15 级。铝合金型材的化学成分应符合现行国家标准《变形铝及铝合金化学成分》(GB/T 3190—2008)的规定。

(2)碳素钢型材。碳素钢型材应按照现行国家标准《钢结构设计标准》(GB 50017—2017)要求执行，其质量应符合现行标准《碳素结构钢》(GB/T 700—2006)的规定。手工焊接采用的焊条，应符合现行标准《非合金钢及细晶粒钢焊条》(GB/T 5117—2012)或《热强钢焊条》(GB/T 5118—2012)的规定，选择的焊条型号应与主体金属强度相适应。普通螺栓可采用现行标准《碳素结构钢》(GB/T 700—2006)中规定的 Q235 钢制成。应该强调的，是所有碳素钢构件应采用热镀锌防腐蚀处理，连接节点宜采用热镀锌钢螺栓或不锈钢螺栓。对现场少量不得不采用手工焊接的部位，应补刷富锌防锈漆。

(3)锚栓。幕墙立柱与主体钢筋混凝土结构宜通过预埋件连接，预埋件应在主体结构混凝土施工时埋入。若在土建施工时没有埋入预埋件，此时如果采用锚栓连接，锚栓应通过现场拉拔等试验决定其承载力。

3. 金属挂件

金属挂件按材料分，主要有不锈钢类和铝合金类两种。不锈钢挂件主要用于无骨架体系和碳素钢骨架体系中，主要用机械冲压法加工；铝合金挂件主要用于石板幕墙和玻璃幕墙共同使用的情况，金属骨架也为铝合金型材，多采用工厂热挤压成型生产。

4. 密封胶

硅酮密封胶应有保质年限的质量证书。用于石材幕墙的硅酮结构密封胶还应有证明无污染的试验报告。硅酮结构密封胶、硅酮耐候密封胶必须有与所接触材料相容性的试验报告。橡胶条应有成分分析报告和保质年限证书。

三、石材幕墙施工工艺流程

施工准备→安装预埋件→测量放线→金属骨架安装→防火保温材料安装→石材饰面板安装→灌注嵌缝硅胶→表面清洗。

四、石材幕墙施工要点

(1)施工准备。施工前应熟悉工程概况，对工地的环境、安全因素、危险源进行识别、评价。掌握工地施工用水源、道路、运输(包括垂直运输)、外脚手架等情况；进行图纸会审，并对管理人员、工人班组进行图纸、施工组织设计、质量、安全、环保、文明施工、施工技术交底，并做好记录。

(2)安装预埋件。埋设预埋件前都要熟悉图纸上幕墙的分格尺寸。工程实际定位轴线定位点后，应复核精度，误差不得超过规范要求。水平分割前对误差进行分摊，误差在每个分格间分摊值≤2 mm。为防止预埋铁件在浇捣混凝土过程中移位，对预埋件应采用拉、撑、焊接等措施进行加固。混凝土拆除模板后，应找出预埋铁件。对未镀锌的预埋件暴露在空气中的部分，要进行防腐处理。

(3)测量放线。由于幕墙施工要求精度很高，所以不能依靠土建水平基准线，必须由基准轴线和水准点重新测量复核。测量时，应按照设计在底层确定幕墙定位线和分格线位。用经纬仪或激光垂直仪将幕墙阳角线和阴角线引上，并用固定在钢支架上的钢丝线作标志控制线。使用水平仪和标准钢卷尺等引出各层标高线，并确定好每个立面的中线。测量时还应控制分配测量误差，不能使误差积累，在风力不大于四级的情况下进行并要采取避风措施。放线定位后，要对控制线定时校核，以确保幕墙垂直度和金属立柱位置的正确。所有外立面装饰工程应统一放基准线，并注意施工配合。

(4)金属骨架安装。安装时，应根据施工放样图检查放线位置，并安装固定竖框的铁件。首先，安装同立面两端的竖框；然后，拉通线顺序安装中间竖框。将各施工水平控制线引至竖框上，并用水平尺校核。按照设计尺寸安装金属横梁。横梁一定要与竖框垂直。如有焊接时，应对下方和邻近的已完工装饰面进行成品保护。焊接时要采用对称焊，以减少因焊接产生的变形。检查焊缝质量合格后，所有的焊点、焊缝均需作去焊渣及防锈处理，如刷防锈漆等。

(5)防火保温材料安装。石材幕墙防火保温必须采用合格的材料，即要求有出厂合格证。材料安装时，在每层楼板与石板幕墙之间不能有空隙，应用镀锌钢板和防火棉形成防火带。

在北方寒冷地区，保温层最好应有防水、防潮保护层，保护层在金属骨架内填塞固定，要求严密、牢固。保温层最好应有防水、防潮保护层，以便在金属骨架内填塞固定后严密、可靠。

(6)石材饰面板安装。先按幕墙面基准线仔细安装好底层第一层石材；注意安放每层金属挂件的标高，金属挂件应紧托上层饰面板，而与下层饰面板之间留有间隙；安装时，要在饰面板的销钉孔或切槽口内注入石材胶(环氧树脂胶)，以保证饰面板与挂件的可靠连接；安装时，应先完成窗洞口四周的石材镶边，以免安装时发生困难；安装到每一楼层标高时，要注意调整垂直误差，不积累；在搬运石材时，要有安全防护措施，摆放时下面要垫木方。

(7)灌注嵌缝硅胶。石材板间的胶缝是石板幕墙的第一道防水措施。同时，也使石板幕墙形成一个整体。嵌胶封缝施工前，应按设计要求选用合格且未过期的耐候嵌缝胶。最好选用含硅油少的石材专用嵌缝胶，以免硅油渗透，污染石材表面。施工时，用带有凸头的刮板填装泡沫塑料圆条，保证胶缝的最小深度和均匀性。选用的泡沫塑料圆条直径应稍大于缝宽。在胶缝两侧粘贴纸面胶带纸保护，以避免嵌缝胶迹污染石材板表面。应用专用清洁剂或草酸擦洗缝隙处石材板表面。注胶应均匀、无流淌，边打胶边用专用工具勾缝，使嵌缝胶成型后呈微弧形凹面。施工中要注意不能有漏胶污染墙面，如墙面上沾有胶液应立即擦去，并用清洁剂及时擦净余胶。

五、石材幕墙工程实例

××公寓石材幕墙施工

1. 材料质量要求

(1)石材。按设计图纸要求备料，现场石材经见证取样，石材板块弯曲强度标准值应符合国家标准《建筑幕墙》(GB/T 21086—2007)的相关规定；其放射性指标应符合有关规定。石板板块应做防护处理。石板连接部位应无崩坏、暗裂等缺陷；其他部位崩边不大于5 mm×20 mm。石板的品种、几何尺寸、形状、花纹图案造型、色泽应符合设计要求，并分规格、型号，分别码放在室内木方垫上。

(2)钢材。金属骨架使用的钢材的技术要求和性能应符合现行国家标准，其规格、型号应符合设计图纸的要求，钢材宜选用热浸镀锌产品。

(3)其他材料。不锈钢垫片，泡沫棒，膨胀螺栓：按设计规格、型号选用并应选用不锈钢制品；挂件：应选不锈钢挂件，其大小、规格、厚度、形状应符合设计；螺栓：应选用不锈钢制品，其规格、型号应符合设计并与挂件配套；另有平垫、弹簧垫、环氧胶粘剂、耐候胶等符合相关国家规范及行业标准的规定。

2. 施工机具

(1)电动机具：电锯、手电钻、冲击电锤、电焊机、自攻螺钉钻、红外水准仪。

(2)手动工具：套筒扳手、钳子、螺钉旋具、扳子、钢尺、钢水平尺、线坠、墨斗。

3. 作业条件

(1)干挂工程在施工前应熟悉施工现场、图纸及设计说明。

(2)施工前按设计要求对房间的净高、洞口标高墙体内的设备管线进行交接检验，并办理会签手续。

(3)检查材料进场验收记录和复验报告。

4. 施工工艺流程

定位放线→基层处理→埋板安装→角板安装→施工现场焊接、固定龙骨→安装次龙骨→

固定挂件→石材定位切沟→石材安装→注耐候硅酮密封胶→表面清洁→竣工验收。

5. 施工要点

(1)定位放线。水平向控制线采用以50 cm水平线为依据，向上(或向下)量距控制石材的水平度和垂直方向分块。在每个方面中间位置的墙上选定一个窗口，从上到下准确找出该窗口的中心线位置，弹墨线作为竖向控制线，以此为依据向左右量距来控制石材垂直度和水平向分块。

(2)基层处理。对混凝土外墙表面进行测量，检查其平整度，从而保证主龙骨的垂直度，根据图纸对混凝土外墙面进行基层处理，将基平面清理干净。

(3)螺栓安装。以竖向控制线为依据，向左右量距核定钻孔的位置，按图纸要求进行膨胀螺栓和化学螺栓的安装。化学螺栓的安装程序为：钻孔→清孔→置入化学胶管→置入螺杆→凝固后施工。保证膨胀螺栓和化学螺栓的准确位置和锚固性能。

(4)转接件安装。以竖向控制线和化学膨胀为依据，核定主龙骨宽度定点，通过已安装螺栓固定角板于墙体上。

(5)固定主龙骨。根据主龙骨图将龙骨进行编号，分类码放，然后进行主龙骨安装，安装主龙骨时将主龙骨与角板连接，调节主龙骨的垂直度。

(6)安装次龙骨。根据石材规格分块，确定次龙骨长度，编号分类码放。主龙骨安装完毕，检查合格后可以进行次龙骨的安装，次龙骨安装前必须定位准确且复核合格方可进行。

(7)固定挂件。次龙骨安装完毕检查后，进行干挂件的固定。根据图纸和石材所需的挂件的型号进行数量统计，确定挂件的位置后用螺栓固定。通过挂件上的长圆槽孔可进行适当的调节，以保证石材位置的准确性。在安装完挂件后，检查防雷电设施是否完善。

(8)石材定位切槽。因天然石材存在色差，进场要进行养护处理后，将石材由浅入深或由深入浅编排序号。干挂件安装完毕后，即可进行石材的固定。在进行石材安装时，必须按要求在石材边缘进行定位切沟。在配套切沟定位器的配合下，可保证切沟的质量和操作安全。

(9)石材安装就位。将切沟完毕的石材按照分块进行就位安装。石材安装到位，调整好石材的垂直、平行及留缝间隙后，可紧固固定螺栓。石材幕墙上的滴水线、流水坡向应正确、顺直，避免因雨水而污染其他饰面。

(10)粘结胶条。每块石材安装完毕后，即刻清理石材边沿，黏结分色带(按设计要求石材留缝宽度决定所用胶条厚度)，以保证勾缝时填缝胶横平竖直、宽窄一致。

(11)打胶勾缝。胶条粘结完毕后，在石材缝按要求填泡沫棒进行打胶工作，打胶时要求达到横平竖直、宽窄一致、涂胶均匀，使得胶缝美观且耐固，采用中性硅酮胶，以防止对石材产生腐蚀。

(12)清理。每一块石材安装完毕后，即对表面进行清理，以确保每一块石材的安装已完全符合标准。清理内容包括：石材表面污垢，石材板缝隙的误差，固定螺栓的坚固程度以及每块板的垂直度、平行度等。

本章小结

幕墙工程是现代建筑外墙非常重要的装饰工程，现代建筑常见的幕墙包括玻璃幕墙、金属幕墙和石材幕墙。玻璃幕墙主要由饰面玻璃、固定玻璃的骨架以及结构与骨架之间的连接和预埋材料三部分组成；金属幕墙一般悬挂在承重骨架的外墙面上；石材板幕墙是利用金属挂件将石材饰面板直接悬挂在主体结构上，它是一种独立的围护结构体系。通过本章内容的学习，应掌握玻璃幕墙、金属幕墙和石材幕墙装饰施工所用的施工材料的要求与施工技术的要求。

复习思考题

一、填空题

1. 玻璃幕墙根据骨架形式的不同，可分为________、________、________玻璃幕墙。

2. 全玻幕墙玻璃肋的截面厚度不应小于______ mm，截面高度不应小于______ mm。

3. 常用于金属板幕墙的钢板材一般为________和________。

二、选择题

1. 全玻幕墙面板的厚度不宜小于(　　)mm。

A. 4　　B. 6　　C. 8　　D. 10

2. 幕墙玻璃应进行机械磨边处理，磨轮的数目应在(　　)目以上。

A. 100　　B. 120　　C. 150　　D. 180

3. 中空玻璃气体层厚度不应小于(　　)mm。

A. 3　　B. 5　　C. 7　　D. 9

4. 金属幕墙施工时，立柱安装的标高偏差不应大于(　　)mm。

A. 3　　B. 5　　C. 7　　D. 9

三、问答题

1. 玻璃幕墙施工所用的胶粘剂应符合哪些质量要求？

2. 玻璃幕墙施工测量放线包括哪些内容？

3. 玻璃幕墙施工时，如何进行玻璃组件的安装？

4. 石材幕墙施工所用石材应符合哪些质量要求？

第七章　门窗工程装饰施工技术

学习目标

了解现代建筑门窗类型；熟悉门窗的基本构造和装饰工艺流程；掌握门窗所用材料和装饰施工技术要求。

能力目标

通过本章内容的学习，能够按照设计要求和规范规定进行木门窗、金属门窗、塑料门窗及特种门的装饰施工。

门是人们进出建筑物的通道口，窗是室内采光通风的主要洞口，门窗是建筑工程的重要组成部分，被称其为建筑的“眼睛”。同时，也是建筑装饰装修工程施工中的重点。门窗在建筑立面造型、比例尺度、虚实变化等方面，对建筑外表的装饰效果有较大的影响。门窗的种类、形式很多，其分类方法也多种多样。一般情况下，主要按不同材质、功能和结构形式进行分类。门窗按不同材质分类，可以分为木门窗、铝合金门窗、钢门窗、塑料门窗、全玻璃门窗、复合门窗、特殊门窗等。钢门窗又分为普通钢窗、彩板钢窗和渗铝钢窗3种；门窗按不同功能分类，可以分为普通门窗、保温门窗、隔声门窗、防火门窗、防盗门窗、防爆门窗、装饰门窗、安全门窗、自动门窗等；门窗按不同结构分类，可以分为推拉门窗、平开门窗、弹簧门窗、旋转门窗、折叠门窗、卷帘门窗、自动门窗等。

第一节　木门窗施工技术

自古至今，木门窗在装饰工程中占有重要地位，在建筑装饰装修方面留下了光辉的一页，我国北京故宫就是装饰木门窗应用的典范。尽管新型装饰材料层出不穷，但木材的独特质感、自然花纹、特殊性能，是任何材料都无法代替的。

一、木门窗材料质量要求

门窗分类

(1)木门窗所用木材的品种、材质等级、规格、尺寸等应按设计要求选用并符合《木结构工程施工质量验收规范》(GB 50206—2012)的规定，要严格控制木材疵病的程度。

(2)木门窗应采用烘干的木材，其含水率不应大于当地气候的平衡含水率，一般在气候干燥地区不宜大于12%，在南方气候潮湿地区不宜大于15%。

(3)木门窗与砖石砌体、混凝土或抹灰层接触的部位或在主体结构内预埋的木砖，都要做防腐处理，必要时还应设防潮层。如果选用的木材为易虫蛀和易腐朽的，必须进行防腐、防虫蛀处理。

(4)制作木门窗所用的胶料，宜采用国产酚醛树脂胶和脲醛树脂胶。普通木门窗可采用半耐水的脲醛树脂胶，高档木门窗应采用耐水的酚醛树脂胶。

(5)制作木门窗所用木材应符合表 7-1 和表 7-2 的规定。

表 7-1　普通木门窗用木材的质量要求

木材缺陷		门窗扇的立梃、冒头、中冒头	窗棂、压条、门窗及气窗的线脚、通风窗立梃	门芯板	门窗框
活节	不计个数，直径/mm	<15	<5	<15	15
	计算个数，直径	≤材宽的 1/3	≤材宽的 1/3	≤30 mm	≤材宽的 1/3
	任一延米个数	≤3	≤2	≤3	≤5
死节		允许，计入活节总数	不允许	允许，计入活节总数	
髓心		不露出表面的，允许	不允许	不露出表面的，允许	
裂缝		深度及长度≤厚度及材长的 1/5	不允许	允许可见裂缝	深度及长度≤厚度及材长的 1/4
斜纹的斜率/%		≤7	≤5	不限	≤12
油眼		非正面，允许			
其他		浪形纹理、圆形纹理、偏心及化学变色，允许			

表 7-2　高级木门窗用木材的质量要求

木材缺陷		木门扇的立梃、冒头、中冒头	窗棂、压条、门窗及气窗的线脚、通风窗立梃	门芯板	门窗框
活节	不计个数，直径/mm	<10	<5	<10	10
	计算个数，直径	≤材宽的 1/4	≤材宽的 1/4	≤20 mm	≤材宽的 1/3
	任一延米个数	≤2	≤0	≤2	≤3
死节		允许，包括在活节总数中	不允许	允许，包括在活节总数中	不允许
髓心		不露出表面的，允许	不允许	不露出表面的，允许	
裂缝		深度及长度≤厚度及材长的 1/6	不允许	允许可见裂缝	深度及长度≤厚度及材长的 1/5
斜纹的斜率/%		≤6	≤4	≤15	≤10
油眼		非正面，允许			
其他		浪形纹理、圆形纹理、偏心及化学变色，允许			

(6)小五金零件的品种、规格、型号、颜色等均应符合设计要求，质量必须合格，地弹簧等五金零件应有出厂合格证。

二、木门窗制作与安装施工工艺流程

配料、截料、刨料→画线、凿眼→开榫、断肩→倒棱、裁口→组装、净面→木门窗安装→门窗小五金安装。

三、木门窗制作与安装施工要点

1. 配料、截料、刨料

(1)配料。配料前要熟悉图纸，了解门窗的构造、各部分尺寸、制作数量和质量要求。计算出各部件的尺寸和数量，列出配料单，按配料单进行配料。如果数量少，可直接配料。配料时，对木方材料要进行选择。不用有腐朽、斜裂、节疤大的木料，不干燥的木料也不能使用。同时，要先配长料后配短料，先配框料后配扇料，使木料得到充分、合理的使用。

(2)截料。在选配的木料上按毛料尺寸画出截断、锯开线，考虑到锯解木料时的损耗，一般留出 2～3 mm 的损耗量。锯切时，要注意锯线直、端面平，并注意不要锯锚线，以免造成浪费。

(3)刨料。刨料时，宜将纹理清晰的里材作为正面，对于樘子料任选一个窄面为正面，对于门、窗框的梃及冒头可只刨三面，不刨靠墙的一面；门、窗扇的上冒头和梃也可先刨三面，靠樘子的一面待安装时根据缝的大小再进行修刨。

2. 画线、凿眼

(1)画线。画线前，先要弄清楚榫、眼的尺寸和形式。眼的位置应在木料的中间，宽度不超过木料厚度的 1/3，由凿子的宽度确定。榫头的厚度是根据眼的宽度确定的，半榫长度应为木料宽度的 1/2。对于成批的料，应选出两根刨好的料，大面相对放在一起，画上榫、眼的位置。

(2)凿眼。凿眼之前，应选择等于眼宽的凿刀，凿出的眼，顺木纹两侧要直，不得出错槎。先打全眼，后打半眼。全眼要先打背面，凿到一半时，翻转过来再打正面直到贯穿。眼的正面要留半条里线，反面不留线，但比正面略宽。这样装榫头时，可减少冲击，以免挤裂眼口四周。

3. 开榫、断肩

(1)开榫。开榫又称倒卵，就是按榫的纵向线锯开，锯到榫的根部时，要把锯立起来锯几下，但不要过线。开榫时要留半线，其半榫长为木料宽度的 1/2，应比半眼深少 1～2 mm，以备榫头因受潮而伸长。开榫要用锯小料的细齿锯。

(2)断肩。断肩就是把榫两边的肩膀断掉。断肩时也要留线，快锯掉时要慢些，防止伤到榫根。断肩要用小锯。

锯成的榫要求方正、平直，不能歪歪扭扭和伤榫根。如果榫头不方正、不平直，会直接影响到门窗不能组装方正、结实。

4. 倒棱、裁口

倒棱与裁口在门框梃上做出，倒棱是起装饰作用，裁口对门扇关闭时起限位作用。倒棱要平直，宽度要均匀；裁口要求方正、平直，不能有戗槎起毛、凹凸不平的现象。最忌讳口根有台，即裁口的角上木料没有刨净。也有不在门框梃木方上做裁口，而是用一条小木条粘钉在门框梃木方上。

5. 组装、净面

(1)组装前对部件应进行检查，要求部件方正、平直，线脚整齐、分明，表面光滑，尺寸规格、式样符合设计要求，并用细刨将遗留墨线刨光。

(2)门窗框的组装，把一根边梃平放，将中贯档、上下冒头的榫插入梃的眼里，再装上另一边的梃，用锤轻轻敲打拼合，敲打时要垫木块，防止打坏榫头或留下敲打的痕迹。待整个门窗框拼好归方以后，再将所有的榫头敲实。

(3)门窗扇的组装与门窗框大致相同，但门扇中有门芯板，须先把门芯按尺寸裁好，一般门芯板应比在门扇边上量得的尺寸小 3～5 mm，门芯板的四边去棱、刨光。然后，将一根门梃平放，将冒头逐个装入，门芯板嵌入冒头与门梃的凹槽内，再将另一根门梃的眼对准榫装入，并用锤木块敲紧。

(4)组装好的门窗框、扇用细刨或砂纸修平修光。双扇门窗要配好对，对缝的裁口刨好。安装前，门窗框靠墙的一面均要刷一道沥青，以增加防腐能力。

6. 木门窗安装

(1)木门窗安装前要检查核对好型号，按图纸对号分发就位。安门框前，要用对角线相等的方法复核其兜方程度。当在通长走道上嵌门框时，应拉通长麻线，以便控制门框面位于同一平面内，保持门框锯角线高度的一致性。

(2)将修刨好的门窗扇，用木楔临时立于门窗框中，排好缝隙后画出铰链位置。铰链位置距上、下边的距离宜是门扇宽度的 1/10，这个位置对铰链受力比较有利，又可避开榫头。然后，将扇取下来，用扇铲剔出铰链页槽。铰链页槽应外边浅、里边深，其深度应当是把铰链合上后与框、扇平正为准。剔好铰链槽后，将铰链放入，上下铰链各拧一颗螺钉，将门窗扇挂上，检查缝隙是否符合要求，扇与框是否齐平，扇能否关住。检查合格后，再把螺钉全部上齐。

(3)门窗扇安装后要试验其启闭情况，以开启后能自然停止为好，不能有自开或自关现象。如果发现门窗在高、宽上有短缺，在高度上可将补钉板条钉于下冒头下面，在宽度上可在安装合页一边的梃上补钉板条。为使门窗开关方便，平开扇的上下冒头可刨成斜面。

7. 门窗小五金的安装

所有小五金必须用木螺钉固定安装，严禁用钉子代替。使用木螺钉时，先用手锤钉入全长的 1/3，接着用螺钉旋具拧入。当木门窗为硬木时，首先钻孔径为木螺钉直径 0.9 倍的孔，孔深为木螺钉全长的 2/3；然后，再拧入木螺钉。小五金配件应安装齐全、位置适宜、固定可靠。

四、木门窗安装工程实例

××大厦木门窗安装施工方案

(一)施工准备

1. 材料质量要求

(1)木门窗(包括纱门窗)：由木材加工厂供应的木门窗框和扇必须是经检验合格的产

品，并具有出厂合格证，进场前应对型号、数量及门窗扇的加工质量全面进行检查(其中包括缝的大小、接缝平整、几何尺寸正确及门窗的平整度等)。门窗框制作前的木材含水率不得超过12%，生产厂家应严格控制。

(2)钉子、木螺丝、合页、插销、拉手、梃钩、门锁等按门窗图表所列的小五金型号、种类及其配件准备。

(3)对于不同墙体预埋设的木砖及预埋件等，应符合设计要求。

2. 主要施工机具

粗刨、细刨、裁口刨、单线刨、锯、锤子、斧子、改锥、线勒子、扁铲、塞尺、线坠、红线包、墨汁、木钻、小电锯、担子板、扫帚等。

3. 作业条件

(1)门窗框和扇安装前应先检查有无窜角、翘扭、弯曲、劈裂，如有以上情况应先进行修理。

(2)门窗框靠墙、靠地的一面应刷防腐涂料，其他各面及扇活均应涂刷清油一道。刷油后分类码放平整，底层应垫平、垫高。每层框与框、扇与扇间垫木板条通风，如露天堆放时，需用苫布盖好，不得日晒雨淋。

(3)门框的安装应依据图纸尺寸核实后再进行安装，并按图纸开启方向要求注意裁口方向。安装高度按室内50 cm水平线控制。

(4)门窗框安装应在抹灰前进行，门扇和窗扇的安装宜在抹灰完成后进行。如窗扇必须先行安装时应注意成品保护，防止碰撞和污染。

(二)施工工艺

1. 施工工艺流程

找规矩弹线→窗框、扇安装→门框安装→门扇安装。

2. 施工要点

(1)找规矩弹线。结构工程经过核验合格后，即可从顶层开始用大线坠吊垂直，检查窗口位置的准确度，并在墙上弹出墨线，门窗洞口处结构凸出窗框线时进行剔凿处理。

(2)窗框、扇安装。

1)掩扇及安装样板。把窗扇根据图纸要求安装到窗框上的工序称为掩扇。对掩扇的质量按施工质量验收标准检查缝隙大小、五金位置、尺寸及牢固程度等，符合标准要求即可作为样板，以此为验收标准和依据。

2)弹线安装窗框扇应考虑抹灰层的厚度，并根据门窗尺寸、标高、位置及开启方向，在墙上画出安装位置线。有贴脸的门窗、立框时应与抹灰面平，有预制水磨石板的窗，应注意窗台板的出墙尺寸，以确定立框位置。中立的外窗，如外墙为清水砖墙勾缝时，可稍移动，以盖上砖墙立缝为宜。

3)窗框的安装标高，以墙上弹+50 cm水平线为准，用木楔将框临时固定于窗洞内。为保证与相隔窗框的平直，应在窗框下边拉小线找直，并用铁水平尺将水平线引入洞内作为立框的标准，再用线坠校正吊直。

(3)门框安装。

1)木门框安装应在地面工程施工前完成，门框安装应保证牢固，门框应用钉子与木砖钉牢，一般每边不少于两点固定，间距不大于 1.2 m。若隔墙为加气混凝土条板时，应按要求间距预留 45 mm 的孔，孔深为 7～10 cm，并在孔内预埋木橛(木橛直径应大于孔径 1 mm 以使其打入牢固)。木橛应先黏 108 胶水泥浆后再打入孔中，待其凝固后再安装门框。

2)钢门框安装。

①安装前先找正套方，防止在运输及安装过程中产生变形，并应提前刷好防锈漆。

②门框应按设计要求及水平标高、平面位置进行安装，并应注意成品保护。

③后塞口时，应按设计要求预先埋设铁件，并按规范要求每边不少于两个固定点，其间距不大于 1.2 m。

④钢门框按图示位置安装就位，检查型号标高，位置无误，及时将框上的铁件与结构预埋铁件焊好焊牢。

(4)木门扇的安装。

1)先确定门的开启方向及小五金型号和安装位置。对开门扇扇口的裁口位置开启方向，一般右扇为盖口扇。

2)检查门口尺寸是否正确，边角是否方正，有无窜角。检查门口高度应量门的两侧；检查门口宽度应量门口的上、中、下三点并在扇的相应部位定点画线。

3)将门扇靠在框上划出相应的尺寸线，如果扇大，则应根据框的尺寸将大出部分刨去，若扇小应钉木条，用胶和钉子钉牢，钉帽要砸扁，并钉入木材内 1～2 mm。

4)第一次修刨后的门扇应以能塞入口内为宜，塞好后用木楔顶住临时固定。按门扇与门口边缝宽合适尺寸，画第二次修刨线，标上合页槽的位置(距门扇的上、下端 1/10，且避开上、下冒头)。同时，应注意口与扇安装的平整。

5)门扇二次修刨，缝隙尺寸合适后即安装合页。先用线勒子勒出合页的宽度，根据上、下冒头 1/10 的要求，钉出合页安装边线，分别从上、下边线往里量出合页长度。剔合页槽时应留线，不应剔得过大、过深。

6)合页槽剔好后，即安装上、下合页，安装时应先拧一个螺钉，然后关上门检查缝隙是否合适，口与扇是否平整，无问题后方可将螺钉全部拧上拧紧。木螺钉应先钉入全长 1/3 后拧入 2/3。如门窗为黄花松或其他硬木时，安装前应先打眼。眼的孔径为木螺钉的 0.9 倍，眼深为螺线长的 2/3，打眼后再拧螺钉，以防安装劈裂或螺钉拧断。

7)安装对开扇时，应将门扇的宽度用尺量好，再确定中间对口缝的裁口深度。如采用企口榫时，对口缝的裁口深度及裁口方向应满足装锁的要求，然后对四周修刨到准确尺寸。

8)五金安装应按设计图纸要求，不得遗漏。一般门锁、碰珠、拉手等距离地面高度为 95～100 cm，插销应在拉手下面。不宜在中冒头与立梃的结合处安装门锁。

9)门扇开启后易碰墙，为固定门扇位置应安装定门器，对有特殊要求的门应安装门扇开启器，其安装方法，参照产品安装说明书。

(三)成品保护

(1)一般木门框安装后应用薄钢板保护，其高度以手推车轴中心为准，如门框安装与结构同时进行，应采取措施防止门框碰撞或移位变形。对于高级硬木门框宜用 1 cm 厚木板条钉设保护，防止砸碰，破坏裁口，影响安装。

(2)修刨门窗时应用木卡具将门垫起卡牢，以免损坏门边。

(3)门窗框扇进场后应妥善保管，入库存放，且门窗存放架下面应垫起离开地面 20～40 cm 并垫平，按使用先后顺序将其码放整齐，露天临时存放时上面应用苫布盖好，防止雨淋。

(4)进场的木门窗框靠墙的一面应刷木材防腐剂进行处理，钢门窗应及时刷好防锈漆，防止生锈。

(5)安装门窗扇时应轻拿轻放，防止损坏成品，整修门窗时不得硬撬，以免损坏扇料和五金。

(6)安装门窗扇时注意防止碰撞抹灰角和其他装饰好的成品。

(7)已安装好的门窗扇如不能及时安装五金件，应派专人负责管理，防止刮风时损坏门窗及玻璃。

(8)严禁将窗框扇作为架子的支点使用，防止脚手板砸碰损坏。

(9)五金安装应符合图纸要求，安装后应注意成品的保护，喷浆时应遮盖保护，以防污染。

(10)门扇安好后不得在室内再使用手推车，防止砸碰。

第二节　金属门窗施工技术

金属门窗是建筑工程中最常见的一种门窗形式，具有材料广泛、强度较高、刚度较好、制作容易、安装方便、维修简单、经久耐用等特点。目前，用于制作门窗的金属，主要有铝合金建筑型材、不锈钢冷轧建筑薄板、冷轧或热轧建筑型钢等。

一、铝合金门窗施工

(一)铝合金门窗基本构造

铝合金门窗是目前最常见的金属门窗，铝合金门窗由于具有密封、保温、隔声、防尘和装饰效果好等优点，广泛应用于工业与民用等现代建筑。

铝合金门窗是将经过表面处理和涂色的铝合金型材，通过下料、打孔、铣槽、自攻螺钉等工艺制作成门、窗框料和门窗扇构件，再与玻璃、密封件、开闭五金配件等组合装配形成门窗。铝合金门窗的基本构造如图 7-1 所示。

(二)铝合金门窗材料质量要求

(1)铝合金门窗框、扇的规格及型号应符合设计的要求，其表面应洁净，不得有油污、划痕。

(2)铝合金门窗安装所用密封材料的类型及特性见表 7-3。

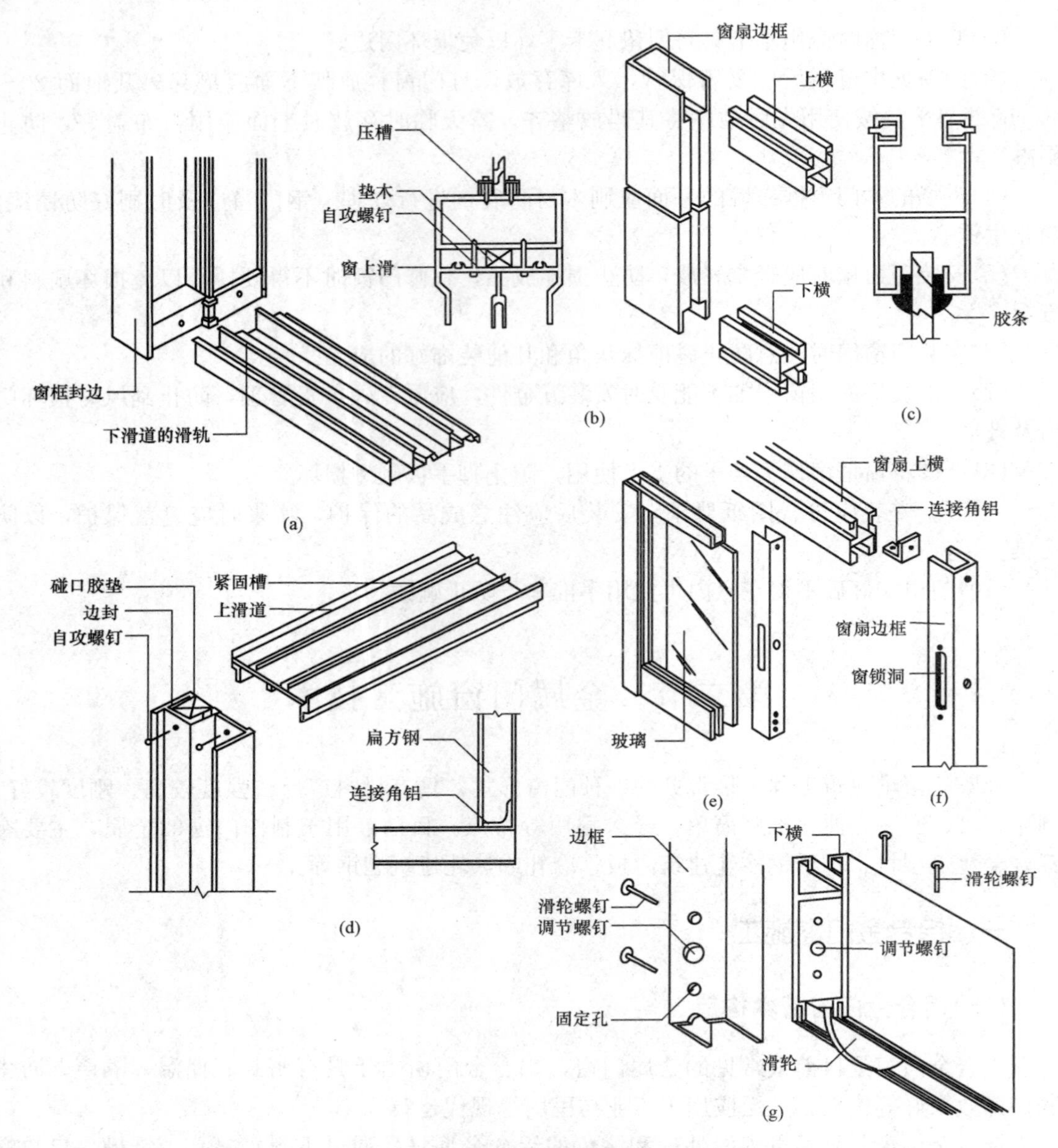

图 7-1　铝合金门窗基本构造

(a)窗框边封与下滑连接；(b)窗扇边框与上下横连接；(c)玻璃固定与密封；
(d)窗框上滑连接；(e)窗扇及玻璃组装；(f)窗扇上横固定；(g)滑轮安装

表 7-3　铝合金门窗安装所用密封材料的类型及特性

序号	类　型	特　性　与　用　途
1	聚氯酯密封膏	高档密封膏中的一种，适用于±25%接缝形变位移部位的密封，价格较便宜
2	聚硫密封膏	高档密封膏中的一种，适用于±25%接缝形变位移部位的密封，价格较硅酮便宜15%～20%，使用寿命可达10年以上
3	硅酮密封膏	高档密封膏中的一种，性能全面，变形能力达50%，高强度、耐高温(－54 ℃～260 ℃)

续表

序号	类　型	特　性　与　用　途
4	水膨胀密封膏	遇水后膨胀能将缝隙填满
5	密封垫	用于门窗框与外墙板接缝密封
6	膨胀防火密封件	主要用于防火门
7	底衬泡沫条	和密封胶配套使用，在缝隙中能随密封胶形变而形变
8	防污纸质胶带纸	贴于门窗框表面，防嵌缝时污染

(3)铝合金门窗所用五金配件应配套齐全，其质量要求见表7-4。

表7-4　铝合金门窗主要五金件的质量要求

序号	名　称	材　质	牌号或标准代号
1	滑轮壳体、锁扣、自攻螺钉、滑撑	不锈钢	GB/T 3280
2	地弹簧	铝合金、铜合金	QB/T 2697、GB/T 1176
3	执手、插销、撑挡、拉手、窗锁、门锁、滑轮、闭门器	铝合金	QB/T 3886、QB/T 3885、QB/T 3887、QB/T 3889、QB/T 3890、QB/T 3891、QB/T 3892、QB/T 2698
4	滑轮、铰链垫圈	尼龙	1010(HG2—G69—76)
5	橡胶垫块、密封胶条	三元乙丙橡胶、氯丁橡胶	GB/T 5577
6	窗用弹性密封剂	聚硫密封胶	JC/T 485
7	中空玻璃用弹性密封剂	聚硫密封胶	
8	型材构件连接、玻璃镶嵌结构密封胶	结构硅酮胶	MF881(双组分)、MF899(单组分)
9	黏结密封及耐候性防水密封	耐候硅酮胶	MF889
10	门窗框周边缝隙填料	PU发泡剂	

(三)铝合金门窗安装施工工艺流程

预埋件安装→划线定位→门窗框就位→门窗框固定→门窗框与墙体缝隙的处理→门窗扇安装→玻璃安装→五金配件安装。

(四)铝合金门窗安装施工要点

1. 预埋件安装

门窗洞口预埋件，一般在土建结构施工时安装，但门窗框安装前，安装人员应配合土建对门窗洞口尺寸进行复查。洞口预埋铁件的间距必须与门窗框上设置的连接件配套。门窗框上铁脚间距一般为500 mm；设置在框转角处的铁脚位置，距离窗转角边缘为100～200 mm。门窗洞口墙体厚度方向的预埋铁件中心线如设计无规定时，距离内墙面：38～60系列为100 mm，90～100系列为150 mm。

2. 划线定位

铝合金门窗安装前，应根据设计图样中门窗的安装位置、尺寸和标高，依据门窗中线向两边量出门窗边线。若为多层或高层建筑时，以顶层门窗边线为准，用线坠或经纬仪将门窗边线下引，并在各层门窗口处划线标记，对个别不直的口边应剔凿处理。对于门，除按上述方法确定位置外，还要特别注意室内地面的标高。地弹簧的表面应该与室内地面饰面标高一致。同一立面的门窗水平及垂直方向应该做到整齐一致。

3. 门窗框就位

按照弹线位置将门窗框立于洞内，将正面及侧面垂直度、水平度和对角线调整合格后，用对拔木楔做临时固定。木楔应垫在边、横框能够受力的部位，以防止铝合金框料由于被挤压而变形。

4. 门窗框固定

铝合金门窗框与墙体的固定方法主要有以下三种：

(1)将门窗框上的拉接件与洞口墙体的预埋钢板或剔出的结构钢筋(非主筋)焊接牢固。

(2)用射钉枪将门窗框上的拉接件与洞口墙体固定。

(3)沿门窗框外侧墙体用电锤打孔，孔径为 6 mm，孔深为 60 mm，然后将 ¬ 型的直径为 6 mm，长度为 40～60 mm 的钢筋强力砸入孔中，再将其与门窗框侧面的拉接件(钢板)焊接牢固。

5. 门窗框与墙体缝隙的处理

固定好门窗框后，应检查平整及垂直度，洒水润湿基层，用 1∶2 的水泥砂浆将洞口与框之间的缝隙塞满抹平。框周缝隙宽度宜在 20 mm 以上，缝隙内分层填入矿棉或玻璃棉毡条等软质材料。框边需留设 5～8 mm 深的槽口，待洞口饰面完成并干燥后，清除槽口内的浮灰渣土，嵌填防水密封胶。

6. 门窗扇安装

铝合金门窗扇的安装，需在土建施工基本完成的条件下进行，以保护其免遭损伤。框装扇必须保证框扇立面在同一平面内，就位准确，启闭灵活。平开窗的窗扇安装前，先固定窗铰，然后再将窗铰与窗扇固定。推拉门窗应在门窗扇拼装时于其下横底槽中装好滑轮，注意使滑轮框上有调节螺钉的一面向外，该面与下横端头边平齐。对于规格较大的铝合金门扇，当其单扇框宽度超过 900 mm 时，在门扇框下横料需采取加固措施。通常的做法是穿入一条两端带螺纹的钢条。安装时，应注意要在地弹簧连杆与下横安装完毕后再进行，不得妨碍地弹簧座的对接。

7. 玻璃安装

玻璃安装前，应先清扫槽框内的杂物，排水小孔要清理通畅。如果玻璃单块尺寸较小，可用双手夹住就位。如一般平开窗，多用此办法。大块玻璃安装前，槽底要加胶垫，胶垫距竖向玻璃边缘应大于 150 mm。玻璃就位后，前后面槽用胶块垫实，留缝均匀，再扣槽压板，然后用胶轮将硅酮系列密封胶挤入溜实，或用橡胶条压入挤严、封固。

玻璃安装完毕，应统一进行安装质量检查，确认符合安装精度要求时，将型材表面的胶纸保护层撕掉。如果发现型材表面局部有胶迹，应清理干净，玻璃也要随之擦拭明亮、光洁。

8. 五金配件安装

铝合金门窗五金配件与门窗连接可使用镀锌螺钉。五金配件的安装应结实牢固，使用灵活。

二、钢门窗施工

钢门是指用钢质型材或板材制作门框、门扇或门扇骨架结构的门；钢窗是指用钢质型材、板材(或以钢质型材、板材为主)制作窗框、窗扇结构的窗。

1. 钢门窗材料质量要求

(1)各种门窗用材料应符合现行国家标准、行业标准的有关规定，其具体要求参见《钢门窗》(GB/T 20909—2017)的相关规定。

(2)钢门窗的型材和板材。

1)钢门窗所用的型材应符合下列规定：

①彩色涂层钢板门窗型材应符合《彩色涂层钢板及钢带》(GB/T 12754—2006)和《彩色涂层钢板门窗型材》(JG/T 115—1999)的规定。

②使用碳素结构钢冷轧钢带制作的钢门窗型材，材质应符合《碳素结构钢冷轧钢带》(GB 716—1991)的规定，型材壁厚不应小于 1.2 mm。

③使用镀锌钢带制作的钢门窗型材材质应符合《连续热镀锌钢板及钢带》(GB/T 2518—2008)的规定，型材壁厚不应小于 1.2 mm。

④不锈钢门窗型材应符合《不锈钢建筑型材》(JG/T 73—1999)的规定。

2)使用板材制作的门，门框板材厚度不应小于 1.5 mm，门扇面板厚度不应小于 0.6 mm，具有防盗、防火等要求的，应符合相关标准的规定。

(3)钢门窗对所用玻璃的要求。钢门窗应根据功能要求选用玻璃。玻璃的厚度、面积等应经过计算确定，计算方法按《建筑玻璃应用技术规程》(JGJ 113—2015)中的规定。

(4)钢门窗对所用密封材料的要求。钢门窗所用密封材料应按功能要求选用，并应符合《建筑门窗、幕墙用密封胶条》(GB/T 24498—2009)及相关标准的规定。

(5)钢门窗所用的启闭五金件、连接插接件、紧固件、加强板等配件，应按功能要求选用。配件的材料性能应与门窗的要求相适应。

2. 钢门窗施工工艺流程

画线定位→钢门窗就位→钢门窗固定→五金配件安装。

3. 施工要点

(1)画线定位。钢门窗的画线定位可按以下方法和要求进行：

1)图纸中门窗的安装位置、尺寸和标高，以门窗中线为准向两边量出门窗边线。如果工程为多层或高层时，以顶层门窗安装位置线为准，用线坠或经纬仪将顶层分出的门窗边线标划到各楼层相应位置。

2)从各楼层室内+50 cm 水平线量出门窗的水平安装线。

3)依据门窗的边线和水平安装线，做好各楼层门窗的安装标记。

(2)钢门窗就位。钢门窗的就位可按以下方法和要求进行：

1)按图纸中要求的型号、规格及开启方向等，将所需要的钢门窗搬运到安装地点，并垫靠稳当。

2)将钢门窗立于图纸要求的安装位置，用木楔临时固定，将其铁脚插入预留孔中，然后根据门窗边线、水平线及距离外墙皮的尺寸进行支垫，并用托线板靠紧吊垂直。

3)钢门窗就位时，应保证钢门窗上框距离过梁要有 20 mm 缝隙，框的左右缝隙宽度应一致，距离外墙皮尺寸符合图纸要求。

(3)钢门窗固定。钢门窗的固定可按以下方法和要求进行：

1)钢门窗就位后，校正其水平和正、侧面垂直，然后将上框铁脚与过梁预埋件焊牢，将框两侧铁脚插入须留孔内，用水把预留孔内湿润，用 1∶2 较硬的水泥砂浆或 C20 细石混凝土将其填实后抹平。终凝前不得碰动框扇。

2)3 天后取出四周木楔，用 1∶2 水泥砂浆把框与墙之间的缝隙填实，与框的平面抹平。

3)若为钢大门时，应将合页焊到墙中的预埋件上。要求每侧预埋件必须在同一垂直线上，两侧对应的预埋件必须在同一水平位置上。

(4)五金配件的安装。五金配件的安装可按以下方法和要求进行：

1)检查窗扇开启是否灵活，关闭是否严密，如有问题必须调整后再安装。

2)在开关零件的螺孔处配置合适的螺钉，将螺钉拧紧。当螺钉拧不进去时，检查孔内是否有多余物。若有多余物，将其剔除后再拧紧螺钉。当螺钉与螺孔位置不吻合时，可略挪动位置，重新攻螺纹后再安装。

3)钢门锁的安装，应按说明书及施工图要求进行，安装完毕后锁的开关应非常灵活。

三、涂色镀锌钢板门窗施工

涂色镀锌钢板门窗，又称彩板钢门窗、镀锌彩板门窗，是一种新型的金属门窗。涂色镀锌钢板门窗是以涂色镀锌钢板和 4 mm 厚平板玻璃或双层中空玻璃为主要材料，经过机械加工而制成的，色彩有红、绿、乳白、棕、蓝等。涂色镀锌钢板门窗具有质量轻、强度高、采光面积大、防尘、隔声、保温、密封性能好、造型美观、色彩鲜艳、质感均匀柔和、装饰性好、耐腐蚀性等特点，主要适用于商店、超级市场、试验室、教学楼、高级宾馆、影剧院及民用住宅高级建筑的门窗工程。

1. 涂色镀锌钢板门窗对材料要求

(1)型材原材料应为建筑门窗外用涂色镀锌钢板，涂膜材料为外用聚酯，基材类型为镀锌平整钢带，其技术性能要求应符合《彩色涂层钢板及钢带》(GB/T 12754—2006)的相关规定。

(2)涂色镀锌钢板门窗所用的五金配件，应当与门窗的型号相匹配，并应采用五金喷塑铰链。

(3)涂色镀锌钢板门窗密封采用橡胶密封胶条，断面尺寸和形状均应符合设计要求。门窗的橡胶密封胶条安装后，接头要严密，表面要平整，玻璃密封条不存在咬边缘的现象。

(4)涂色镀锌钢板门窗表面漆膜坚固、均匀、光滑，经盐雾试验 480 h 无起泡和锈蚀现象。相邻构件漆膜不应有明显色差。

(5)涂色镀锌钢板门窗的外形尺寸允许偏差应符合表 7-5 中的规定。

表 7-5　涂色镀锌钢板门窗的外形尺寸允许偏差

项目	门窗等级	允许偏差/mm		项目	门窗等级	允许偏差/mm	
		≤1 500 mm	＞1 500 mm			≤2 000 mm	＞2 000 mm
宽度 B 和高度 H	Ⅰ	+2.0，−1.0	+3.0，−1.0	对角线长度 L	Ⅰ	≤4	≤5
	Ⅱ	+2.5，−1.0	+3.5，−1.0		Ⅱ	≤5	≤6
搭接量	≥8			≥6，＜8			
等级	Ⅰ		Ⅱ		Ⅰ		Ⅱ
允许偏差/mm	±2.0		±3.0		±1.5		±2.5

(6)涂色镀锌钢板门窗的连接与外观应满足下列要求：

1)门窗框、扇四角处交角的缝隙不应大于 0.5 mm，平开门窗缝隙处应用密封膏密封严密，不应出现透光现象。

2)门窗框、扇四角处交角同一平面高低差不应大于 0.3 mm。

3)门窗框、扇四角组装应牢固，不应有松动、锤击痕迹、破裂及加工变形等缺陷。

4)门窗的各种零附件位置应准确，安装应牢固；门窗启闭灵活，不应有阻滞、回弹等缺陷，并应满足使用功能的要求。平开窗的分格尺寸允许偏差为±2 mm。

5)门窗装饰表面涂层不应有明显脱漆、裂纹，每樘门窗装饰表面局部擦伤、划伤等应符合表 7-6 的规定，并对所有缺陷进行修补。

表 7-6　每樘门窗装饰表面局部擦伤、划伤等级

项目	等级		项目	等级	
	Ⅰ	Ⅱ		Ⅰ	Ⅱ
擦伤划伤深度	不大于面漆厚度	不大于底漆厚度	每处擦伤面积/mm^2	≤100	≤150
擦伤总面积/mm^2	≤500	≤1 000	划伤总长度/mm	≤100	≤150

(7)涂色镀锌钢板门窗的抗风压性能、空气渗透性能及雨水渗透性能应符合表 7-7 和表 7-8 的规定。

表 7-7　涂色镀锌钢板窗的抗风压性能、空气渗透性能和雨水渗透性能

开启方式	等级	抗风压性能/Pa	空气渗透性能/[$m^3 \cdot (m^2 \cdot h)^{-1}$]	雨水渗透性能/Pa
平开	Ⅰ	≥3 000	≤0.5	≥350
	Ⅱ	≥2 000	≤1.5	≥250
推拉	Ⅰ	≥2 000	≤1.5	≥250
	Ⅱ	≥1 500	≤2.5	≥150

表 7-8　涂色镀锌钢板门的抗风压性能、空气渗透性能和雨水渗透性能

开启方式	等级	抗风压性能/Pa	空气渗透性能/[$m^3 \cdot (m^2 \cdot h)^{-1}$]	雨水渗透性能/Pa
平开	Ⅰ	≥3 500	≤0.5	≥500
	Ⅱ	≥3 000	≤1.5	≥350
	Ⅲ	≥2 500	≤2.5	≥250

(8)所用焊条的型号和规格，应根据施焊铁件的材质和厚度确定，并应有产品出厂合格证。

(9)建筑密封膏或密封胶以及嵌缝材料，其品种、性能应符合设计和现行国家或行业标准的规定。

(10)水泥采用 32.5 级以上的普通硅酸盐水泥或矿渣硅酸盐水泥，进场时应有材料合格证明文件，并应进行现场取样检测。砂子应选用干净的中砂，含泥量不得大于 3%，并用 5 mm 的方孔筛子过筛备用。

(11)安装用的膨胀螺栓或射钉、塑料垫片、自攻螺钉等，应当符合设计和有关标准的规定。

2. 施工工艺流程

涂色镀锌钢板门窗进场验收→门窗洞口尺寸、位置、预埋件核查与验收→弹出门窗安装线→门窗就位、找平、找直、找方正→连接并固定门窗→塞缝密封→清理、验收。

3. 涂色镀锌钢板门窗的施工工艺

(1)门窗洞口尺寸、位置、预埋件核查。

1)涂色镀锌钢板门窗分为带副框门窗和不带副框门窗。一般当室外饰面板面层装饰时，需要安装副框。室外墙面为普通抹灰和涂料罩面时，采用直接与墙体固定的方法，可以不安装副框。

2)对于带副框的门窗应在洞口抹灰前将副框安装就位，并与预埋件连接固定。

3)对于不带副框的门窗，一般是先进行洞口抹灰，抹灰完成并具有一定的强度后，再用冲击钻打孔，用膨胀螺栓将门窗框与洞口墙体固定。

4)带副框门窗与不带副框门窗对洞口条件的要求是不同的。带副框门窗应根据到现场门窗的副框实际尺寸及连接位置，核查洞口尺寸和预埋件的位置及数量；而对于不带副框门窗，洞口抹灰后预留的净空尺寸必须准确。所以，要求必须待门窗进场后测量其实际尺寸，并按此实际尺寸对洞口弹安装线后，方可进行洞口的先行抹灰。

(2)弹出门窗的安装线。

1)先在顶层找出门窗的边线，用 2 kg 重的线锤将门窗的边线引到楼房各层，并在每层门窗口处划线、标注，对个别不直的洞口边要进行处理。

2)高层建筑应根据层数的具体情况，可利用经纬仪引垂直线。

3)门窗洞口的标高尺寸，应以楼层+50 mm 水平线为准往上反，找出窗下皮的安装标高及门洞顶标高位置。

(3)门窗安装就位。

1)对照施工图纸上各门窗洞口位置及门窗编号，将准备安装的门窗运至安装位置洞口处，注意核对门窗的规格、类型、开启方向。

2)对于带副框的门窗，安装分两步进行：在洞口及外墙做装饰面打底面，将副框安装好；待外墙面及洞口的饰面完工并清理干净后，再安装门窗的外框和扇。

(4)带副框门窗安装。

1)按门窗图纸尺寸在工厂组装好副框，按安装顺序运至施工现场，用 M5×12 的自攻螺栓将连接件铆固在副框上。

2)将副框安装于洞口并与安装位置线齐平，用木楔进行临时固定，然后校正副框的正、侧面垂直度及对角线长度无误后，将其用木楔固定牢固。

3)经过再次校核准确无误后，将副框的连接件，逐个采用电焊方法焊牢在门窗洞口的预埋铁件上。

4)副框的固定作业完成后，填塞密封副框四周的缝隙，并及时将副框四周清理干净。

5)在副框与门窗外框接触的顶面、侧面贴上密封胶条，将门窗装入副框内，适当进行调整后，用 M5×12 的自攻螺栓将门窗外框与副框连接牢固，并扣上孔盖；在安装推拉窗时，还应调整好滑块。

6)副框与外框、外框与门窗之间的缝隙，应用密封胶充填密实。最后揭去型材表面的保护膜层，并将表面清理干净。

(5)不带副框门窗安装。

1)根据到场门窗的实际尺寸，进行规方、找平、找方正洞口。要求洞口抹灰后的尺寸尽可能准确，其偏差控制在＋8.0 mm范围内。

2)按照设计图的位置，在洞口侧壁弹出门窗安装位置线。

3)按照门窗外框上膨胀螺栓的位置，在洞口相应位置的墙体上钻安装膨胀螺栓的孔。

4)将门窗安装在洞口的安装线上，调整门窗的垂直度、标高及对角线长度合格后用木楔临时固定。

5)经检查门窗的位置、垂直度、标高等无误后，用膨胀螺栓将门窗与洞口固定，然后盖上螺钉盖。

门窗与洞口之间的缝隙，按设计要求的材料进行充填密封，表面用建筑密封胶密封。最后揭去型材表面的保护膜层，并将表面清理干净。

四、金属门窗安装工程实例

××宾馆铝合金门窗安装施工方案

(一)施工准备

1. 材料质量要求

(1)铝合金门窗的规格、型号应符合设计要求，五金配件配套齐全，并具有出厂合格证、材质检验报告书并加盖厂家印章。

(2)防腐材料、填缝材料、密封材料、防锈漆、水泥、砂、连接板等应符合设计要求和有关标准的规定。

(3)进场前应对铝合金门窗进行验收检查，不合格者不准进场。

2. 主要施工机具

电钻、电焊机、水准仪、手锤、电锤、螺钉旋具、活扳手、钳子、钢卷尺、水平尺、线坠等。

3. 作业条件

(1)主体结构经有关部门验收合格，达到铝合金门窗安装条件。工种之间已办好交接手续。

(2)弹好室内＋50 cm水平线，并按建筑平面图中所示尺寸弹好门窗中线。

(3)检查钢筋混凝土过梁上连接固定门窗的铁件是否预埋且位置是否正确，对没有预埋或预埋位置不准者，按铝合金门窗安装要求补装齐全。

(4)检查埋置铝合金门窗铁脚的预留孔洞是否正确，门窗洞口的高、宽尺寸是否合适。未留或留得不准的孔洞应校正后剔凿好，并将其清理干净。

(5)检查铝合金门窗，对由于运输、堆放不当而导致门窗框扇出现的变形、脱焊和翘曲等，应进行校正和修理。对表面处理后需要补焊的，焊后必须刷防锈漆。

(6)对于铝合金门窗，如有劈棱窜角和翘曲不平、偏差超标、表面损伤、变形及松动、外观色差较大者，应与有关人员协商解决，经处理验收合格后才能安装。

(二)施工工艺

1. 施工工艺流程

门窗制作→划线定位→防腐处理→铝合金门窗框就位→铝合金门窗框固定→填缝→门

窗扇安装→清理。

2. 施工要点

(1)门窗制作。

1)门扇制作时要求慎重选料与下料。选料时要充分考虑材料表面的色彩、料型、壁厚等因素，以保证足够的刚度、强度与装饰性。在确认材料的特点与适用部位之后，再按照设计尺寸进行下料。

2)门扇组装时应先在竖梃拟安装部位用手电钻钻孔，用钢筋螺栓连接。钻孔孔径应大于钢筋直径。角铝连接部位靠上或靠下，视角铝规格而定，角铝规格一般选用 22 mm×22 mm，钻孔可在上下 10 mm 处，钻孔直径小于自攻螺栓。两边梃的钻孔部位应一致，否则会使横挡不平。门扇上下横挡(也有的地区称之为冒头)多数用套螺纹的钢筋固定，中横挡用角铝(亦称为角马子)以自攻螺栓固定。先将角铝用自攻螺栓连接在两个边梃上，上下冒头中穿入套螺纹钢筋，套螺纹钢筋再从钻孔中深入边梃，中横挡套在角铝上。接着用扳手将上、下冒头用螺母拧紧，中横挡用手电钻上、下钻孔，用自攻螺栓拧紧即可。

3)制作门框时要根据门的大小，按照设计尺寸下料。一般都是选择 50 mm×70 mm、50 mm×100 mm、100 mm×25 mm 型材做门框梁，具体做法与门扇制作相同。

4)门框组装时，应先在门的上框和中框部位的边框上钻孔安装角铝，然后将中、上框套在角铝上，用自攻螺栓固定。最后在门框左右设扁铁连接件，并用自攻螺栓紧固。

5)窗扇组装时将上、下冒头深入边的上、下端榫槽之中(铝合金型材断面在设计时已考虑到使上、下冒头的宽度等于边梃内壁的宽度)，在上、下冒头与角铝的搭接处钻孔，用不锈钢螺钉拧入，组装窗扇的四个脚都要垂直，随时调整，经检查无扭曲变形后固定，以防窗扇变形影响安装。

(2)划线定位。根据设计图纸和土建施工所提供的洞口中心线及水平标高，在门窗洞口墙体上弹出门窗框位置线。放线时应注意：在同一立面的门窗在水平与垂直方向应做到整齐一致，对于预留洞口尺寸偏差较大的部位，应采取妥善措施进行处理。根据设计，门窗可以立于墙的中心线部位，也可将门窗立于内侧，使门窗框表面与内饰面齐平，但在实际工程中将门窗立于洞口中心线的做法较为普遍，因为这样做便于室内装饰的收口处理(特别是在有内窗台板时)。门的安装须注意室内地面的标高，地弹簧的表面应与地面饰面的标高相一致。

(3)防腐处理。门窗框四周外表面的防腐处理设计有要求时，按设计要求处理。如果设计没有要求时，可涂刷防腐涂料或粘贴塑料薄膜进行保护，以免水泥砂浆直接与铝合金门窗表面接触，产生电化学反应，腐蚀铝合金门窗。安装铝合金门窗时，如果采用连接铁件固定，则连接铁件、固定件等安装用金属零件最好用不锈钢钢件。否则必须进行防腐处理。

(4)铝合金门窗框就位。按照弹线位置将门窗框立于洞内，调整正、侧面垂直度、水平度和对角线，合格后用对拔木楔做临时固定。木楔应垫在边、横框能够受力部位，以防止铝合金框料由于被挤压而变形。

(5)铝合金门窗框固定。当墙体上预埋有铁件时，可直接把铝合金门窗的铁脚与墙体上的预埋铁件焊牢，焊接处须做防锈处理。当墙体上没有预埋铁件时，可用金属膨胀螺栓或塑料膨胀螺栓将铝合金门窗的铁脚固定到墙上。当墙体上没有预埋铁件时，也可用电钻在墙上打 80 mm 深、直径为 6 mm 的孔，用ㄱ型 80 mm×50 mm 的 6 mm 钢筋，在长的一端黏涂 108 胶水泥浆，然后打入孔中。待 108 胶水泥浆终凝后，再将铝合金门窗的铁脚与埋置的 6 mm 钢筋焊牢。如果属于自由门的弹簧安装，应在地面预留洞口，在门扇与地弹簧安装尺寸调整准确后，要浇筑 C25 细石混凝土固定。铝合金门边框和中竖框，应埋入地面以下 20～50 mm；组合窗框间立柱上、下端，应各嵌入框顶和框底墙体（或梁）内25 mm 以上；转角处的主要立柱嵌固长度应在 35 mm 以上。

(6)填缝。铝合金门窗的周边填缝，应该作为一道工序完成。例如推拉窗的框较宽，如果像钢窗框那样，仅靠内外抹灰时挤进一部分灰是不够的，难以塞得饱满。所以，对于较宽的窗框，应专门进行填缝。填缝所用的材料，原则上按设计要求选用。但无论使用何种填缝材料，其目的均是为了密闭和防水，以往用得最多的是 1∶2 水泥砂浆。由于水泥砂浆在塑性状态时呈强碱性，pH 值可达 11～13。所以在这种时候，会对铝合金型材的氧化膜有一定影响，特别是当氧化膜被划破时，碱性材料对铝有腐蚀作用，因此当使用水泥砂浆作填缝材料时，门窗框的外侧应刷涂防腐剂。根据相关规范要求，铝合金门窗框与洞口墙体应采用弹性连接，框周缝隙宽度宜在 20 mm 以上，缝隙内分层填入矿棉或玻璃棉毡条等软质材料。框边须留 5～8 mm 深的槽口，待洞口饰面完成并干燥后，清除槽口内的浮灰渣土，嵌填防水密封胶。

(7)门窗扇安装。

1)门窗扇和门窗玻璃应在洞口墙体表面装饰完工验收后安装。

2)推拉门窗在门窗框安装固定后，将配好玻璃的门窗扇整体安入框内滑槽，调整好与扇的缝隙即可。

3)平开门窗在框与扇格架组装上墙、安装固定好后再安玻璃，即先调整好框与扇的缝隙，再将玻璃安入扇并调整好位置，最后镶嵌密封条及密封胶。

4)玻璃就位后，应及时用胶条固定。

5)地弹簧门应在门框及地弹簧主机入地安装固定后再安门扇。先将玻璃嵌入门扇格架并一起入框就位，调整好框扇缝隙，最后填嵌门扇玻璃的密封条及密封胶。

(8)清理。铝合金门、窗完工前，应将型材表面的塑料胶纸撕掉。如果发现塑料胶纸在型材表面留有胶痕和其他污物，可用单面刀片刮除并擦拭干净。

(三)成品保护

(1)铝合金门窗应入库存放，下边应垫起、垫平，码放整齐。对已安装好披水的窗，注意存放时支垫好，防止损坏披水。

(2)门窗保护膜应检查完整无损后再进行安装，安装后应及时将门框两侧用木板条捆绑好，并禁止从窗口运送任何材料，防止碰撞损坏。

(3)抹灰前应将铝合金门窗用塑料薄膜保护好，在室内湿作业未完成前，任何工种不得损坏其保护膜，防止砂浆对其面层的侵蚀。

(4)铝合金门窗的保护膜应在交工前撕去，要轻撕，且不可用开刀铲，防止将表面划伤，影响美观。

(5)铝合金门窗表面如有胶状物时，应使用棉丝沾专用溶剂擦拭干净，如发现局部划痕，可用小毛刷沾染色液进行涂染。

(6)架子搭拆、室内外抹灰、钢龙骨安装，管道安装及建材运输等过程，严禁擦、砸、碰和损坏铝合金门窗樘料。

第三节　塑料门窗施工技术

塑料门窗，又称塑料钢门窗，是采用各种断面形状挤出成形的塑料异型材和金属或硬质塑料等增强材料以及辅助材料加工制作的门窗产品。它表面光洁细腻，不仅具有良好的装饰性，而且有良好的隔热性和密封性，广泛应用于各类建筑装饰中。

一、塑料门窗的基本构造

塑料门窗的基本构造同铝合金门窗十分相似，也是用各种不同规格、尺寸、断面结构各异、色彩纹理不同的塑料型材，经过断料、搭接、组装成门窗框、扇，再安装而成。塑料窗的基本构造如图 7-2 所示。

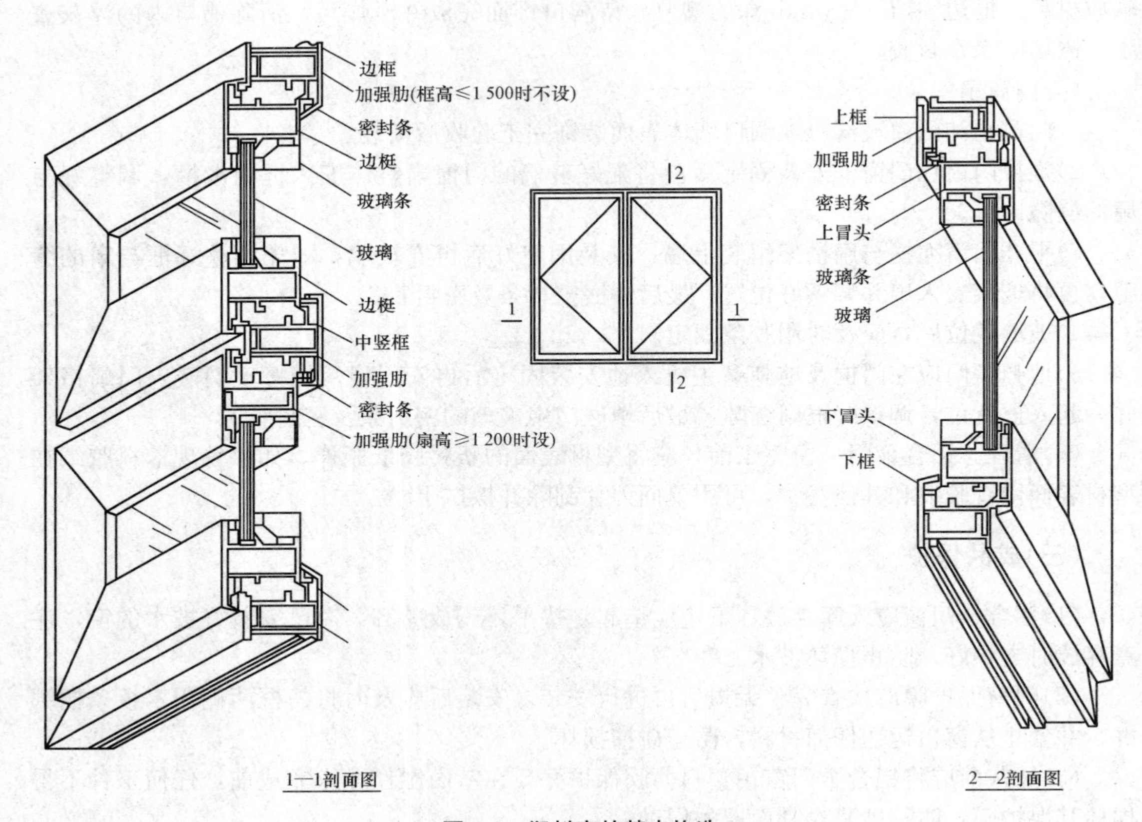

图 7-2　塑料窗的基本构造

二、塑料门窗材料质量要求

(1)塑料门窗用的异型材、密封条等原材料应符合现行相关标准的有关规定。

(2)塑料门窗采用的坚固件、五金件、增强型钢、金属衬板等的质量应符合下列要求：

1)紧固件、五金件、增强型钢及金属衬板等应进行表面防腐处理。

2)紧固件的镀层金属及其厚度应符合国家标准《紧固件　电镀层》(GB/T 5267.1—2002)的有关规定；紧固件的尺寸、螺纹、公差、十字槽及机械性能等技术条件应符合国家标准《十字槽盘头自攻螺钉》(GB/T 845—2017)、《十字槽沉头自攻螺钉》(GB/T 846—2017)的有关规定。

3)五金件型号、规格和性能应符合现行国家标准的有关规定；滑撑铰链不得使用铝合金材料。

4)全防腐型门窗应采用相应的防腐型五金件及紧固件。

(3)密封材料。塑料门窗与洞口密封所用的嵌缝膏(建筑密封胶)，应具有弹性和黏结性。

三、塑料门窗安装施工工艺流程

施工准备→弹线→固定连接件→门窗框就位→门窗框固定→接缝处理→安装门窗扇→安装玻璃→五金配件安装→清理。

四、塑料门窗安装施工要点

1. 施工准备

(1)检查窗洞口。塑料窗在窗洞口的位置，要求窗框与基体之间需留有10～20 mm的间隙。塑料窗组装后的窗框应符合规定尺寸，一方面要符合窗扇的安装；另一方面要符合窗洞尺寸的要求，如窗洞有差距时应进行窗洞修整，待其合格后才可安装窗框。

(2)检查塑料门窗。安装前对运到现场的塑料门窗应检查其品种、规格、开启方式等是否符合设计要求；检查门窗型材有无断裂、开焊和连接不牢固等现象。发现不符合设计要求或被损坏的门窗，应及时进行修复或更换。

2. 弹线

安装塑料门窗时，首先要抄水平，要确保设计在同一标高上的门、窗安装在同一个标高上，确保设计在同一垂直中心线上的门、窗安装在同一垂直线上。

3. 固定连接件

塑料门窗框入洞口之前，先将镀锌的固定钢片按照铰链连接的位置嵌入门窗框的外槽内，也可用自攻螺钉拧固在门窗框上。连接件固定的位置应符合设计间距的要求，若设计上无要求时，可按500 mm的间距确定。

4. 门窗框就位

将塑料门窗框上固定铁片旋转90°与门窗框垂直，注意上、下边的位置及内外朝向，排水孔位置应在门窗框外侧下方，纱窗则应在室内一侧。将门窗框嵌入洞口，吊线取直、找平找正，用木楔调整门窗框垂直度后临时楔紧固定，木楔间距以600 mm为宜。

5. 门窗框固定

塑料门窗框的固定方法有三种，即直接固定法、连接件固定法、假框法。具体操作要求及方法如图7-3所示。

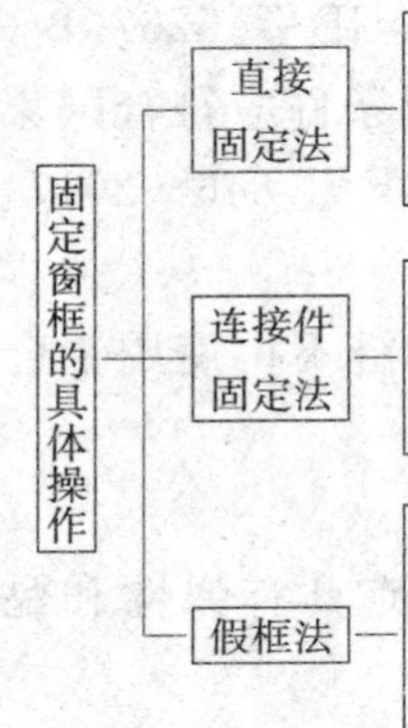

直接固定法又称为木砖固定法。窗洞施工时预先埋入防腐木砖，将塑料窗框送入洞口定位后，用木螺钉穿过窗框异型材与木砖连接，从而把窗框与基体固定。对于小型塑料窗，也可采用在基体上钻孔，塞入尼龙胀管，即用螺钉将窗框与基体连接，如图 7-4(a) 所示

在塑料窗异型材的窗框靠墙一侧的凹槽内或凸出部位，事先安装之字形铁件做连接件。塑料窗放入窗洞调整对中后用木楔临时稳固定位，然后将连接铁件的伸出端用射钉或胀铆螺栓固定于洞壁基体，如图 7-4(b) 所示

先在窗洞口内安装一个与塑料窗框相配的“冂”形镀锌铁皮金属框，然后将塑料窗框固定其上，最后以盖缝条对接缝及边缘部分进行遮盖和装饰。或者是当旧木窗改为塑料窗时，把旧窗框保留，待抹灰饰面完成后立即将塑料窗框固定其上，最后加盖封口板条，如图 7-4(c) 所示。此做法的优点是可以较好地避免其他施工对塑料窗框的损伤，并能提高塑料窗的安装效率

图 7-3　固定窗框的具体操作

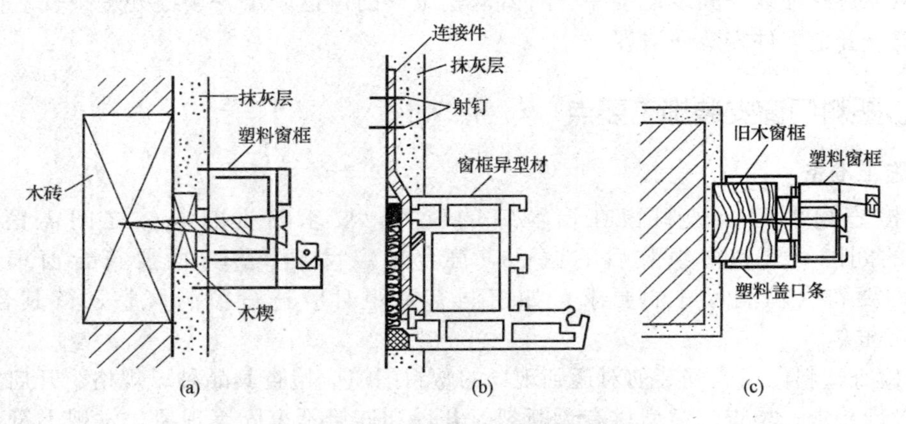

图 7-4　塑料窗框与墙体的连接固定

(a)直接固定法；(b)连接件固定法；(c)假框法

6. 接缝处理

由于塑料门窗的膨胀系数较大，所以门窗框与洞口墙体间必须留出一定宽度的缝隙，以便调节塑料门窗的伸缩变形，一般取 10～20 mm 的缝隙宽度即可。同时，应填充弹性材料进行嵌缝。洞口与框之间缝隙两侧的表面可根据需要采用不同的材料进行处理，常采用水泥砂浆、麻刀白灰浆填实抹平。如果缝隙小，可直接全部采用密封胶密封。

7. 安装门窗扇

安装平开塑料门窗时，应先剔好框上的铰链槽，再将门、窗扇装入框中，调整扇与框的配合位置，并用铰链将其固定，然后复查开关是否灵活自如。由于推拉塑料门、窗扇与框不连接，因此对可拆卸的推拉扇，应先安装好玻璃后再安装门、窗扇。对出厂时框、扇就连在一起的平开塑料门、窗，则可将其直接安装，然后再检查开闭是否灵活自如，如发现问题，则应进行必要的调整。

8. 安装玻璃

为塑料门窗扇安装玻璃时，玻璃不得与玻璃槽直接接触，应在玻璃四边垫上不同厚度的玻璃垫块。边框上的玻璃垫块应用聚氯乙烯胶加以固定。将玻璃装入门、窗扇框内，然后用玻璃压条将其固定。

安装双层玻璃时，应在玻璃夹层四周嵌入中隔条，中隔条应保证密封，不变形，不脱落。玻璃槽及玻璃表面应清洁、干燥。安装玻璃压条时可先安装短向压条，后安装长向压条。玻璃压条夹角与密封胶条的夹角应密合。

9. 五金配件安装

塑料门窗安装五金配件时，应先在杆件上钻孔，然后用自攻螺钉拧入。不得在杆件上采取锤击直接钉入。安装门、窗合页时，固定合页的螺钉，应至少穿过塑性型材的两层中空腔壁，或与衬筋连接。在安装塑性门窗时，剔凿合页槽不可过深，不允许将框边剔透。平开塑料门、窗安装五金，应给开启扇留一定的吊高。

10. 清理

塑料门窗表面及框槽内黏有水泥砂浆、石灰砂浆等时，应在其凝固前清理干净。塑料门安装好后，可将门扇暂时取下，编号保管，待交工前再安上。塑料门框下部应采取措施加以保护。粉刷门、窗洞口时，应将塑料门、窗表面遮盖严密。在塑料门、窗上一旦沾有污物时，要立即用软布擦拭干净，切忌用硬物刮除。

五、塑料门窗安装工程实例

××办公大楼塑料门窗安装施工方案

(一)施工准备

1. 材料质量要求

(1)门窗采用的异型材、密封条等原材料应符合现行的国家标准《门、窗用未增塑氯乙烯(PVC-U)型材》(GB/T 8814—2017)和《塑料门窗用密封条》(GB 12002—1989)的有关规定。

(2)门窗采用的紧固件、五金件、增强型钢及金属衬板等，应符合相关标准规范的要求。

(3)组合窗及其拼樘料应采用与其内腔紧密吻合的增强型钢作为内衬，型钢两端应比拼樘料长出 10～15 mm。外窗的拼樘料截面尺寸及型钢形状、壁厚，应能使组合窗承受该地区的瞬间风压值，并应符合设计要求。

(4)固定片材质应采用 Q235－A 冷轧钢板，其厚度应不小于 1.5 mm，最小宽度应不小于 15 mm，其表面应进行镀锌处理。

(5)密封门窗与洞口用嵌缝膏应具有弹性和黏结性。

(6)出厂的塑料门窗应符合设计要求，其外观、外形尺寸、力学性能应符合现行国家标准的有关规定；门窗中竖框、中横框或拼樘料等主要受力杆件中的增强型钢，应在产品说明中注明规格、尺寸。门窗产品应有出厂合格证。

2. 主要施工机具

线坠、粉线包、水平尺、托线板、手锤、扁铲、钢卷尺、螺钉旋具、冲击电钻、射钉枪、锯、刨子、小平锹、小水桶、钻子等。

3. 作业条件

(1)结构工程施工已完成，经验收后达到合格标准，已办好工种之间的交接手续。

(2)按图示尺寸弹好门窗位置线，并根据已弹好的＋50 cm 水平线，确定好安装标高。

(3)校核已留置的门窗洞口尺寸及标高是否符合设计要求，有问题的应及时改正。

(4)检查塑料门窗安装时的连接件位置排列是否符合要求。

(5)检查塑料门窗表面色泽是否均匀，是否有裂纹、麻点、气孔和明显擦伤。

(6)准备好安装用的脚手架及做好完全防护措施。

(二)施工工艺

1. 施工艺流程

门窗洞口质量检查→固定片安装→安装位置固定→门窗框与墙体的连接→框与墙间缝隙处理→玻璃安装。

2. 施工要点

(1)门窗洞口的质量检查。即按设计要求检查门窗洞口的尺寸。若无设计要求，一般应满足下列规定：门洞口宽度加 50 mm；门洞口高度为门框高加 20 mm；窗洞口宽度为窗框宽加 40 mm；窗洞口高度为窗框高加 40 mm。门窗洞口尺寸的允许偏差值为：洞口表面平整度允许偏差 3 mm；洞口正、侧面垂直度允许偏差 3 mm；洞口对角线长度允许偏差 3 mm。

(2)固定片安装。在门窗的上框及边框上安装固定片，其安装应符合下列要求：

1)检查门窗框上下边的位置及其内外朝向，并确认无误后，再安固定片。安装时应先采用直径为 $\phi 3.2$ 的钻头钻孔，然后将十字槽盘端头自攻螺钉 M4×20 拧入，严禁直接锤击钉入。

2)固定片的位置应距门窗角、中竖框、中横框为 150～200 mm，固定片之间的间距应不大于 600 mm。不得将固定片直接装在中横框、中竖框的挡头上。

(3)安装位置固定。根据设计图纸及门窗扇的开启方向，确定门窗框的安装位置，并把门窗框装入洞口，并使其上下框中线与洞口中线对齐。安装时应采取防止门窗变形的措施。无下框平开门应使两边框的下脚低于地面标高线 30 mm。带下框的平开门或推拉门应使下框低于地面标高线 10 mm。然后将上框的一个固定片固定在墙体上，并应调整门框的水平度、垂直度和直角度，用木楔临时固定。当下框长度大于 0.9 m 时，其中间也用木楔塞紧。然后调整垂直度、水平度及直角度。

(4)门窗框与墙体的连接。塑料门窗框与墙体的固定方法，常见的有连接件固定法、直接固定法和假框法三种。

(5)框与墙间缝隙处理。塑料门窗框与墙体间应留出一定宽度的缝隙，以适应塑料伸缩变形的安全余量。框与墙间的缝隙宽度，可根据总跨度、膨胀系数、年最大温差计算出最大膨胀量，再乘以要求的安全系数求出，一般取 10～20 mm。门窗框与门窗洞口之间缝隙的处理方法如下：

1)普通单玻璃窗、门。洞口内外侧与门窗框之间用水泥砂浆或麻刀白灰浆填实抹平；靠近铰链一侧，灰浆压住门窗框的厚度以不影响扇的开启为限，待水泥砂浆或麻刀灰浆硬化后，外侧用嵌缝膏进行密封处理。

2)保温、隔声门窗。洞口内侧与窗框之间用水泥砂浆或麻刀白灰浆填实抹平；当外侧抹灰时，应用片材将抹灰层与门窗框临时隔开，其厚度为 5 mm，抹灰层应超出门窗框，其厚度以不影响扇的开启为限。待外抹灰层硬化后，撤去片材，将嵌缝膏挤入抹灰层与门窗框缝隙内。

(6)玻璃安装。玻璃不得与玻璃槽直接接触，应在玻璃四边垫上不同厚度的玻璃垫块。边框上的垫块应用聚氯乙烯胶加以固定。将玻璃装进框扇内，然后用玻璃压条将其固定。安装双层玻璃时，玻璃夹层四周应嵌入隔条，中隔条应保证密封，不变形、不脱落；玻璃槽及玻璃内表面应干燥、清洁。镀膜玻璃应安装在玻璃的最外层；单面镀膜层应朝向室内。

(三)成品保护

(1)门窗在安装过程中，应及时清除其表面的水泥砂浆。

(2)已安装门窗框、扇的洞口，不得再作运料通道。

(3)严禁在门窗框扇上支脚手架、悬挂重物；外脚手架不得压在门窗框、扇上并严禁蹬踩门窗或窗撑。

(4)应防止利器划伤门窗表面，并应防止电、气焊火花烧伤面层。

(5)立体交叉作业时，门窗严禁碰撞。

第四节 特种门安装施工技术

特种门是建筑中为满足某些特殊要求而设置的门，它们具有一般普通门所不具备的特殊功能。常见的有防火门、防盗门、自动门、全玻门、旋转门等。

一、防火门安装施工

防火门是为适应高层建筑防火要求而发展起来的一种新型门，主要用于大型公共建筑和高层建筑。防火门按材质不同可分为钢质防火门、木质防火门和复合玻璃防火门。

1. 防火门的基本构造

(1)钢质防火门的基本构造如图 7-5 所示。

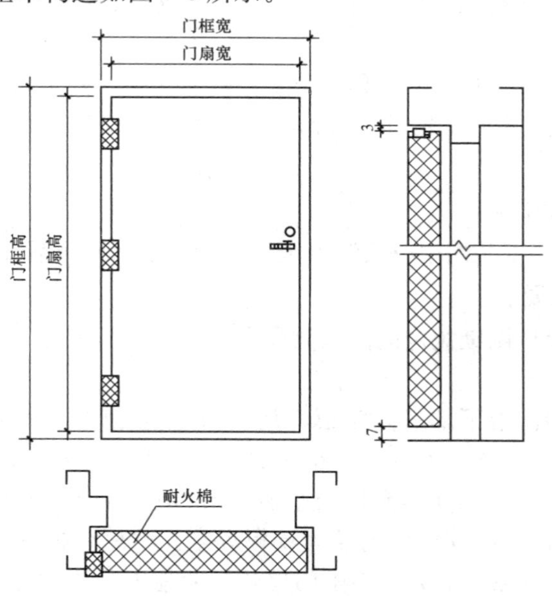

图 7-5 钢质防火门基本构造

(2)木质防火门的基本构造如图 7-6 所示。

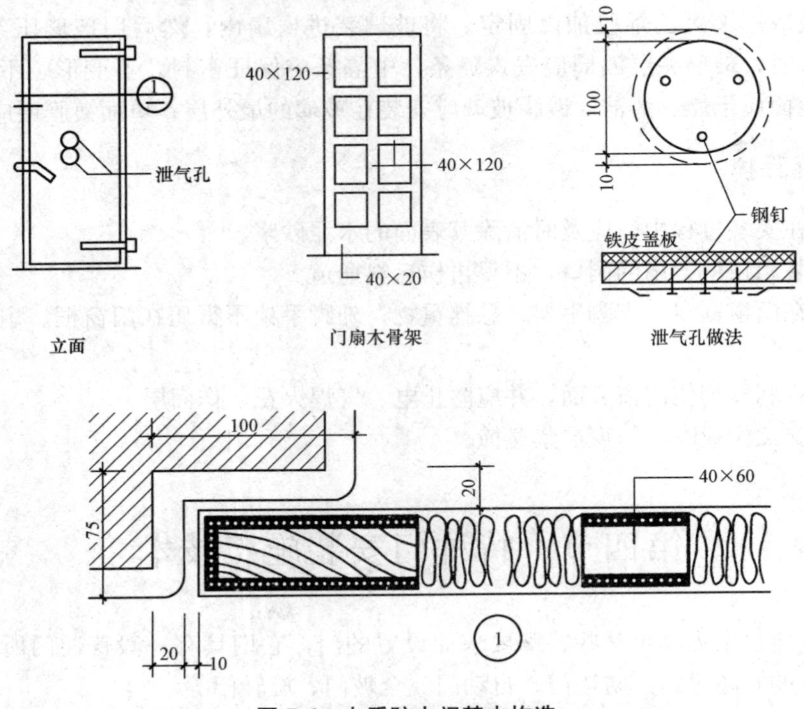

图 7-6 木质防火门基本构造

2. 防火门材料质量要求

(1)防火门的规格、型号应符合设计要求，且经过消防部门鉴定和批准，五金配件配套齐全，并具有生产许可证、产品合格证和性能检测报告。

(2)防腐材料、填缝材料、密封材料、水泥、砂、连接板等应符合设计要求和有关标准的规定。

(3)防火门码放前，要将存放处清理平整，垫好支撑物。如果门有编号，要根据编号码放好；码放时面板叠放高度不得超过 1.2 m；门框重叠平放高度不得超过 1.5 m；要有防晒、防风及防雨措施。

3. 防火门安装工艺流程

划线定位→立门框→安装门扇→安装五金配件及其他附件→清理。

4. 防火门安装施工要点

(1)划线定位。按设计图纸规定的门在洞口内的位置、标高，在门洞上弹出门框的位置线和标高线。

(2)立门框。先拆掉门框下部的固定板，凡框内高度比门扇的高度大于 30 mm 者，洞口两侧地面需留设凹槽。门框一般埋入±0.000 标高以下 20 mm，应保证框口上下尺寸相同，允许误差小于 1.5 mm，对角线允许误差小于 2 mm。将门框用木楔临时固定在洞口内，经校正合格后，固定木楔，门框铁脚与预埋铁板焊牢。然后在框两上角墙上开洞，向框内灌注 M10 水泥素浆，待其凝固后方可装配门扇，冬期施工应注意防寒，水泥素浆浇筑后的养护期为 21 d。

(3)安装门扇。安装门扇时，可先将合页临时固定在防火门的门扇合页槽内，然后将门扇塞入门框内，将合页的另一页嵌入门框的合页槽内，经调整无误后，拧紧固定合页的全部螺钉。

(4)安装五金配件及其他附件。粉刷完毕后，即可安装门窗、五金配件及有关防火装置。门扇关闭后，门缝应均匀平整，开启自由轻便，不得有过紧、过松和反弹现象。

(5)清理。防火门安装完毕，交工前应撕去门框、门扇表面的保护膜或保护胶纸，擦去污物。

二、自动门安装施工

1. 自动门的基本构造

自动门结构精巧、布局紧凑、运行噪声小、开闭平稳、有遇障碍自动停机的功能，安全可靠，主要用于人流量大、出入频繁的公共建筑。自动门按扇形分有两扇形、四扇形、六扇形。其基本构造如图 7-7 所示。

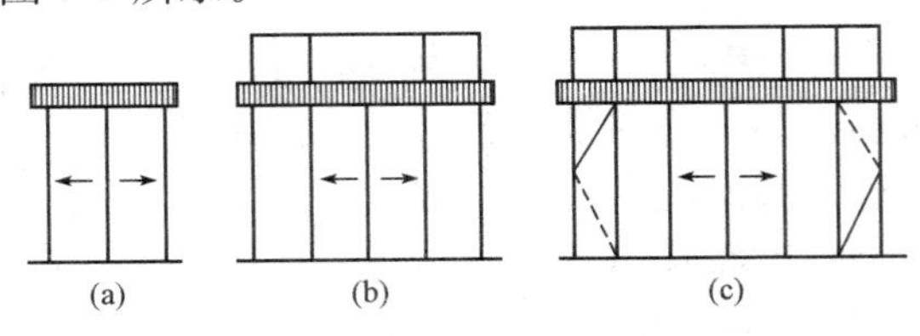

图 7-7　自动门扇形示意图

(a)两扇形；(b)四扇形；(c)六扇形

2. 自动门材料质量要求

(1)微波自动门。微波自动门是近年来发展的一种新型金属自动门，其传感系统采用微波感应方式。现在一般使用微波中分式感应门，型号为 ZM－E_2，见表 7-9。

表 7-9　ZM－E_2 型自动门主要技术指标

项　目	指　标	项　目	指　标
电　源	AC220 V/50 Hz	感应灵敏度	现场调节至用户需要
功　耗	150 W	报警延时时间	10～15 s
门速调节范围	0～350 mm/s	使用环境温度	－20 ℃～＋40 ℃
微波感应范围	门前 1.5～4.0 m	断电时手推力	＜10 N

(2)感应式自动门。感应式自动门以铝合金型材制作而成，其感应系统采用电磁感应的方式，具有外观新颖、结构精巧、运行噪声小、功耗低、启动灵活、可靠、节能等特点。感应式自动门的品种与规格见表 7-10。

表 7-10　感应式自动门的品种与规格

品　名	规　格/mm	品　名	规　格/mm
LZM 型自动门	宽度：760～1 200 高度：单扇 1 520～2 400 双扇 3 040～4 800	100 系列铝合金自动门	2 400×950
		感应自动门	—

3. 自动门安装工艺流程

测量放线→地面导向轨道安装→横梁安装→将机箱固定在横梁→门扇安装→安装调整测试→机箱饰面板安装→检查清理。

4. 自动门安装施工要点

(1)测量放线。准确测量室内、外地坪标高，按设计图纸尺寸复核土建预埋件等的位置。

(2)地面导向轨道安装。铝合金自动门和全玻璃自动门地面上装有导向性下轨道。异型钢管自动门无下轨道。有下轨道的自动门土建做地坪时，需在地面上预埋 50～75 mm 的方木条一根。自动门安装时，撬出方木条便可埋设下轨道，下轨道长度为开启门宽的两倍。自动门下轨道埋设如图 7-8 所示。

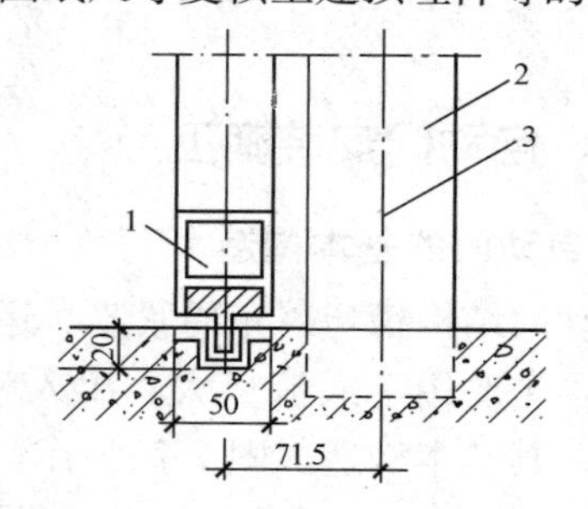

图 7-8　自动门下轨道埋设示意图(单位：mm)

1—自动门扇下帽；2—门柱；3—门柱中心线

(3)横梁安装。自动门上部机箱层主梁是安装中的重要环节。由于机箱内装有机械及电控装置，因此，对支承梁的土建支撑结构有一定的强度及稳定性要求。机箱横梁常用的有两种支承节点，如图 7-9 所示，一般砖结构宜采用图 7-9(a)所示的形式，混凝土结构宜采用图 7-9(b)所示的形式。

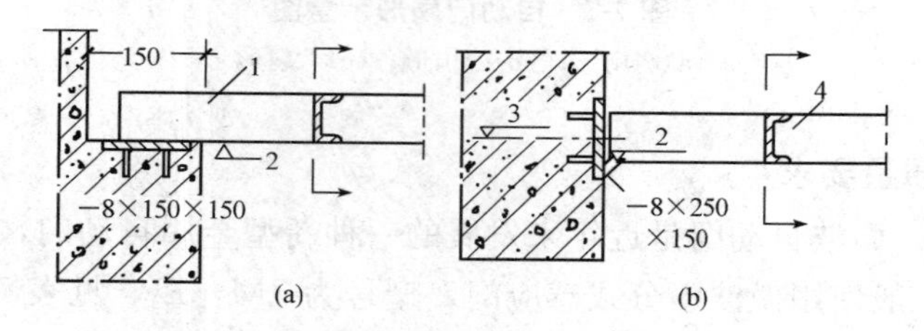

图 7-9　机箱横梁支撑节点(单位：mm)

1—机箱层横梁(18 号槽钢)；2—门扇高度；3—门扇高度＋90 mm；4—18 号槽钢

(4)安装调整测试。自动门安装完毕后，对探测传感系统和机电装置应进行反复多次调试，直至感应灵敏度、探测距离、开闭速度等指标完全达到要求为止。

(5)机箱饰面板安装。横梁上机箱和机械传动装置等安装调试好后，应用饰面板将结构和设备包装起来。

(6)检查清理。自动门经调试各项技术性能满足要求后，应对安装施工现场进行全面清理，以便交工验收。

三、金属转门安装施工

1. 金属转门的基本构造

金属转门采用合成橡胶密封固定门扇及转壁上的玻璃，具有良好的密闭、抗震和耐老化性能，广泛应用于高档宾馆、饭店等公共建筑中。其基本构造如图 7-10 所示。

2. 金属转门材料质量要求

金属转门有钢质和铝合金两种型材结构。钢质结构是采用优质碳素结构钢无缝异型管冷拉成各种类型的转门、转壁框架，然后用油漆饰面涂刷而成；铝合金结构是将铝、镁、

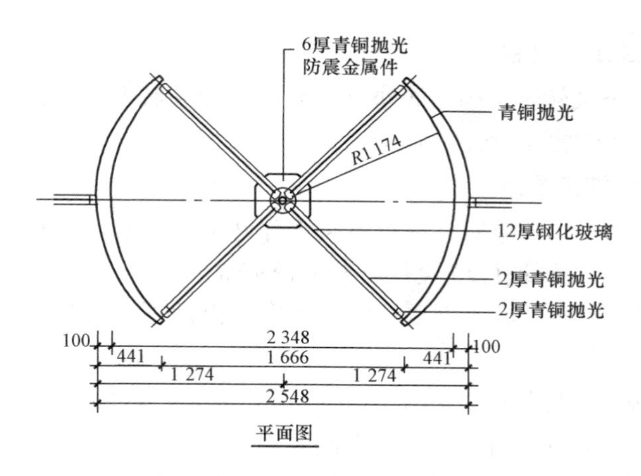

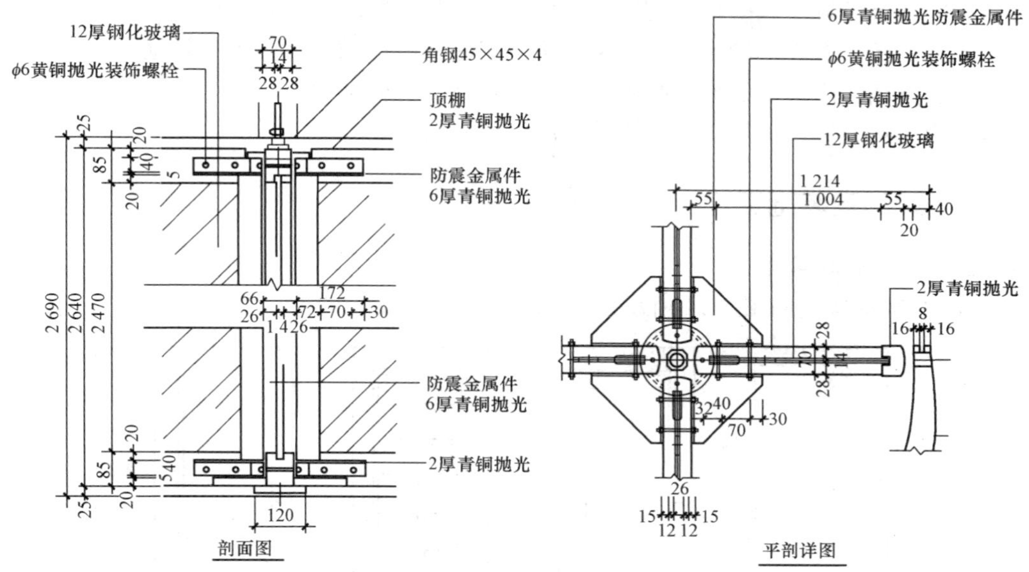

图 7-10　金属转门基本构造

硅合金挤压成型，经阳极氧化成古铜、银白等颜色而成。金属转门的常规规格见表 7-11。

表 7-11　金属转门的常规规格　　mm

立面形状	基本尺寸		
	$B \times A_1$	B_1	A_2
	1 800×2 200 1 800×2 400 2 000×2 200 2 000×2 400	1 200 1 200 1 300 1 300	130 130 130 120

3. 金属转门安装工艺流程

检查各类零部件→装转轴、固定底座→安装圆门顶与转壁→安装门扇→调整转壁位置→固定门壁→安装玻璃→喷涂涂料。

4. 金属转门安装施工要点

(1)检查各类零部件。开箱后，检查各类零部件是否正常，门樘外形尺寸是否符合门洞口尺寸，以及转壁位置、预埋件位置和数量是否正常。

(2)装转轴、固定底座。底座下要垫实，不允许出现下沉，临时点焊上轴承座，使转轴垂直于地平面。

(3)安装圆门顶转壁与门扇。转壁不允许预先固定，以便于调整与活扇的间隙；装门扇，应保持 90°夹角，旋转转门，保证上下间隙。

(4)调整转壁位置。调整转壁位置，以保证门扇与转壁之间有合适的间隙。

(5)固定门壁。先焊上轴承座，用混凝土固定底座，埋插销下壳固定转壁。

(6)安装玻璃。门扇上的玻璃必须安装牢固，不得有松动现象。

(7)喷涂涂料。钢质转门安装完毕后，应喷涂涂料。

四、全玻门安装施工

1. 全玻门的基本构造

全玻门的基本构造如图 7-11 所示。

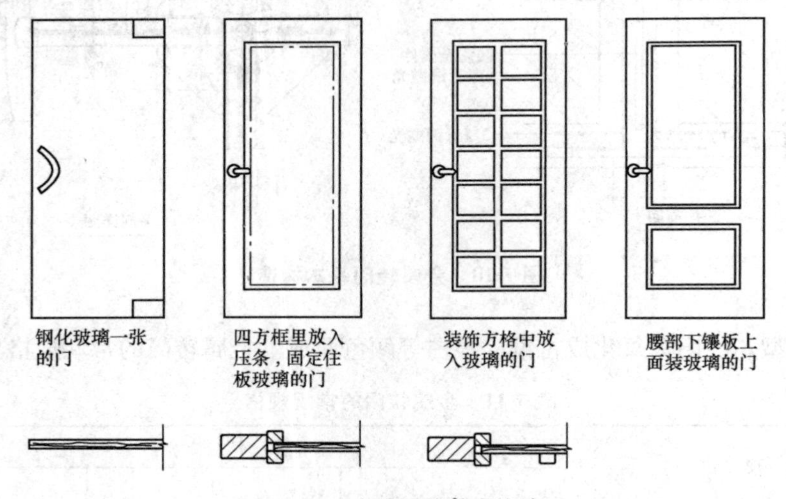

图 7-11　全玻门的基本构造

2. 全玻门材料质量要求

(1)玻璃。全玻门所用玻璃主要是指 12 mm 以上厚度的玻璃，根据设计要求选好玻璃，并安放在安装位置附近。

(2)金属门框及附件，不锈钢或其他有色金属型材的门框、限位槽及板，都应加工好，准备安装。

(3)辅助材料，如木方、玻璃胶、地弹簧、木螺钉、自攻螺钉等，根据设计要求准备。

3. 全玻门安装工艺流程

裁割玻璃→安装玻璃板→注胶封口→玻璃板之间的对接→安装玻璃活动门扇。

4. 全玻门安装施工要点

(1)裁割玻璃。厚玻璃的安装尺寸应从安装位置的底部、中部和顶部进行测量，选择最小尺寸为玻璃板宽度的切割尺寸。如果在上、中、下测得的尺寸一致，其玻璃宽度的裁割应比实测尺寸小 3～5 mm。玻璃板高度方向的裁割尺寸，应小于实测尺寸 3～5 mm。玻璃板裁割后，应将其四周作倒角处理，倒角宽度为 2 mm，如若在现场自行倒角，应手握细砂轮块作缓慢细磨操作，防止崩边崩角。

(2)安装玻璃板。用玻璃吸盘将玻璃板吸紧，然后进行玻璃就位。应先将玻璃板上边插入门框底部的限位槽内，然后将其下边安装于木底托上的不锈钢包面对口缝内。在底托上固定玻璃板的方法为：在底托木方上钉木板条，距玻璃板面为 4 mm 左右；然后在木板条上涂刷胶黏剂，将饰面不锈钢钢板片粘贴在木方上。

(3)注胶封口。玻璃门固定部分的玻璃板就位以后，即在顶部限位槽处和底部的底托固定处以及玻璃板与框柱的对缝处等各缝隙处，均注胶密封。具体操作方法如下：

1)将玻璃胶开封后装入打胶枪内，即用胶枪的后压杆端头板顶住玻璃胶罐的底部。

2)用一只手托住胶枪身，另一只手握着注胶压柄不断松压循环地操作压柄，将玻璃胶注于需要封口的缝隙端。由需要注胶的缝隙端头开始，顺缝隙匀速移动，使玻璃胶在缝隙处形成一条均匀的直线。

3)用塑料片刮去多余的玻璃胶，用棉布擦净胶迹。

(4)玻璃板之间的对接。门上固定部分的玻璃板需要对接时，其对接缝应有 2～3 mm 的宽度，玻璃板边部要进行倒角处理。当玻璃块留缝定位并安装稳固后，即将玻璃胶注入其对接的缝隙。

(5)安装玻璃活动门扇。全玻璃活动门扇的结构没有门扇框，门扇的启闭由地弹簧实现，地弹簧与门扇的上下金属横挡进行铰接。玻璃门扇的安装方法及步骤如图 7-12 所示。

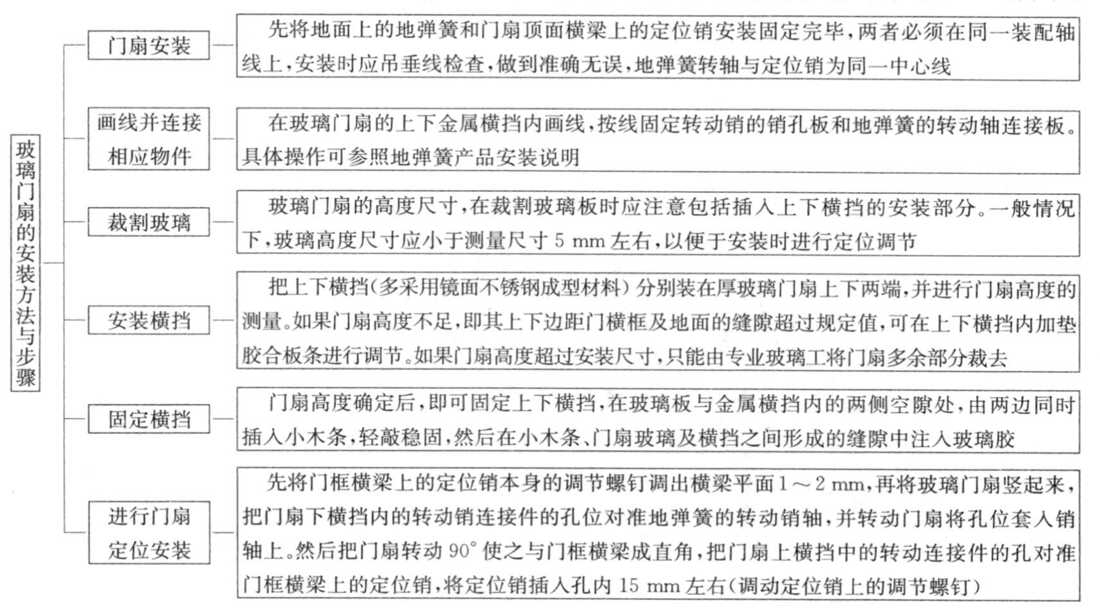

图 7-12　玻璃门扇的安装方法与步骤

五、卷帘门安装施工

1. 卷帘门的组成与分类

卷帘门主要由窗板、卷筒体、导轨、电动机传动部分等组成。卷帘门的品种、特点及主要技术参数见表7-12。

表7-12 卷帘门窗的类型、特点及主要技术参数

序号	类型	性能特点	主要技术参数
1	YJM型、DJM型、SJM型卷帘门	卷帘门有普通型、防火型和抗风型。选用合金铝、电化合金铝、镀锌钢板、不锈钢钢板、钢管及钢筋等制成帘面，传动方式有电动、遥控电动、手动、电动与手动结合四种。具有造型美观、结构先进、操作简便、坚固耐用、防风、防尘、防火、防盗、占地面积小、安装方便等优点	(1)手动门适用于宽度5 m、高度3 m以下的门窗，电动门适用于宽度2～5 m、高度3～8 m的门窗； (2)卷帘门窗升降速度为5～10 m/min； (3)电机功率根据门窗大小配用，范围为250～1 100 W； (4)卷帘片重5～15 kg/m^2； (5)横格管帘重9 kg/m^2； (6)遥控分为红外线光控，无线电遥控，遥控距离为8～20 m
2	防火卷帘门	防火卷帘门由板条、导轨、卷轴、手动和电动启闭系统等组成。 板条选用钢制C型重叠组合结构。具有结构紧凑、体积小、不占使用面积、造型新颖、刚性强、密封性好等优点	(1)建筑洞口不大于4.5 m×4.8 m(洞口宽×洞口高)的各种规格均可选用； (2)隔烟性能：其空气渗透量为0.24 m^3/(min·m^2)； (3)隔火选材符合国际耐火标准要求； (4)耐风压可达120 kg/m^2级，噪声不大于70 dB； (5)电源：电压380 V、频率50 Hz，控制电源电压220 V
3	SJA型卷帘门	卷帘门由卷面、卷筒、弹簧盒、导轨等部分组成，可电动和手动。具有结构紧凑、操作简便、坚固耐用、安装方便等优点	—
4	铝合金卷帘门	卷帘门传动装置由卷帘弹簧盒、滚珠盒等部件组成。铝合金卷帘门外形美观，结构严密合理，启、闭灵活方便	适合于宽和高均不超过3.3 m、门帘总面积小于12 m^2的门洞使用
5	铝合金卷闸	卷闸由帘面、卷筒、弹簧盒、导轨等组成	高度：≤4 000 mm 宽度：不限
6	铝合金卷闸门	有JM-A型、JM-B型、JM-C型等	—

2. 卷帘门安装施工要点

各类卷帘门的安装方法大致相同，这里主要以防火卷帘门的安装为例加以说明。

(1)预留洞口。防火卷帘门的洞口尺寸，可根据 $3M_0$ 模数制选定。一般洞口宽度不宜大于 5 m，洞口高度也不宜大于 5 m。

(2)安装预埋件。防火卷窗门洞口预埋件的安装如图 7-13 所示。

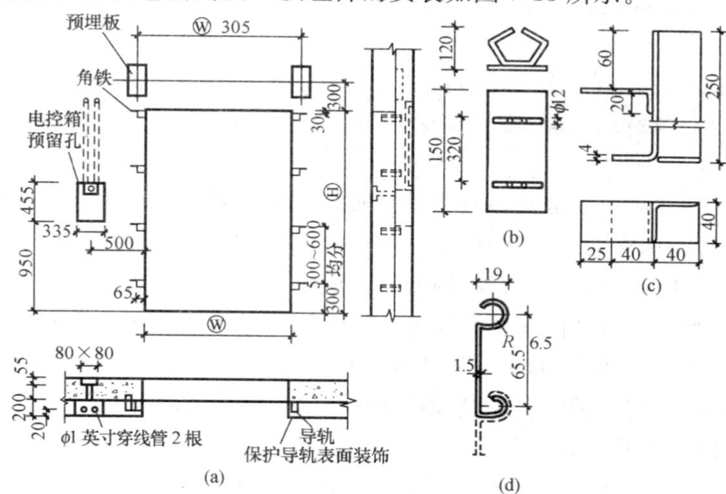

图 7-13 防火卷帘门洞口预埋件安装图(单位：mm)

(a)门口预埋件位置；(b)支架预埋铁板；(c)导轨预埋角铁；(d)帘板连接

(3)安装与调试。防火卷窗门安装与调试的程序如下：

1)按设计要求检查卷帘门的规格、尺寸；测量洞口尺寸是否与卷帘门安装需要的尺寸相符；检查导轨、支架的预埋件数量、位置是否正确。

2)在洞口两侧弹出卷帘门导轨的垂线及卷筒的中心线。

3)将垫板电焊在预埋铁板上，用螺钉固定卷筒的左右支架，安装卷筒。卷筒安装后应转动灵活。

4)安装减速器、传动系统和电气控制系统，并空载试车。

5)将事先装配好的帘板安装在卷筒上。

6)安装导轨。按图纸规定位置，将两侧及上方导轨焊牢于墙体预埋件上，并焊成一体，各导轨应在同一垂直平面上。

7)试车。先手动试运行，再用电动机启闭数次，调整至无卡住、阻滞及异常噪声等现象为止。全部调试完毕，安装防护罩。

六、特种门安装工程实例

××宾馆微波自动门安装

1. 微波自动门技术指标

微波自动门的传感系统采用微波感应方式，当人或其他活动目标进入微波传感器的感应范围时，门扇便自动开启，当活动目标离开感应范围时，门扇又会自动关闭。

该宾馆使用的是 ZM—E_2 型微波自动门，其技术参数见表 7-9。

2. 微波自动门安装工艺流程

测量、放线→地面轨道埋设→安装横梁→门扇安装→安装调整测试→机箱饰面板安装→检查、清理。

3. 微波自动门安装操作要点

(1)测量、放线。准确测量室内、外地坪的标高。按照设计图纸上规定的尺寸复核土建施工预埋件等的位置。

(2)地面轨道埋设。有下轨道的自动门在土建做地坪时，须在地面上预埋 50 mm×75 mm 方木条 1 根。微波自动门在安装时，撬出方木条以后，便可埋设下轨道，下轨道长度为开门宽的 2 倍。

(3)安装横梁。自动门上部机箱层主梁是安装中的重要环节。由于机箱内装有机械及电控装置，因此，对支承横梁的土建支承结构有一定的强度及稳定性要求。

(4)门扇安装。按设计要求进行门扇安装、固定。

(5)安装调整测试。自动门安装完毕后，对探测传感系统和机电装置应进行反复多次调试，直至感应灵敏度、探测距离、开闭速度等技术指标完全达到设计要求为止。

(6)机箱饰面板安装。横梁上机箱和机械传动装置等安装调试好后，用饰面板将结构和设备包装起来，以增加其美观。

(7)检查、清理。自动门经调试各项技术性能满足设计要求后，应对安装施工现场进行全面清理，以便准备交工验收。

本章小结

门窗是建筑工程的重要组成部分，门窗的种类、形式很多，其分类方法也多种多样。本章中主要讲述了木门窗、金属门窗、塑料门窗及特种门窗(防火门、自动门、金属转门、全玻门、卷帘门)的构造、材料质量要求及其装饰施工要点，通过本章内容的学习，应能够按照设计要求和规范规定进行木门窗、铝合金门窗、塑料门窗及特种门的装饰施工。

复习思考题

一、填空题

1. 制作木门窗所用的胶料，宜采用国产和________。

2. 木门所有小五金必须用________固定安装，严禁用钉子代替。

3. 铝合金门窗扇的安装，需在________的条件下进行，以保护其免遭损伤。

4. 铝合金门窗五金配件与________门窗连接可使用。

5. 涂色镀锌钢板门窗是以________和________为主要材料，经过机械加工而制成的。

6. 塑料门窗框的固定方法有三种，即________、________、________。

7. 防火门按材质不同可分为________、________和________。

8. 卷帘门主要由________、________、________等组成。

二、选择题

1. 木门窗应采用烘干的木材，其含水率不应大于当地气候的平衡含水率，一般在气候干燥地区不宜大于(　　)，在南方气候潮湿地区不宜大于(　　)。

A. 8%，15%　　B. 8%，12%　　C. 12%，18%　　D. 12%，15%

2. 使用木螺钉进行木门五金件安装时，先用手锤钉入全长的(　　)，接着用螺钉旋具拧入。

A. 1/6　　B. 1/5　　C. 1/4　　D. 1/3

3. 铝合金门窗安装时，门窗框上铁脚间距一般为(　　)mm。

A. 300　　B. 400　　C. 500　　D. 600

4. 对于单扇框宽度超过(　　)mm 铝合金门扇安装时，应在门扇框下横料中采取加固措施。

A. 800　　B. 900　　C. 1 000　　D. 1 100

5. 铝合金门窗的大块玻璃安装前，槽底要加胶垫，胶垫距竖向玻璃边缘应大于(　　)mm。

A. 100　　B. 150　　C. 200　　D. 250

6. 使用板材制作的钢门，门框板材厚度不应小于(　　)mm。

A. 1.3　　B. 1.4　　C. 1.5　　D. 1.6

7. 涂色镀锌钢板门窗框、扇四角处交角的缝隙不应大于(　　)mm。

A. 0.5　　B. 0.8　　C. 1.5　　D. 1.8

8. 涂色镀锌钢板平开窗的分格尺寸允许偏差为(　　)mm。

A. ±1　　B. ±2　　C. ±3　　D. ±4

9. 防火门码放时面板叠放高度不得超过(　　)m。

A. 0.5　　B. 0.8　　C. 1.2　　D. 1.8

10. 有下轨道的自动门土建做地坪时，需在地面上预埋(　　)mm 的方木条一根。

A. 40～65　　B. 50～75　　C. 50～65　　D. 40～75

11. 全玻门所用玻璃主要是指(　　)mm 以上厚度的玻璃。

A. 10　　B. 11　　C. 12　　D. 13

三、问答题

1. 木门窗制作、安装时，如何进行配料、截料和刨料？

2. 铝合金门窗框与墙体固定的固定方法是什么？

3. 钢门窗安装时，如何进行划线定位？

4. 如何进行钢门窗的固定？

5. 如何进行涂色镀锌钢板门窗的安装就位？

6. 塑料门窗安装前，应做好哪些准备工作？

7. 金属转门安装施工应符合哪些要求？

第八章 细部装饰工程施工技术

学习目标

了解细部装饰工程的内容，包括橱柜、窗帘盒、窗台板、暖气罩、护栏和扶手、花饰等；熟悉橱柜、护栏和扶手的构造；掌握橱柜、窗帘盒、窗台板、暖气罩、护栏和扶手、花饰等装饰施工的技术要求。

能力目标

通过本章内容的学习，能够按照设计和规范要求进行橱柜、窗帘盒、窗台板、暖气罩、护栏和扶手、花饰等细部工程施工。

细部装饰工程是建筑装饰工程的重要组成部分，大多数都处于室内的显要位置，对于改善室内环境、美化空间起着非常重要的作用。工程实践充分证明，细部装饰工程不仅是一项技术性要求很高的工艺，而且还要具有独特欣赏水平和较高的艺术水平。因此，细部装饰工程的施工，要做到精细细致、位置准确、接缝严密、花纹清晰、颜色一致，每个环节和细部都要符合规范的要求，这样才能起到衬托装饰效果的作用。

第一节 橱柜制作与安装工程施工技术

橱柜是指厨房中存放厨具以及做饭操作的平台。现代家庭居室室内装饰更加注重适用、美观、高效、简捷，在住宅室内功能区域划分过程中，橱柜的优势在于如何划分孔间、利用空间、为住宅室内空间带来生机活力，也给主人带来方便。

一、橱柜基本构造

橱柜基本构造如图 8-1 所示。

二、橱柜材料质量要求

(1)橱柜制作与安装所用材料的材质和规格、木材的燃烧性能等级和含水率、花岗石的放射性及人造木板的甲醛含量应符合设计要求及现行国家标准的有关规定。

(2)木方料。木方料是用于制作骨架的基本材料，应选用木质较好、无腐朽、不潮湿、无扭曲变形的合格材料，含水率不大于 12%。

(3)胶合板。胶合板应选择不潮湿、无脱胶开裂的板材；饰面胶合板应选择木纹流畅、色泽纹理一致、无疤痕、无脱胶空鼓的板材。

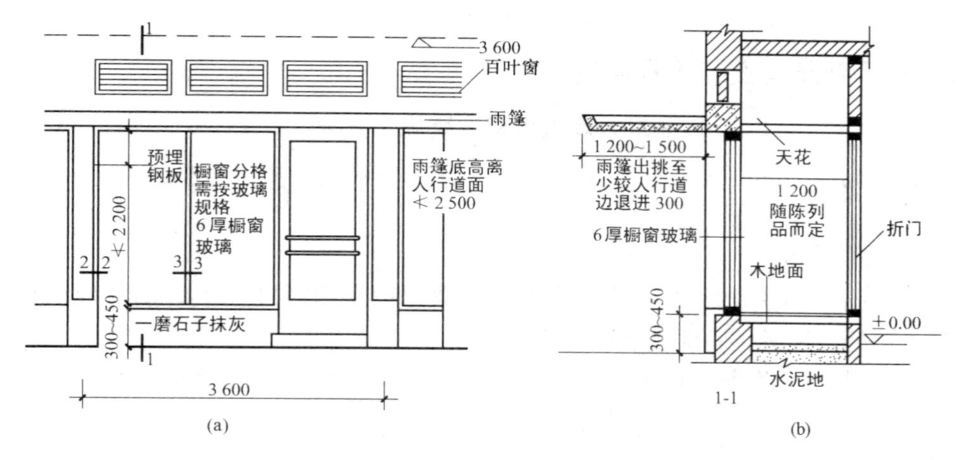

图 8-1　橱柜基本构造

(a)立面；(b)剖面

(4)配件。根据家具的连接方式及其造型与色彩选择五金配件，如拉手、铰链、镶边条等，以适应各种彩色的家具使用。

(5)粘贴花饰用的胶黏剂应按花饰的品种选用，现场配制胶黏剂，其配合比应由试验确定。

三、橱柜制作与安装施工工艺流程

选料、配料→刨料、画线→榫槽→组(拼)装→收边、饰面。

四、橱柜制作与安装施工要求

(1)选料与配料。按设计图纸选择合格材料，根据图纸要求的规格、结构、式样、材种列出所需木方料及人造木板材料。配坯料时，应先配长料、宽料，后配短料；先配大料，后配小料；先配主料后配次料。木方料长向按净尺寸放 30～50 mm 截取。截面尺寸按净料尺寸放 3～5 mm 以便刨削加工。

(2)刨料与画线。刨料应顺木纹方向，先刨大面，再刨小面，相邻的面形成 90°直角。画线前要备好量尺(卷尺和不锈钢尺等)、木工铅笔、角尺等，应清楚理解工艺结构、规格尺寸和数量等技术要求。

(3)榫槽。榫的种类主要可分为木方连接榫和木板连接榫两大类，但其具体形式较多，分别适用于木方和木质板材的不同构件连接。无专用机械设备时，选择合适榫眼的杠凿，采用“大凿通”的方法手工凿眼。榫头与榫眼配合时，榫眼长度比榫头短 1 mm 左右，使之不过紧又不过松。

(4)组(拼)装。组(拼)装前，应将所有的结构件用细刨刨光，然后按顺序逐渐进行装配。衔接部位需涂胶时，应刷涂均匀并及时擦净挤出的胶液。锤击拼装时，应将锤击部位垫上木板，不可猛击；如有拼合不严处，应查找原因并采取修整或补救措施，不可硬敲硬装就位。

(5)收边、饰面。对外露端口用包边木条进行装饰收口，饰面板在大部位的材种应相同，纹理相似并通顺，色调应相同无色差。

五、橱柜制作与安装工程实例

××宾馆橱柜安装施工方案

(一)施工准备

1. 材料质量要求

(1)橱柜制品由工厂加工成成品，木材制品含水率不得超过12%。加工的框和扇进场时，应核查型号、质量，验证产品合格证。

(2)其他材料：防腐剂、插销、木螺钉、拉手、锁、碰珠、合页等，按设计要求或经甲方和设计师确认的品种、规格、型号备购。

2. 主要施工机具

(1)电动机具：手电钻、小台锯。

(2)手用工具：大刨、二刨、小刨、裁口刨、木锯、扁铲、木钻、丝锥、螺钉旋具、钢锯、钢水平、凿子、钢锉、钢尺。

3. 作业条件

(1)结构工程和有关橱柜的连体构造已具备安装壁柜和吊柜的条件，室内已有标高水平线。

(2)橱柜成品已进场，并经验收。数量、质量、规格、品种无误。

(3)橱柜产品进场验收合格后，应及时对安装位置靠墙，贴地面部位涂刷防腐涂料，其他各面应涂刷底油漆一道。存放平整，保持通风；不得露天存放。

(4)橱柜的框和扇，在安装前应检查有无窜角、翘扭、弯曲、劈裂。如有以上缺陷，应修正合格后再行拼装。吊柜钢骨架应检查规格，有变形的应修正合格后再进行安装。

(5)橱柜的框和扇应在该部位瓷砖粘贴工程完工后进行安装。

(二)施工工艺

1. 施工工艺流程

现场放线、编制橱柜的加工清单→工厂加工→找线定位→橱柜的框、架安装→橱柜隔板支固点安装→壁(吊)框扇安装→五金安装。

2. 施工要点

(1)现场放线。抹灰前利用室内统一标高线，按设计施工图要求的橱柜标高及上下口高度，考虑抹灰厚度的关系，确定相应的加工尺寸要求，编制橱柜的加工清单。

(2)工厂加工。严格按照施工图要求和现场放线形成的加工清单要求组织加工，并对完成的成品进行编号，并考虑好现场安装时的收口边处理。

(3)找线定位。核对工厂加工的橱柜的加工清单和成品，确定相应的位置。

(4)橱柜的框、架安装。橱柜的框和架应在室内抹灰前进行，安装在正确位置后，两侧框固定点应钉两个钉子与墙体木砖钉牢，钉帽不得外露。若隔墙为轻质材料，应按设计要求固定方法固定牢固。如设计无要求，可预钻深70～100 mm的$\phi 5$孔，埋入木楔，其方法是将与孔相应大的木楔黏108胶水泥浆，打入孔内黏结牢固，以钉固橱柜的框。

在框架固定前应先校正、套方、吊直，核对标高、尺寸，位置准确无误后，进行固定。

(5)橱柜隔板支固点安装。按施工图隔板标高位置及支固点的构造要求，安设隔板的支固条、架、件。木隔板的支固点一般是将支固木条钉在墙体木砖上；混凝土隔板一般是 [形铁件或设置角钢支架。

(6)柜扇安装。

1)按扇的规格尺寸，确定五金的型号和规格，对开扇的裁口方向，一般应以开启方向的右扇为盖口扇。

2)检查框口尺寸。框口高度应量上口两端；框口宽度应量两侧框之间上、中、下三点，并在扇的相应部位定点划线。

3)框扇修刨。根据划线对柜扇进行第一次修刨，使框扇间留缝合适，试装并划第二次修刨线，同时划出框、扇合页槽的位置，注意划线时避开上、下冒头。

4)铲、剔合页槽进行合页安装。根据划定的合页位置，用扁铲凿出合页边线，即可剔合页槽。

5)安装扇。安装时应将合页先压入扇的合页槽内，找正后拧好固定螺钉，进行试装，调好框扇间缝隙，修框上的合页槽，固定时框上每个合页先拧一个螺钉，然后关闭、检查框与扇的平整，无缺陷并符合要求后，将全部螺钉装上拧紧。木螺钉应钉入全长 1/3，拧入 2/3，如框、扇为黄花松或其他硬木时，合页安装、螺钉安装应划位打眼，孔径为木螺钉直径的 0.9 倍，眼深为螺钉长度的 2/3。

6)安装对开扇。先将框扇尺寸量好，确定中间对口缝、裁口深度，划线后进行刨槽，试装合适时，先装左扇，后装盖扇。

(7)五金安装。五金的品种、规格、数量按设计要求选用，安装时注意位置的选择，无具体尺寸时，操作应按技术交底进行，一般应先安装样板，经确认后再大面积安装。

(三)成品保护

(1)木制品进场后及时刷底油一道，靠基层面应刷防腐剂，并及时入库存放。

(2)橱柜安装时，严禁碰撞抹灰及其他装饰面的口、角，防止损坏成品面层。

(3)安装好的壁柜隔板，不得拆动，须保护产品完整。

第二节　窗帘盒、窗台板和暖气罩制作与安装施工技术

窗帘盒是窗帘固定和装饰的部位，制作窗帘盒的材料很多，根据其材料和形式不同在实际工程中常用的有木窗帘盒、落地窗帘盒和塑料窗帘盒等。窗台板是建筑工程中一个重要的细部工程，常用水泥砂浆、混凝土、水磨石、大理石、磨光花岗石、木材、塑料和金属板等制作，主要用来保护和美化窗台。暖气罩是罩在暖气片外面的一层金属或木制的外壳，它的用途主要是美化室内环境，同时可以防止人的不小心烫伤，所以，暖气罩是每个暖气家庭都必不可少的重要物品，也是室内装饰的一项重要内容。暖气罩的种类主要可分为木质和金属质两种，目前最为流行的是木质暖气罩。

一、窗帘盒制作与安装施工

1. 窗帘盒的基本构造

窗帘盒设置在窗的上口，主要用来吊挂窗帘，并对窗帘导轨等构件起遮挡作用，所以它也有美化居室的作用。窗帘盒可分为明装窗帘盒和暗装窗帘盒。窗帘盒的基本构造如图 8-2 所示。

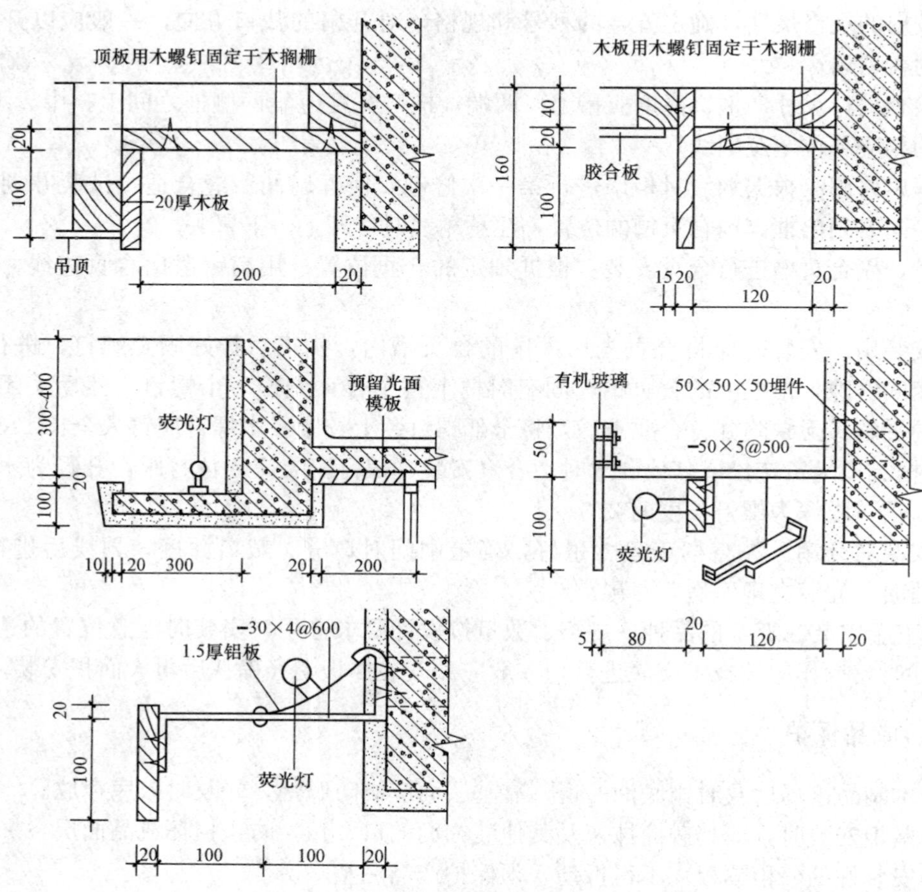

图 8-2　窗帘盒的基本构造

2. 窗帘盒材料质量要求

(1)窗帘盒所使用的材料和规格、木材的阻燃性能等级与含水率(含水率不大于 12%)及人造夹板的甲醛含量应符合设计要求和现行国家标准的有关规定。

(2)板均不许有脱胶、鼓泡。公称厚度自 6 mm 以上的板，其翘曲度：一、二等品不得超过 1%，三等板不得超过 2%。

(3)防腐剂、油漆、钉子等各种小五金须符合设计要求的型号和规格。

3. 窗帘盒制作与安装施工工艺流程

下料→刨光→制作卯榫→装配→修正砂光。

4. 窗帘盒制作与安装施工要点

(1)下料。按图纸要求截下的坯料要长于要求规格 30～50 mm，厚度大于 3 mm，宽度大于 5 mm。

(2)刨光。刨光时要顺木纹操作，先刨削出相邻两个基准面，并做好符号标记，再按规定尺寸加工完另外两个基准面，要求光洁、无戗槎。

(3)制作卯榫。卯榫的最佳结构方式是采用 45°全暗燕尾卯榫，也可采用 45°斜角钉胶结合，但钉帽一定要砸扁后打入木内。上盖面可加工后直接涂胶钉入下框体。

(4)装配。装配时需用直角尺测准暗转角度后把结构敲紧打严，注意格角处不要露缝。

(5)修正砂光。窗帘盒的结构固化后可修正砂光。用 0 号砂纸磨掉毛刺、棱角、立槎，注意不可逆木纹方向砂光，要顺木纹方向砂光。

二、木窗台板制作与安装施工

1. 木窗台板基本构造

窗台板的作用主要是保护和装饰窗台。木窗台板的截面形状、构造尺寸应按施工图施工。其基本构造如图 8-3 所示。

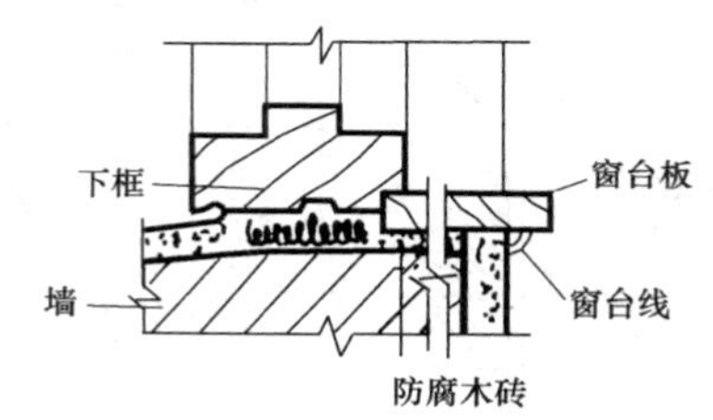

图 8-3 木窗台板基本构造

2. 木窗台板材料质量要求

(1)窗台板所使用的材料和规格、木材的燃烧性能等级和含水率及人造夹板的甲醛含量应符合设计要求和国家现行标准的有关规定。

(2)木方料应选用木质较好、无腐朽、无扭曲变形的合格材料，含水率不大于 12%。

(3)防腐剂、油漆、钉子等各种小五金必须符合设计要求。

3. 木窗台板安装工艺流程

定位→拼接→固定→防腐。

4. 木窗台板安装施工要点

(1)定位。在窗台墙上，预先砌入防腐木砖，木砖间距为 500 mm 左右，每樘窗不少于两块。在窗框的下框裁口或打槽，槽宽为 10 mm、深为 12 mm。将窗台板刨光起线后，放在窗台墙顶上居中，里边嵌入下框槽内。窗台板上表面向室内略有倾斜(即泛水)，坡度约为 1%。

(2)拼接。如果窗台板的宽度过大，窗台板需要拼接时，背面应钉衬条以防止翘曲。

(3)固定。用明钉将窗台板与木砖钉牢，钉帽砸扁，顺木纹冲入板的表面。在窗台板的下面与墙交角处，要钉窗台线(三角压条)。窗台线预先刨光，按窗台长度两端刨成弧形线角，用明钉与窗台板斜向钉牢，钉帽砸扁，冲入板内。

三、暖气罩的制作与安装施工

1. 暖气罩的基本构造

暖气罩多设于窗前，多与窗台板等连在一起。暖气罩既要能保证室内均匀散热，又要造型美观，具有一定的装饰效果。暖气罩常用木材和金属等材料制成。暖气罩的基本构造如图 8-4 所示。

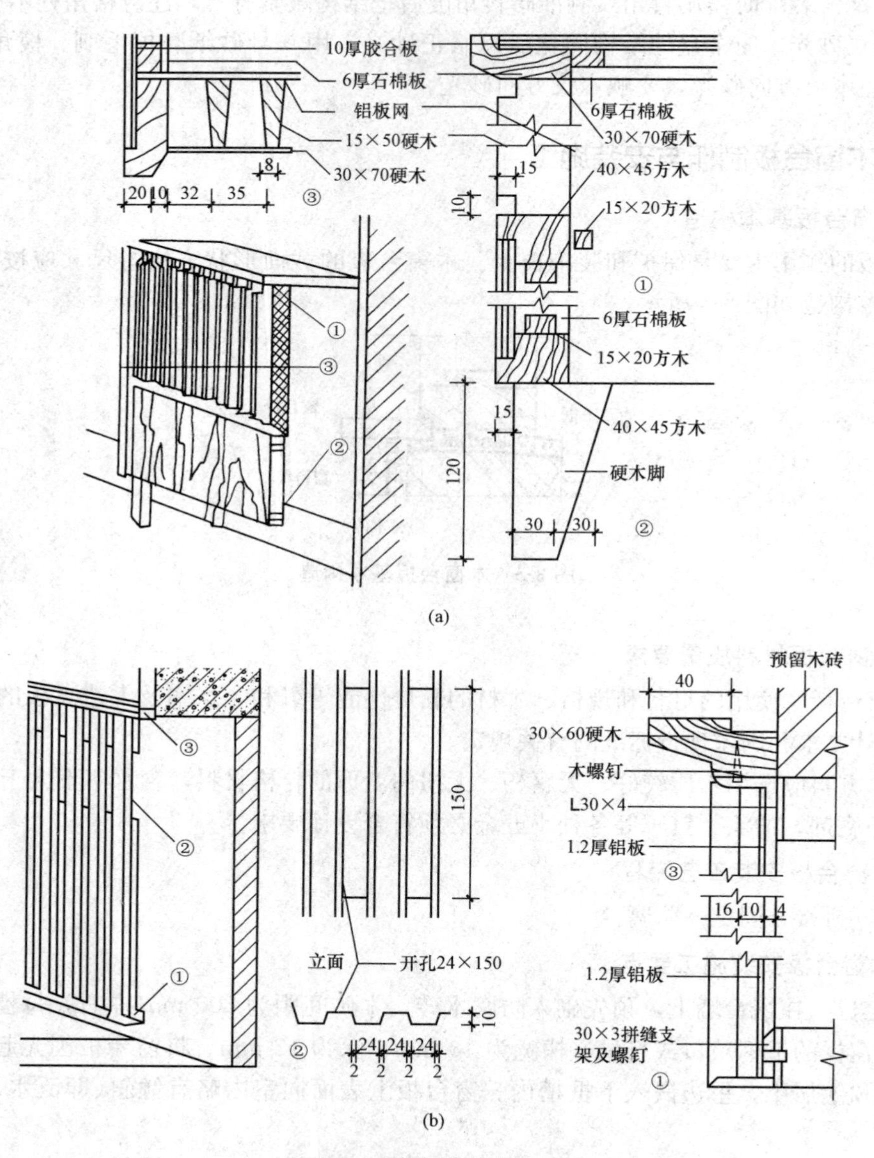

图 8-4 暖气罩基本构造

(a)木制暖气罩；(b)金属暖气罩

2. 暖气罩材料质量要求

(1)暖气罩所使用的材料和规格、木材的燃烧性能等级和含水率及人造夹板的甲醛含量应符合设计要求和现行国家标准的有关规定。制作暖气罩的龙骨所使用的木材应符合设计要求。

(2)木龙骨料及饰面材料应符合细木装修的标准，材料无缺陷，含水率应低于12%，胶合板含水率应低于8%。

(3)木方料。木方料是用于制作骨架的基本材料，应选用木质较好、无腐朽、无扭曲变形的合格材料，含水率应不大于12%。

(4)防腐剂、油漆、钉子等各种小五金必须符合设计要求。

3. 暖气罩制作与安装工艺流程

暖气罩制作→定位放线→钻孔→暖气罩安装。

4. 暖气罩制作与安装施工要点

(1)暖气罩制作。按设计要求制作好暖气罩。目前常在工厂加工成成品或半成品，在现场组装即可。

(2)定位放线。根据窗下框标高、位置及散热器罩的高度，在窗台板底面和地面上放出安装位置线。

(3)钻孔。在墙上钻孔安装膨胀螺栓或预埋木楔。

(4)暖气罩安装。暖气罩的安装方法有挂接法、插接法、钉接法、支撑法，如图8-5～图8-8所示。

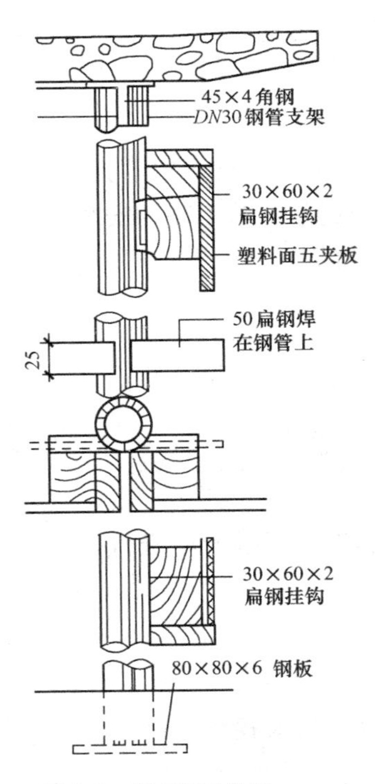

图8-5 挂接法(单位：mm)

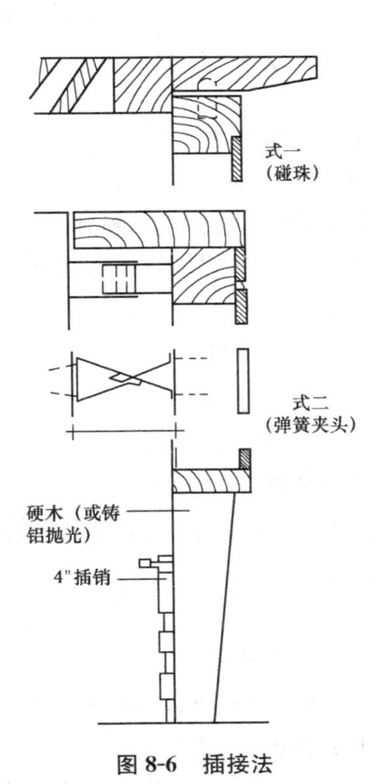

图8-6 插接法

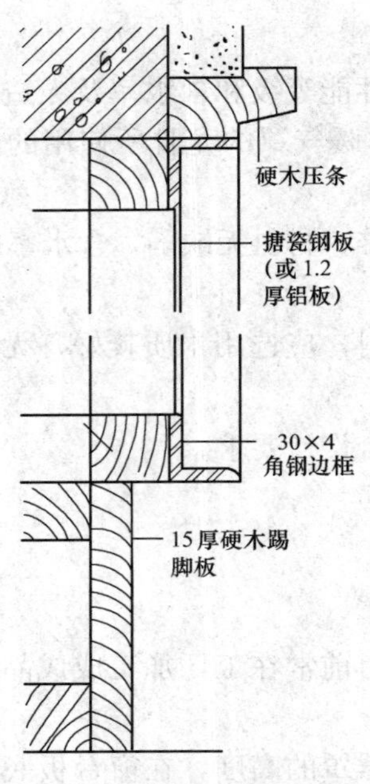

图 8-7 钉接法(单位：mm)

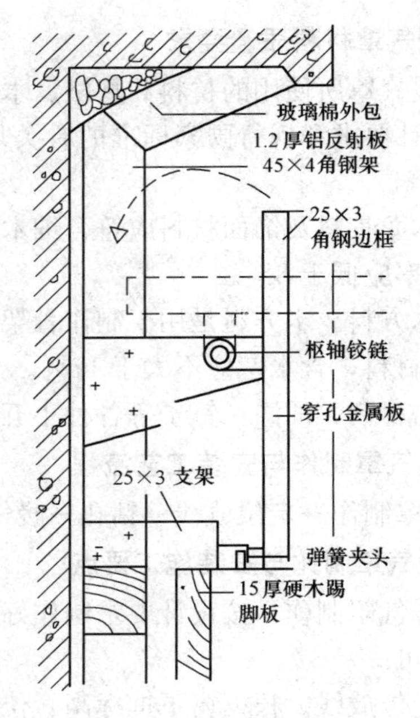

图 8-8 支撑法(单位：mm)

四、窗帘盒制作与安装工程实例

××宾馆窗帘盒制作与安装施工方案

(一)施工准备

1. 材料质量要求

(1)木材及制品：一般采用红、白松及硬杂木干燥料，含水率不大于12%，并不得有裂缝、扭曲等现象；通常由木材加工厂生产半成品或成品，施工现场安装。

(2)五金配件：根据设计选用五金配件、窗帘轨等。

(3)金属窗帘杆：一般设计指定图号、规格和构造形式等。

2. 主要施工机具

(1)手电钻、小电动台锯。

(2)木工大刨子、小刨子、槽刨、小木锯、螺钉旋具、凿子、冲子、钢锯等。

3. 作业条件

有吊顶采用暗窗帘盒的房间，吊顶施工应与窗帘盒安装同时进行。

(二)施工工艺

1. 施工工艺流程

定位与画线→预埋件检查和处理→核查加工品→安装窗帘盒(杆)。

2. 施工要点

(1)定位与画线。安装窗帘盒、窗帘杆，应按设计图纸要求进行中心定位，弹好找平线，找好构造关系。

(2)预埋件检查和处理。弹好水平线后应检查固定窗帘盒(杆)的预埋固定件的位置、规格、预埋方式是否能满足安装固定的要求，对于标高、水平度、中心位置、出墙距离等有误差的应采取措施进行处理。

(3)核查加工品。核对已进场的加工品，安装前应核对品种、规格、组装构造是否符合设计及安装的要求。

(4)窗帘盒(杆)安装。

1)安装窗帘盒。先按水平线确定标高，画好窗帘盒中心线，安装时将窗帘盒中心线对准窗口中心线，盒的靠墙部位要贴严，固定方法按个体设计。

2)安装窗帘轨。窗帘轨有单、双或三轨道之分。当窗宽大于 1 200 mm 时，窗帘轨应断开，断开处煨弯错开，煨弯应成平缓曲线，搭接长度不小于 200 mm。明窗帘盒一般先安轨道，如为重窗帘轨则应加机螺钉；暗窗帘盒应后安轨道。轨安装后保持在一条直线上。

3)窗帘杆安装。校正连接固定件，将杆装上或将钢丝绷紧在固定件上。做到平、正同房间标高一致。

(三)成品保护

(1)安装时不得踩踏暖气片及窗台板，严禁在窗台板上敲击撞碰以防损坏。

(2)窗帘盒安装后及时刷一道底油漆，防止抹灰、喷浆等湿作业使窗帘盒受潮变形或污染。

(3)窗帘杆或钢丝防止刻痕，加工品应妥善保管。

第三节　护栏和扶手制作与安装施工技术

建筑室内的护栏，在建筑装饰工程中俗称栏河，在建筑装饰构造中既是装饰构件，又是受力构件，具有能够承受推、挤、靠、压等外力作用的防护功能和装饰功能，能承受建筑设计规范要求的荷载；扶手是护栏的收口和稳固连接构件，起着将各段护栏连接成为一个整体的作用，同时，也承受着各种外力的作用。

一、护栏和扶手的构造

1. 护栏的基本构造

护栏可分为空心栏杆和实心栏杆两种。其基本构造如图 8-9 所示。

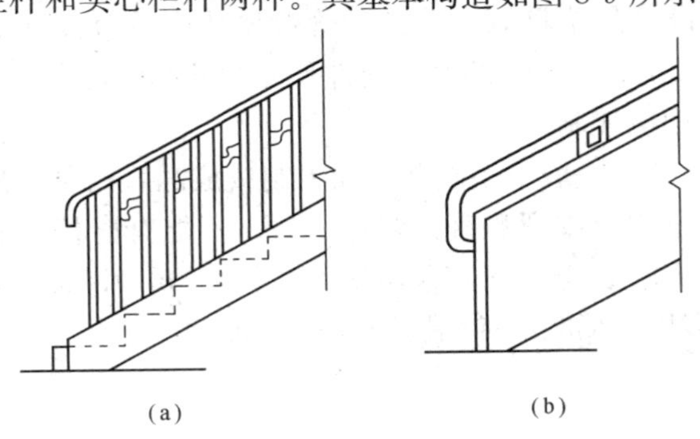

图 8-9　护栏基本构造

(a)空心栏杆；(b)实心栏杆

2. 扶手的基本构造

扶手的基本构造如图 8-10 所示。

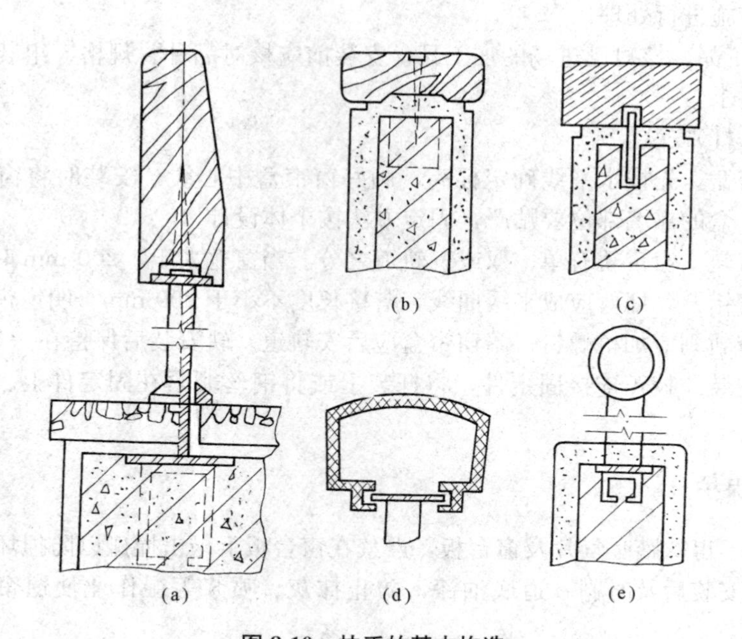

图 8-10　扶手的基本构造

(a)金属栏杆木扶手；(b)木板扶手；(c)磨光花岗石扶手；

(d)塑料扶手；(e)不锈钢(或铜)扶手

二、护栏和扶手材料质量要求

(1)护栏和扶手所使用材料的材质、规格、数量及木材和塑料的燃烧性能等级应符合设计要求。

(2)玻璃栏板。玻璃栏板在构造中既是装饰构件又是受力构件，需具有防护功能及承受推、靠、挤等外力作用，所以应采用安全玻璃。目前多使用钢化玻璃，单层钢化玻璃一般选用 12 mm 厚的品种。由于钢化玻璃不能在施工现场进行裁割，因此应根据设计尺寸到厂家订制，须注意玻璃的排块合理，尺寸精准。

(3)金属材料。常见的护栏与扶手所用的金属材料为不锈钢钢管、黄铜管等，外圆规格为 $\phi50$～$\phi100$。可根据设计外购订制，管径和管壁尺寸应符合设计要求。一般大立柱和扶手的管壁厚度应大于 1.2 mm。扶手的弯头配件尺寸和壁厚应符合设计要求。金属材料一般采用镜面抛光制品或镜面电镀制品。

(4)木质材料。木质扶手一般采用硬杂木加工制成成品，树种、规格、尺寸、形状均按设计要求制作。木材质量均应纹理顺直，颜色一致，不能有腐朽、节疤、裂缝、扭曲等缺陷，且含水率不得大于 12%。弯头料宜采用扶手料，以 45°角断面相接。

(5)胶黏剂。一般多用聚酯酸乙烯(乳胶)等胶黏剂。

三、护栏和扶手制作安装施工要点

1. 木制护栏和扶手制作与安装施工要点

(1)放线。施工放线应准确无误，在装饰施工工程中，不仅要按装饰施工图放线，还须将土建施工的误差消除，并将实际放线的精确尺寸作为构件加工的尺寸。

(2)弯头配置。按栏板或栏杆顶面的斜度，配好起步弯头，一般木扶手可用扶手料割配弯头，采用割角对缝黏结，在断块割配区段内最少要考虑三个螺钉与支撑固定件连接固定。大于 70 mm 断面的扶手接头配置时，除黏结外，还应作暗榫或用铁件结合。

(3)连接固定。木扶手安装宜由下往上进行，先装起步弯头及连接第一段扶手的折弯弯头，再配上下折弯之间的直线扶手段，进行分段黏结。分段预装检查无误后，进行扶手与栏杆的连接固定，木螺钉应拧入、拧紧，立柱与地面的安装应牢固可靠，立柱应安装垂直。

(4)整修。扶手折弯处如有不平顺，应用细木锉锉平，找顺磨光，使其折角线清晰，坡度合格，弯度自然，断面一致，最后用砂纸打光。

2. 不锈钢护栏和扶手制作与安装施工要点

(1)放线。施工放线，根据现场放线实测的数据与设计的要求，绘制施工放样详图。对楼梯栏杆扶手的拐点位置和弧形栏杆的立柱定位尺寸尤其要注意。经过现场放线核实后的放样详图，才能作为栏杆和扶手配件的加工图。

(2)检查预埋件。检查预埋件是否齐全、牢固，如果结构上未设置合适的预埋件，应按设计要求补做；如果采用膨胀螺栓固定立柱底板时，装饰面层下的水泥砂浆结合层应饱满并有足够强度。

(3)连接安装。现场焊接和安装时，一般先竖立直线段两端立柱，检查就位正确和校正垂直度，然后用拉通线的方法逐个安装中间立柱，顺序焊接其他杆件。

(4)打磨抛光。对不锈钢焊缝处的打磨和抛光，必须严格按照有关操作工艺由粗砂轮片到超细砂轮片逐步地打磨，最后用抛光轮抛光。

四、木扶手制作安装工程实例

××宾馆扶手(螺旋楼梯)制作与安装施工方案

(一)施工准备

1. 材料质量要求

(1)木制扶手。木制扶手一般用硬杂木加工成规格成品，其树种、规格、尺寸、形状按设计要求。木材质量均应纹理顺直、颜色一致，不得有腐朽、节疤、裂缝、扭曲等缺陷；含水率不得大于 12%。弯头料一般采用扶手料，以 45°角断面相接，断面特殊的木扶手按设计要求备弯头料。

(2)黏结料：可以用动物胶(鳔)，一般多用聚醋酸乙烯(乳胶)等化学胶黏剂。

2. 主要施工机具

手提刨、电锯、机刨、手工锯、手电钻、冲击电钻、窄条锯、二刨、小刨、小铁刨、斧子、羊角锤、钢锉、木锉、螺钉旋具、方尺、割角尺、卡子等。

3. 施工作业条件

(1)楼梯件墙面、楼梯踏板等抹灰全部完成。

(2)楼梯踏步、回马廊的地坪等抹灰均已完成，预埋件已留好。

(二)施工工艺

(1)首先应按设计图纸要求将金属栏杆就位和固定，安装好固定木扶手的扁钢，检查栏杆构件安装的位置和高度，扁钢安装要平顺和牢固。

(2)按照螺旋楼梯扶手内外环不同的弧度和坡度，制作木扶手的分段木坯。木坯可在厚木板上裁切出近似弧线段，但比较浪费木材，而且木纹不通顺。最好将木材锯成可弯曲的薄木条并双面刨平，按照近似圆弧做成模具，将薄木条涂胶后逐片放入模具内，形成组合木坯段。将木坯段的底部刨平按顺序编号和拼缝，在栏杆上试装和画出底部线。将木坯段的底部按画线铣刨出螺旋曲面和槽口，按照编号由下部开始逐段安装固定，同时要再仔细修整拼缝，使接头的斜面拼缝紧密。

(3)用预制好的模板在木坯扶手上画出扶手的中线，根据扶手断面的设计尺寸，用手刨由粗至细将扶手逐次成型。

(4)对扶手的拐点弯头应根据设计要求和现场实际尺寸在整料上画线，用窄锯条锯出雏形毛坯，毛坯的尺寸比实际尺寸大 10 mm 左右，然后用手工锯和刨逐渐加工成型。一般拐点弯头要由拐点伸出 100～150 mm。

(5)用抛光机、细木锉和手砂纸将整个扶手打磨砂光。然后刮油漆腻子和补色，喷刷油漆。

(三)成品保护

(1)安装扶手时，应保护楼梯栏杆、楼梯踏步和操作范围内已施工完的项目。

(2)木扶手安装完毕后，宜刷一道底漆，且应加包裹，以免撞击损坏和受潮变色。

第四节　花饰安装工程施工技术

花饰是建筑整体的一个重要组成部分。它是根据建筑物的使用功能和建筑艺术要求确定的，一般安装在建筑物的室内外，用以装饰墙、柱及顶棚等部位，起到活跃空间、美化环境、增进建筑艺术效果的功能。

一、花饰材料质量要求

(1)各类花饰的品种、材质、规格、式样、图案等应符合设计要求。

(2)胶黏剂、螺栓、螺钉、焊接材料、贴砌的粘贴材料等的品种、规格、材质应符合设计要求和现行国家有关规范规定的标准。

(3)室内用水性胶黏剂中总挥发性有机化合物(TVOC)和苯限量应符合表 8-1 的规定。

表 8-1　总挥发性有机化合物(TVOC)和苯限量

测量项目	限　量	测量项目	限　量
TVOC/$(g \cdot L^{-1})$	≤750	游离甲醛/$(g \cdot kg^{-1})$	≤1

二、花饰安装施工工艺流程

基层处理→放线定位→选样、试拼→安装。

三、花饰安装施工要点

1. 基层处理

花饰安装前，应将基层、基底清理干净，处理平整。

2. 放线定位

花饰安装前，应按设计要求放出花饰安装位置，确定的安装位置线。在基层已确定的安装位置打入木楔。

3. 选样、试拼

花饰在安装前，应对花饰的规格、颜色、观感质量等进行比对和挑选，并在放样平台进行试拼，满足设计要求质量标准及效果后，再进行正式安装。

4. 木花饰安装

(1)在拟安装的墙、梁、柱上预埋铁件或预留凹槽。

(2)小面积木花饰可像制作木窗一样，先制作好，再安装到位。竖向板式花饰则应将竖向饰件逐一定位安装，用尺量出每个构件的位置，检查是否与预埋件相对应，并做出标记。将竖板立正吊直，并与连接件拧紧，随立竖板随安装木花饰。

5. 水泥制品花格安装

(1)埋件留槽。竖向板与上下墙体或梁连接时，在上下连接点要根据竖板间隔尺寸埋入预埋件或留凹槽。若在竖向板间插入花饰，板上也应预埋件或留槽。

(2)立板连接。在拟安装部位将板立起，用线坠吊直，并与墙、梁上埋件或凹槽连在一起，连接点可采用焊、拧等方法。

(3)安装花格。竖板中加花格也采用焊、拧和插入凹槽的方法。焊接花格可在竖板立完固定后进行，插入凹槽的安装应与装竖板同时进行。

6. 石膏花饰安装

按石膏花饰的型号、尺寸和安装位置，在每块石膏花饰的边缘抹好石膏腻子，然后平稳地支顶于楼板下。安装时，紧贴龙骨并用竹片或木片临时支住并加以固定，随后用镀锌木螺钉拧住固定，不宜拧得过紧，以防石膏花饰损坏。视石膏腻子的凝结时间而决定拆除支架的时间，一般以 12 h 拆除为宜。拆除支架后，用石膏腻子将两块相邻花饰的缝隙填满抹平，待凝固后打磨平整。螺钉拧的孔，应用白水泥浆填嵌密实，螺钉孔用石膏修平。

花饰的安装应与预埋在结构中的锚固件连接牢固。薄浮雕和高凸浮雕安装宜与镶贴饰面板、饰面砖同时进行。在抹灰面上安装花饰，应待抹灰层硬化后进行。安装时应防止灰浆流坠污染墙面。

花饰安装后，不得有歪斜、装反以及镶接处的花枝、花叶、花瓣错乱、花面不清等现象。

四、木花饰制作与安装工程实例

××宾馆木花饰制作与安装施工方案

(一)施工准备

1. 材料质量要求

(1)木制花饰的品种、规格、材质、式样等应符合设计要求。

(2)胶黏剂、螺栓、螺钉、焊接材料、贴砌的粘贴材料等，品种、规格应符合设计要求和现行国家有关规范规定的标准。

2. 主要施工机具

电焊机、手电钻、预拼平台、专用夹具、吊具、安装脚手架、大小料桶、刮刀、刮板、油漆刷、水刷子、扳子、橡皮锤、擦布等。

3. 施工作业条件

(1)安装花饰的部位，其前道工序项目必须施工完毕，应具备强度的基体、基层必须达到安装花饰的要求。

(2)花饰制品进场或自行加工应经检查验收，其材质、图式应符合设计要求。

(二)施工工艺

1. 木花饰制作

(1)制作工序。选料、下料→刨面、做装饰线→开榫→做连接件、花饰。

(2)制作方法。木花饰要求轻巧、纤细，因此，必须严格按以下方法制作：

1)选料、下料。按设计要求选择合适的木材。选材时，毛料尺寸应大于净料尺寸3～5 mm，按设计尺寸锯割成段，存放备用。

2)刨面、做装饰线。用木工刨将毛料刨平、刨光，使其符合设计净尺寸，然后用线刨做装饰线。

3)开榫。用锯、凿子在要求连接的部位开榫头、榫眼、榫槽，尺寸一定要准确，保证组装后无缝隙。

4)做连接件、花饰。竖向板式木花饰常用连接件与墙、梁固定，连接件应在安装前按设计做好，竖向板间的花饰也应做好。

2. 木花饰安装

(1)施工工序。预埋铁件或留凹槽→安装花饰→表面装饰处理。

(2)安装要点。木花饰一定要安装牢固，因此，必须严格按下述要求施工：

1)在拟安装的墙、梁、柱上预埋铁件或预留凹槽。

2)安装花饰。分小花饰和竖向板式花饰两种情况。小面积木花饰可像制作木窗一样，先制作好，再安装到位。竖向板式花饰则应将竖向饰件逐一定位安装，先用尺量出每个构件的位置，检查是否与预埋件相对应，并做出标记；将竖板立正吊直，并与连接件拧紧，随立竖板随安装木花饰。

(三)成品保护

(1)花饰安装后较低处应用板材封闭，以防碰损。

(2)花饰安装后应用覆盖物封闭，以保持洁净和色调。

(3)拆架子或搬动材料、设备及施工工具时，不得碰损花饰。

本章小结

装饰细部工程是建筑装饰工程的重要组成部分，大多数都处于室内的显要位置，对于改善室内环境、美化空间起着非常重要的作用。装饰细部工程包括橱柜、窗帘盒、窗台板、暖气罩、护栏和扶手、花饰等。橱柜是指厨房中存放厨具以及做饭操作的平台；窗帘盒是窗帘固定和装饰的部位；窗台板是用水泥砂浆、混凝土、水磨石、大理石、磨光花岗石、木材、塑料或金属板等制作而成的，主要用来保护和美化窗台；暖气罩是罩在暖气片外面的一层金属或木制的外壳；护栏在建筑装饰构造中既是装饰构件，又是受力构件，可分为空心栏和实心栏两种；扶手是护栏收口和稳固的连接构件；花饰是根据建筑物的使用功能和建筑艺术要求确定的，一般安装在建筑物的室内外，用以装饰墙、柱及顶棚等部位，起到活跃空间、美化环境、增进建筑艺术效果的功能。通过本章内容的学习，应重点掌握橱柜、窗帘盒、窗台板、暖气罩、护栏和扶手、花饰等细部工程的施工技术要求。

复习思考题

一、填空题

1. 橱柜制作所需榫的种类主要分为________和________。

2. 暖气罩多设于窗前，多与________等连在一起。

3. 护栏可分为________和________两种。

二、选择题

1. 制作窗帘盒所使用木材的含水率为(　　)%。

A. 10　　B. 11　　C. 12　　D. 13

2. 窗台板上表面向室内略有倾斜(即泛水)，坡度约为(　　)%。

A. 1　　B. 1.1　　C. 1.2　　D. 1.3

3. 玻璃栏板多使用钢化玻璃，单层钢化玻璃一般选用(　　)mm 厚的品种。

A. 10　　B. 11　　C. 12　　D. 13

4. 一般大立柱和扶手的管壁厚度应大于(　　)mm。

A. 1.0　　B. 1.1　　C. 1.2　　D. 1.3

三、问答题

1. 橱柜制作与安装所需材料应符合哪些施工要求？

2. 如何进行木窗台板的安装定位？

3. 木质护栏和扶手制作与安装应符合哪些条件？

4. 简述石膏花饰安装的要求与注意事项。

参 考 文 献

[1] 李继业，胡琳琳，贾雍．建筑装饰工程实用技术手册[M]. 北京：化学工业出版社，2014.

[2] 李继业，邱秀梅．建筑装饰施工技术[M]. 2版．北京：化学工业出版社，2011.

[3] 李继业，胡琳琳，李怀森．建筑装饰工程施工技术与质量控制[M]. 北京：中国建筑工业出版社，2013.

[4] 张勇一，何春柳，罗雅敏．建筑装饰装修构造与施工技术[M]. 成都：西南交通大学出版社，2017.

[5] 刘超英．建筑装饰装修构造与施工[M]. 北京：机械工业出版社，2015.

[6] 崔丽萍．建筑装饰材料、构造与施工实训指导[M]. 北京：北京理工大学出版社，2015.

[7] 张伟，李涛．装饰材料与构造工艺[M]. 武汉：华中科技大学出版社，2016.

[8] 肖绪文，王玉岭．建筑装饰装修工程施工操作工艺手册[M]. 北京：中国建筑工业出版社，2010.

[9] 张琪．装饰材料与构造[M]. 上海：上海人民美术出版社，2016.